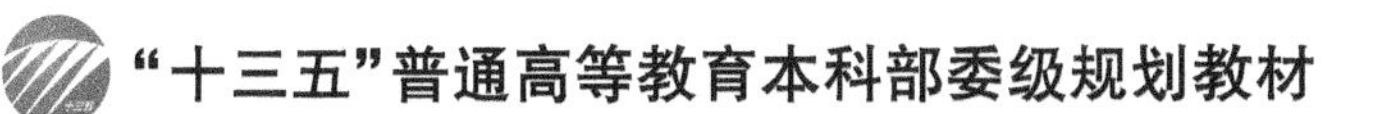

聚合物改性方法与技术

王　琛　严玉蓉　编著

中国纺织出版社有限公司

内 容 提 要

本书围绕成纤高聚物、塑料与橡胶的改性，结合目前国内外聚合物改性的发展动向，分别介绍化学改性、共混改性、表面改性、成纤高聚物改性、塑料和橡胶改性的基本原理、基本工艺过程、技术要点与改性材料的物性变化等知识与技术，并对改性材料在不同领域中的应用以及聚合物共混改性新技术做了介绍。

本书不仅可作为高分子材料成型加工类专业的教学用书，也可供从事高分子材料行业的技术人员、研究开发人员参考。

图书在版编目(CIP)数据

聚合物改性方法与技术/王琛，严玉蓉编著. --北京：中国纺织出版社有限公司，2020.6 (2025. 2 重印)

"十三五"普通高等教育本科部委级规划教材

ISBN 978-7-5180-7253-8

Ⅰ. ①聚… Ⅱ.①王… ②严… Ⅲ.①聚合物—改性—高等学校—教材 Ⅳ.①TQ316. 6

中国版本图书馆 CIP 数据核字(2020)第 049564 号

责任编辑：范雨昕　　责任校对：王花妮　　责任印制：何　建

中国纺织出版社有限公司出版发行
地址：北京市朝阳区百子湾东里 A407 号楼　邮政编码：100124
销售电话：010—67004422　传真：010—87155801
http：//www.c-textilep.com
中国纺织出版社天猫旗舰店
官方微博 http：//weibo. com/2119887771
北京虎彩文化传播有限公司印刷　各地新华书店经销
2025 年 2 月第 2 次印刷
开本：787×1092　1/16　印张：13. 5
字数：293 千字　定价：68.00 元

前言

随着现代科学技术的发展,要求高分子材料具有多方面的、更高的综合性能。例如,要求某些塑料既耐高温,又易于成型加工;既要求高强度,又要求韧性好;既要具有优良的力学性能,又要具有某些特殊功能等。显然,单一的高聚物难以满足这些高性能化的要求。要开发一种全新的材料并不容易,不仅时间长、耗资大,而且难度也相当高。相比之下,通过对现有的高分子材料进行改性,制备高性能材料,不仅简捷有效,而且也相当经济。20世纪60年代以来,高分子材料改性技术发展迅速,在实践中人们发现,通过化学或物理的改性技术,可由少量的几种树脂为起点获得多种性能优异的改性新品种。通常的改性方法有化学方法(如共聚、接枝、交联等)和物理方法(如填充、共混、增强等)。利用聚合物改性技术使材料性能获得明显改进,或赋予原聚合物所不具有的崭新性能,为高分子材料的开发和利用开辟了一条广阔的途径。因此,聚合物的改性越来越受到工业界的普遍重视。

有关聚合物改性最新的研究成果层出不穷,现有教材内容亟待补充,并增加学科前沿知识,同时引入一定的知识拓展和问题导出。本书在此思路及作者先前的专著《高分子材料改性技术》的基础上进行了完善,全面介绍了各种高分子材料的改性方法。全书共分为六章:第一章绪论;第二章介绍了聚合物的化学改性,包括接枝共聚改性、嵌段共聚改性及反应挤出;第三章介绍了聚合物共混改性的目的与方法、基本原理、性能及工艺;第四章介绍了聚合物表面改性,如表面改性剂改性、化学改性、等离子体表面改性、辐射改性和生物酶表面改性等的原理及应用实例;第五章介绍了主要成纤聚合物的改性,包括聚酯纤维、聚酰胺纤维、芳香族聚酰胺纤维、聚丙烯腈纤维、纤维素纤维、聚乙烯醇纤维和聚丙烯纤维等的改性原理、方法及应用实例;第六章介绍了塑料和橡胶的改性原理、方法、应用实例以及最新发展的聚合物共混改性新技术。

本书由西安工程大学王琛和华南理工大学严玉蓉编著,第一~第三和第六章由王琛编写,第四章和第五章由严玉蓉编写。全书由王琛统一定稿。

笔者衷心感谢西安工程大学教务处给予的经费支持,同时对关心和支持本教材编写的有关人士表示最诚挚的谢意。

由于聚合物改性方法与技术内容繁多,研究成果日新月异,加之笔者水平有限,疏漏之处在所难免,恳请专家和读者批评指正。

编著者

2019年9月

目录

第一章 绪 论

本章知识点

1. 了解聚合物改性的重要性；
2. 掌握聚合物改性的主要方法；
3. 了解聚合物改性技术发展动态。

一、聚合物改性的重要性

高分子材料是20世纪发展起来的材料，随着高分子材料工业的迅速发展及其应用领域的不断扩大，对聚合物的使用性能也提出各种新的和更高的要求。例如用已有的均一聚合物加工的塑料制品已难以满足实际应用的需要。如有些塑料品种性脆、耐热性差，性能尚待改善。又以橡胶为例，需提高强度，改善耐老化性能和耐油性等，且传统橡胶的硫化工艺也已制约其发展。再如合成纤维聚酯易产生静电、难染色、吸湿性差，需要在性能上进行改进。诸如此类的问题，都要求对聚合物进行改性。为了满足不同用途，利用化学方法或物理方法改进聚合物的一些性能，以达到预期的目的，称为聚合物的改性。

在实践中人们发现，通过化学或物理的改性技术，可由少量几种树脂为起点获得多种性能优异的改性新品种。一般来说，对高分子材料改性要比合成一种新的聚合物并使之工业化要容易得多。并且这些改性工作在一般的塑料与橡胶加工厂就能进行，容易见效，常能解决工业生产中不少具体问题。因此，聚合物改性愈来愈受到工业界普遍的重视。因此，聚合物科学与工程学就是在不断对聚合物进行改性中发展起来的。聚合物改性使聚合物材料的性能大幅度提高，或者被赋予新的功能，进一步拓宽高分子聚合物的应用领域，大大提高了高聚物的工业应用价值。

二、聚合物改性的主要方法

聚合物的改性方法多种多样，总体上可划分为化学改性、共混改性、填充改性、复合增强、表面改性等几大类，本教材重点介绍化学改性、共混改性、表面改性及其在成纤高聚物、塑料和橡胶改性中的应用。

(一)化学改性

聚合物的化学改性是通过聚合物的化学反应，改变大分子链上的原子或原子团的种类及其结合方式的一类改性方法。经化学改性，聚合物的分子链结构发生了变化，从而赋予其新的性能，扩大了应用领域。利用化学改性，可以制造那些不能用加聚或缩聚方式获得的聚合物，得到具有不同性能的新材料。

聚合物本身就是一种化学合成材料,因而也就易于通过化学的方法进行改性。化学改性的产生甚至比共混还要早,橡胶的交联就是一种早期的化学改性方法。嵌段和接枝的方法在聚合物改性中应用广泛。嵌段共聚物的成功范例之一是热塑性弹性体,它使人们获得既能像塑料一样加工成型,又具有橡胶般弹性的新型材料。接枝共聚物中,应用最为普遍的是ABS(丙烯腈—丁二烯—苯乙烯共聚共混物),这一材料优异的性能和相对低廉的价格,使它在诸多领域广泛应用。互穿聚合物网络(IPN)可以看作是一种用化学方法完成的共混。在IPN中,两种聚合物相互贯穿,形成两相连续的网络结构。IPN的应用目前尚不普遍,但发展前景不可估量。

(二)共混改性

聚合物共混改性的产生与发展,与冶金工业的发展颇有相似之处。在冶金工业发展的初期,人们致力于发现新的金属。然而,人们发现,地球上能够大量开采且有利用价值的金属品种只有很少的几种。于是,人们转而采用合金的方法,获得多种多样性能各异的金属材料。

高分子材料领域与冶金领域颇为相似。尽管已经合成的聚合物达数千种之多,但能够有工业应用价值的只有几百种,其中能够大规模工业生产的只有几十种。因此,人们发现在聚合物领域也应该走与冶金领域发展合金相似的道路,即开发聚合物共混物。

聚合物共混的本意是指将两种或两种以上聚合物材料、无机材料以及助剂在一定温度下进行机械掺混,最终形成一种宏观上均匀的新材料的过程。在聚合物共混发展的过程中,其内容又被不断拓宽。广义的共混包括物理共混、化学共混和物理/化学共混。其中,物理共混就是通常意义上的混合,即聚合物共混的本意。化学共混如聚合物互穿网络(IPN),也可属于化学改性研究的范畴。物理/化学共混则是在物理共混的过程中发生某些化学反应,一般也在共混改性领域中加以研究。

当今世界,聚合物已成为工农业生产和人民生活不可或缺的一类重要材料。但是随着现代科学技术的日新月异,对聚合物材料的性能提出了更为多样的和更加苛刻的要求,单一聚合物材料往往是难以胜任的。为获得综合性能优异的聚合物材料,除继续研制合成新型聚合物外,对聚合物的共混改性已成为发展聚合物材料的一种卓有成效的途径。例如,橡胶与塑料通过动态反应共混可生产热塑性弹性体;通用塑料经共混改性可成为优异的工程塑料;高分子与含特种官能团材料的反应共混或复合可生产出具有导电、缓释、导声、光导、信息显示等特殊性能的功能材料。将价格昂贵的聚合物与价格低廉的聚合物共混,若能不降低或只是少量降低前者的性能,则可成为降低成本的极好途径。总之,通过共混改性将是聚合物材料高性能化发展的方向。

(三)表面改性

材料的表面特性是材料的重要特性之一。随着高分子材料工业的发展,对高分子材料不仅要求其内在性能好,而且对表面性能的要求也越来越高。例如,聚烯烃(PP、PE、PS、PVC、PTFE等)是聚合物家族的主要成员,而这些材料因其表面能低,故表面均呈惰性。这就意味着它们对水不浸润、难上油漆、染色性和印刷性差、与其他材料接触时产生静电等,影响了应用性能。这些都要求高分子材料有适当的表面性能,由此,表面改性方法就逐步发展和完善起来。时至今日,表面改性已成为包括化学、电学、光学、热学和力学等诸多性能,涵盖诸多学科的研究领域,成为聚合物改性中不可缺少的一个组成部分。

三、聚合物改性技术进展

自 20 世纪初到 70 年代,聚合物品种的增长速度很快,每年都有几十个新品种诞生。而到 20 世纪 70 年代以后,聚合物新品种的开发速度有所放缓,人们的重点已从开发聚合物新品种转向对原有聚合物的改性方向。进入 21 世纪以来,聚合物工业原料的结构没有更大的变化,但在质量和性能方面有较大的提高,功能性聚合物、高性能复合材料均以年均 10%以上的速度持续发展。聚合物合金、聚合物复合材料、液晶聚合物材料、聚合物纳米材料等新型聚合物原材料纷纷开发研制成功,为进一步满足工农业生产、高新技术开发和人们日常生活的需要,提供了丰富的原材料资源。

对原有聚合物的改性,可以在成本较低的情况下使聚合物获得全新的性能。如聚合物的共混改性,形成“聚合物合金”;聚合物的复合改性制成的“聚合物复合材料”;在聚合物改性中,纳米材料和液晶材料复合新技术将给塑料业带来革命性的影响。随着汽车、电子、通信、能源材料等相关行业的发展,改性聚合物材料的应用不断增长,其应用领域不断扩展,市场需求的日益增长,促进了聚合物改性技术的发展,以实现聚合物品种多样化、系列化、差别化、功能化及高性能化。

(1) 接枝共聚技术的发展。20 世纪 80 年代,人们将接枝共聚技术引入聚合物共混改性中,作为聚合物相容化的一个重要手段,并应用双螺杆挤出反应技术,将带有官能团的单体与聚合物在熔融挤出过程中进行接枝反应,使一些不具极性的聚合物大分子链上引入具有一定化学反应活性的官能团,使之变成极性聚合物,从而增强一些非极性聚合物与极性聚合物间的相容性。

(2) 聚合物合金相容化技术迅速发展。20 世纪 80 年代,世界各大公司把研究重点放在高分子合金相容性上来,开发出不同合金体系的相容剂,实现共混高分子合金的实用化。各种共聚物、接枝聚合物的问世,有效地解决共混体系中不同聚合物间的相容性问题,促进了共混合金的发展。

(3) 互穿网络(IPN) 技术的应用。所谓互穿网络技术是将两种或多种能各自交联和相互穿透的聚合物进行共混,使共混组分通过相互缠结形成具有网络结构的体系。这个体系中并没有化学结合,仅是物理缠结。这种结构的共混物具有优异的性能。

(4) 液晶改性技术的应用。液晶改性技术是 20 世纪 80 年代发展起来的新技术。液晶聚合物的出现及其特有的性能为聚合物改性理论与实践增添了新的内容。液晶聚合物可分为溶致性和热致性两大类,具有优良的物理、化学和力学性能,如高温下强度高、弹性模量高、热变形温度高、线膨胀系数极小、阻燃性优异等。利用这种高性能液晶聚合物作为增强剂与 PA 共混,能制造高强度改性 PA。这种技术称为“原位复合”技术,液晶聚合物与 PA 熔融共混挤出流动中易取向,形成微纤分散在 PA 基体,从而起到增强作用,这种技术改变了传统的填充增强的方式。

（5）分子复合技术的发展。1984年日本的高柳素夫首次提出了分子复合的概念。他将聚对苯二甲酸对苯二胺（PPTA）加入己内酰胺或己二酸己二胺盐中，进行聚合。PPTA在PA6或PA66聚合过程中，以微纤的形式分散在基体中，并产生一定的取向。当加入量在5%时，复合材料的强度与聚酰胺相比增加2倍之多，这种达到分子水平的分散技术是制备高强度复合材料的重要途径。

（6）聚合物纳米复合材料与技术及其发展。纳米技术是20世纪90年代发展起来的新技术。20世纪90年代初，日本宇部兴产发表了纳米尼龙专利，国内1996年开始着手纳米聚酰胺的研究，研究发现添加5%的有机蒙脱土，就能使PA6的热变形温度提高1.5倍之多，这就是纳米材料神奇的地方。更有趣的是这种纳米材料不仅具有增强作用还具有一定的增韧效果。近年来，有人开始研究有机纳米材料，如纳米级丁腈橡胶，它在加入量少的情况下，可以达到一般橡胶同样的增韧效果。因此，纳米材料的开发与应用，对增强、增韧理论又有新的发现。

这种以纳米尺寸的无机材料或有机高分子分散在聚合物中所得到的复合材料称为聚合物纳米复合材料。纳米材料的发现，给聚合物改性注入无限活力。聚合物纳米复合材料具有很多独特的性能，如耐热性、润滑性、流动性、阻隔性等。聚合物纳米复合材料的制备技术，由20世纪90年代的插层聚合法发展到共混法。纳米材料从无机层状蒙脱土到纳米TiO_2、$CaCO_3$等，最近，纳米丁腈橡胶已经问世。尽管聚合物纳米材料还未完全进入产业化，纳米材料的制造技术已经取得重大突破，纳米材料的独特性能与神奇功能已被人们所认识。所以说，聚合物纳米复合材料将成为未来高分子材料发展的一个重要方向。

（7）动态硫化与热塑弹性技术。20世纪80年代，开发了动态硫化技术，用于制造热塑性弹性体。所谓动态硫化就是将弹性与热塑性树脂进行熔融共混，在双螺杆挤出机中熔融共混的同时，弹性体被“就地硫化”。实际上，硫化过程就是交联过程，它是通过弹性体在螺杆高速剪切应力和交联剂的作用下发生一定程度的交联，并分散在载体树脂中。交联的弹性微区主要提供共混体的弹性，树脂则提供在熔融温度下的塑性流动性，即热塑成型性，这种技术制造的弹性体/树脂共混物称为热塑性弹性体。在热塑性弹性体的制备中，往往是交联反应与接枝反应同时进行。即在动态交联过程中，加入接枝单体与载体树脂、弹性体的同时发生接枝反应，这样制备的热塑性弹性体，既具有一定的交联度，又具有一定的极性。大分子链中带有一些官能团，增加了热塑性弹性体的反应活性，在与基体树脂共混增韧的过程中，能与基体树脂发生化学结合，增强了相互间的相容性。从而，更加有效地提高了热塑性弹性体的增韧效果。

可以预见，今后聚合物改性仍将是高分子材料科学与工程最活跃的领域之一。

思考题

1. 聚合物改性的意义何在？试举例说明。
2. 你是怎样认识材料的分子设计在高分子材料研究中的重要性的？

参考文献

[1]吴培熙,张留城.聚合物共混改性[M].3 版.北京:中国轻工业出版社,2017.
[2]邓如生.共混改性工程塑料[M].北京:化学工业出版社,2018.
[3]王琛,严玉蓉. 高分子材料改性技术[M]. 北京: 中国纺织出版社,2007.
[4]陈衍夏, 兰建武. 纤维材料改性[M]. 北京: 中国纺织出版社,2009.
[5]郭静, 徐德增, 陈延明. 高分子材料改性[M]. 北京:中国纺织出版社,2009.
[6]戚亚光,薛叙明. 高分子材料改性[M].北京:化学工业出版社,2005.

第二章　聚合物的化学改性

☞本章知识点

1. 重点掌握接枝共聚改性原理、方法及应用；
2. 掌握嵌段共聚改性原理；
3. 掌握反应挤出改性方法、原理及应用；
4. 了解国内外相关工作的进展及应用。

聚合物的化学改性是通过聚合物的化学反应,改变大分子链上的原子或原子团的种类及其结合方式的一类改性方法。经化学改性,聚合物的分子链结构发生了变化,从而赋予其新的性能,扩大了应用领域。利用化学改性,可以对现有的聚合物进行改性,从而得到新的聚合物材料;还可制备品种繁多的嵌段和接枝共聚物,这些具有特定结构的共聚物在性能上与组分相同的无规共聚物完全不同,是一类多相聚合物。

聚合物的性能取决于其结构和聚合度。聚合物化学反应种类很多,一般并不按反应机理进行分类,而是根据聚合度和基团的变化(侧基和端基)归纳为三种基本类型:聚合度基本不变而仅限于侧基/或端基变化的反应,这类反应有时称为相似转变;聚合度变大的反应,如交联、接枝、嵌段、扩链等;聚合度变小的反应,如解聚、降解等。聚合物化学改性多属于聚合度基本不变或变大,主要是基团变化的反应。因此,本章主要介绍常用聚合度变大的接枝共聚改性和嵌段共聚改性的基本原理,以及在聚合物的加工与成型阶段,通过反应性挤出加工技术实现聚合物的化学改性,这对高分子材料加工工艺而言,是最为经济合理的。

第一节　接枝共聚改性

接枝共聚是高分子化学改性的主要方法之一。所谓接枝共聚是指在大分子链上通过化学键结合适当的支链或功能性侧基的反应,通过反应所形成的产物称作接枝共聚物。

接枝共聚物的性能取决定于主、支链的组成、结构和长度以及支链数。长支链的接枝物类似共混物,支链短而多的接枝物则类似无规共聚物。通过共聚,可将两种性质不同的聚合物接在一起,形成性能特殊的接枝物。例如酸性和碱性的,亲水的和亲油的,非染色性的和能染色的以及两两互不相溶的聚合物接枝在一起。因此,聚合物的接枝改性,已成为扩大聚合物应用领域,改善聚合物材料性能的一种简单而又行之有效的方法。

一、接枝共聚原理

接枝共聚反应首先要形成活性接枝点,各种聚合机理的引发剂或催化剂都能为接枝共聚提供活性种,而后产生接枝点。例如,由引发剂化学分解、光、高能辐射、力化学等均能产生自由基活性种,阴离子型、阳离子型、配位催化剂等能够产生离子活性种。活性点处于链的末端,聚合后将形成嵌段共聚物;活性点处于链的中间,聚合后才形成接枝共聚物。表 2-1 中列举一些接枝共聚反应的典型例子。

表 2-1　接枝共聚反应

接枝点和活性中心类型	接枝点特征	主链结构
自由基	烯丙基氢、叔碳氢	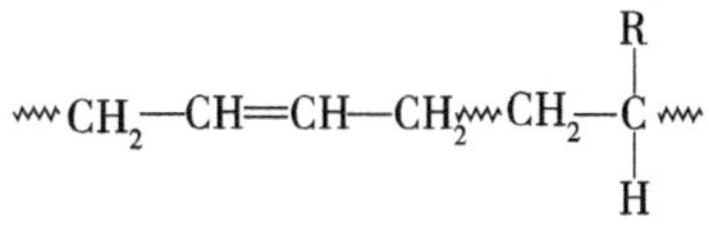 $\sim CH_2—CH{=}CH—CH_2\sim CH_2—C(R)(H)\sim$
	引发基团如氢过氧化物	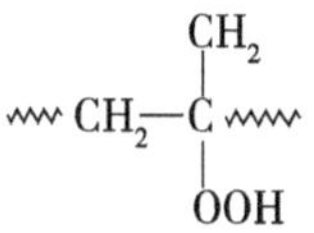 $\sim CH_2—C(CH_2)(OOH)\sim$
	氧化还原基团	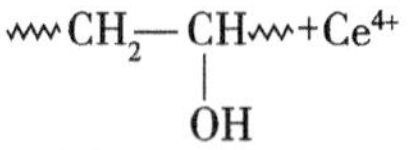 $\sim CH_2—CH(OH)\sim +Ce^{4+}$
阳离子	PVC 的烯丙基氯或叔碳原子上氯原子	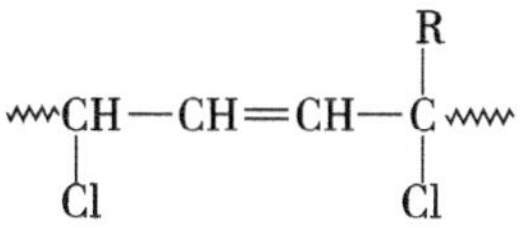 $\sim CH(Cl)—CH{=}CH—C(R)(Cl)\sim$
	酯基	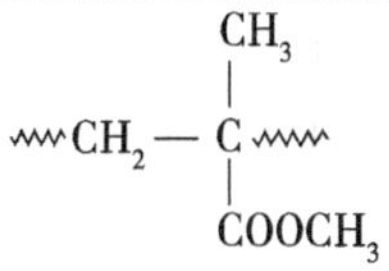 $\sim CH_2—C(CH_3)(COOCH_3)\sim$
阴离子	金属化的聚丁二烯	$\sim CH_2—CH{=}CH—CH_2\sim$

二、接枝共聚方法

聚合物的接枝改性目前已得到广泛应用。接枝方法主要有三种:链转移法、活性基团引入法和功能基反应法。前两种方法的实质是设法使聚合物形成活性中心。活性中心可以是自由基,也可以是正、负离子,但较常见的是自由基。聚合物形成活性中心后再与第二种单体共聚,得到接枝共聚物。

(一)链转移法

利用反应体系中的自由基夺取聚合物主链上的氢而发生链转移,形成链自由基,进而引发单体进行聚合,产生接枝:

$$\sim CH_2-CH=CH-CH_2\sim + R\cdot \longrightarrow \sim CH_2-CH=CH-\dot{C}H\sim + RH$$

在接枝共聚过程中，通常有三种聚合物混合物：未接枝的原聚合物、已接枝的聚合物及单体的自聚物或混合单体的共聚物。因此，在接枝共聚中需要考虑接枝效率问题，由此，提出了接枝效率的表达式：

$$\text{接枝效率} = \frac{\text{接枝在聚合物上的单体质量}}{\text{接枝在聚合物上的单体质量} + \text{接枝单体均聚物质量}} \times 100\%$$

接枝效率的高低与接枝共聚物的性能有关。在链转移接枝中，影响接枝效率的因素有很多，例如，引发剂、聚合物主链结构、单体种类、反应配比及反应条件等。一般认为，过氧化苯甲酰（BPO）的引发效率比偶氮二异丁腈（AIBN）高，原因是 $C_6H_5\cdot$ 比 $(CH_3)_2\dot{C}-CN$ 活泼，更易获取主链上的 H。

如果聚合物主链上同时有几种可被夺取的氢，则接枝点往往是在酯基的甲基上：

$$\sim CH_2CH(OC(=O)CH_3)\sim + R\cdot \longrightarrow \sim CH_2CH(OC(=O)\dot{C}H_2)\sim + RH$$

（二）活性基团引入法

首先在聚合物的主干上导入易分解的活性基团，如—OOH、—CO—OOR、—N_2X、—X 基等。然后在光、热作用下分解成自由基与单体进行接枝共聚。例如：

$$\sim CH_2-CH(C_6H_5)\sim \longrightarrow \sim CH_2-CBr(C_6H_5)\sim \xrightarrow{h\nu} \sim CH_2-\dot{C}(C_6H_5)\sim \xrightarrow{nB} \sim CH_2-C(BBB\sim)(C_6H_5)\sim$$

叔碳上的氢很容易氧化，生成氢过氧化基团，进而分解为自由基，由此可利用聚对异丙基苯乙烯制取甲基丙烯酸甲酯接枝物。

$$\sim CH_2-CH(C_6H_4-C(CH_3)_2H)\sim \xrightarrow[BPO]{O_2} \sim CH_2-CH(C_6H_4-C(CH_3)_2OOH)\sim \xrightarrow[\triangle]{nMMA} \sim CH_2-CH(C_6H_4-C(CH_3)_2-(MMA)_n\sim)\sim$$

上述过氧化物分解产生两种自由基，产生的自由基位于主链上时是可以接枝的自由基，而产生 HO · 和 RO · 类的自由基时，这类自由基可引发单体自聚。为了提高接枝效率，需要除去这类自由基，除去方法为应用氧化还原体系，如：

$$
\sim\!\sim CH_2 - \underset{\underset{COOH}{|}}{CH_2} \sim\!\sim \begin{cases} \xrightarrow{\triangle} \sim\!\sim CH_2 - \overset{\overset{O^+}{|}}{CH} \sim\!\sim + HO^+ \\ \xrightarrow{Fe^{2+}} \sim\!\sim CH_2 - \underset{\underset{O^+}{|}}{CH} \sim\!\sim + HO^+ \end{cases}
$$

另外，也可以采用降低反应温度，提高单体和聚合物的浓度，减少主链上的空间位阻等提高接枝效率。

离子型聚合物也可用此法产生接枝点制备接枝共聚物，例如：

$$
\sim\!\sim CH_2CH(C_6H_4\text{-}I) + BuLi \longrightarrow \sim\!\sim CH_2CH(C_6H_4\text{-}Li) \sim\!\sim \xrightarrow{nCH_2{=}CHCN} \sim\!\sim CH_2CH(C_6H_4\text{-}[CHCH(CN)]_n) \sim\!\sim
$$

某些聚合物不必预先引入易产生自由基的活性基团，而直接利用辐射能（紫外光、γ 射线或 X 射线），也能在聚合物的特定部位产生自由基型的接枝点与单体进行共聚。如侧链含有那些容易受辐照激发产生自由基的结构，$>C{=}O$或$>C{=}Cl$：

$$
\sim\!\sim CH_2 - \underset{\underset{COOCH_3}{|}}{CH} \sim\!\sim \xrightarrow[(^{60}Co)]{\gamma\text{射线}} \sim\!\sim CH_2 - \underset{\underset{COOCH_3}{|}}{\dot{C}H} \sim\!\sim \xrightarrow{M} \sim\!\sim CH_2 - \underset{\underset{COOCH_3}{|}}{\overset{\overset{MMM\sim\sim}{|}}{C}} \sim\!\sim
$$

（三）功能基反应法

含有侧基功能基的聚合物，可加入端基聚合物与之反应形成接枝共聚物：

$$
\underset{\text{带侧基功能基的聚合物}}{\sim\!\sim\!\sim\overset{A}{|}\sim\!\sim\!\sim} + \underset{\text{端基聚合物}}{B\sim\!\sim} \xrightarrow{\text{接枝}} \underset{\text{接枝共聚物}}{\sim\!\sim\!\sim\overset{AB\sim\sim}{|}\sim\!\sim\!\sim}
$$

这是一类聚合物-聚合物间的反应，接枝效率很高。显然，支链的聚合度则由端基聚合物的聚合度决定。所以这种接枝方法可用于高分子材料的分子设计和合成。如将甲基丙烯酸甲酯和甲基丙烯酸-β-异氰酸乙酯的共聚物与末端为氨基的聚苯乙烯（以氨基钠为催化剂的苯乙烯聚合产物）反应，则得到接枝聚合物：

$$\begin{array}{c} \text{--}\!\left[\underset{\underset{\displaystyle COOCH_3}{|}}{\overset{\overset{\displaystyle CH_3}{|}}{C}} - CH_2\right]_x\!\!\left[\underset{\underset{\displaystyle COOCH_2CH_2NCO}{|}}{\overset{\overset{\displaystyle CH_3}{|}}{C}} - CH_2\right]_y\!\text{--} + H_2N\text{--}\!\left[CH_2 - \underset{\underset{\displaystyle C_6H_5}{|}}{CH}\right]_n\!\text{--} \longrightarrow \end{array}$$

$$\text{--}\!\left[\underset{\underset{\displaystyle COOCH_3}{|}}{\overset{\overset{\displaystyle CH_3}{|}}{C}} - CH_2\right]_x\!\!\left[\underset{\underset{\displaystyle COOCH_2CH_2NHCONH\text{--}\left[CH_2-\underset{\underset{\displaystyle C_6H_5}{|}}{CH}\right]_n\text{--}}{|}}{\overset{\overset{\displaystyle CH_3}{|}}{C}} - CH_2\right]_y\!\text{--}$$

(四)其他方法——大单体技术合成接枝共聚物

随着高分子材料应用领域的日益广阔及科学技术的发展,对高分子性能的要求也越来越高。多相聚合物作为开发高分子材料的一个重要领域受到关注,尤其是接枝共聚物,具有独特的综合性能。早期接枝共聚物的合成是将聚合物和其他一种或多种小单体加入反应器中进行自由基聚合,随后在此基础上开发了阳离子和阴离子聚合法。近 40 年的研究表明,人们已可合成出设计的接枝共聚物,即采用大分子单体与小分子单体共聚合成规整接枝共聚物,即大单体合成接枝共聚物技术,这使其不仅在化学领域中应用广泛,在医学、工程材料等方面也有独特的应用。

1.大单体的制备方法

大分子单体,简称大单体,是指分子链末端具有可聚合官能团的线型聚合物,分子量为 1000~20000,末端可聚合官能团一般是不饱和双键,也可以是环氧基或能再聚合的其他杂环。合成大单体的关键是在线型聚合物的末端引入可进一步聚合的官能团。合成大单体的主要方法有阴离子聚合、阳离子聚合、自由基聚合等方法。

2.大单体与小单体合成接枝共聚物技术

合成大单体的主要目的是更简便、更广泛地合成接枝共聚物。大单体与其他小单体的共聚能合成数量繁多的接枝共聚物,共聚反应极易进行,大部分通过自由基引发剂引发聚合。大单体与小单体共聚合成接枝共聚物,其中主链由小单体聚合而成,支链为分子量分布较均匀的大单体。而其他方法难以制备这种接枝共聚物。大单体技术还将两种性能差异较大的聚合物(如亲水和亲油)以化学键结合,使二者的性能互补。廖桂英研究了聚丙烯酸丁酯(PBA)大单体与丙烯酰胺的自由基共聚,得到接枝共聚物 PAM—g—PBA。结果表明,这是一种两性接枝共聚物,具有良好的乳化性能。另外,相关人员还研究了 PBA 大单体与甲基丙烯酸甲酯共聚合成 PMMA—g—PBA。

三、接枝共聚物性能与应用

(一)玻璃化转变温度

接枝共聚物由两种不同组分构成,这两种组分的相容性决定了接枝共聚物的相态变化,如果两组分的相容性好或支链不能形成微区，接枝共聚物仅有一个相态，只有一个玻璃化转变温度；相反，两组分的相容性不好，则表现出两个玻璃化转变温度。研究表明，环氧乙烷接枝到尼龙6骨架上所形成的接枝共聚物为单相体系，尼龙6的熔点显著下降，聚环氧乙烷的结晶完全消失，测定结果表明，接枝共聚物仅有一个玻璃化转变温度，且介于尼龙6和聚环氧乙烷的玻璃化转变温度之间。在丙烯—乙烯—己二烯三元共聚物上接枝聚苯乙烯时，聚苯乙烯可能与三元共聚物的相容性差而使接枝共聚物表现出相分离形态，测试结果表明，其有两个玻璃化转变温度。当接枝异丁二烯时，则仅有一个玻璃化转变温度，聚异丁二烯与三元共聚物的相容性好。

利用大单体技术制备的接枝共聚物，玻璃化转变温度可能有两种。单相形态存在一个玻璃化温度；两相形态则存在两个玻璃化转变温度。廖桂英等借助透射电镜和动态黏弹谱及示差扫描量热分析证明接枝共聚物均是两相形态，存在两个玻璃化转变温度。这可能因为大单体技术合成的接枝共聚物，其支链易形成微区。但大多数接枝共聚物的两组分因相互作用而使玻璃化转变温度相互接近。

（二）稀溶液性质

采用大分子单体和小单体共聚合生成的接枝共聚物具有几乎相同长度的侧链，即规整接枝物。不同化学性质的主链和支链之间的不相容产生分子内的相分离。这种相分离使接枝共聚物广泛地用作增容剂、乳化剂、表面活性剂及黏合剂等。由于大单体技术制备的接枝共聚物具有相分离结构，相互分离的链段在溶液中表现出各自的特点。不同规整链段对溶剂的亲和性不一致，造成两个链段在溶液中存在状态的差异。作为良溶剂的链段，其存在状态伸展，而作为劣溶剂的链段，其存在状态就呈分子胶束状态，即接枝共聚物在溶液中也存在相分离状态。

接枝共聚物在稀溶液中，其黏度随温度的变化曲线，由于接枝共聚物在溶液中的相分离结构，与普通线型聚合物的不同。普通线型聚合物的黏度—温度曲线中斜率为负值；接枝共聚物的黏度—温度曲线更为复杂，研究发现采用聚苯乙烯大单体（PS）和丙烯酸辛酯（OA）进行自由基溶液共聚合反应，得到规整接枝共聚物 POA—g—PS 的黏度—温度关系为：斜率由正值变为负值，再变为正值。图 2-1 是不同温度下的 POA—g—PS/二氧六环稀溶液的黏度变化。

由图 2-1 可以看出稀溶液的特性黏度随温度的变化。在 25~39℃时，随温度升高，共聚物的两种链段逐步伸展，流体力学体积增加，[η]增加。在 39~45℃之间[η]出现了转折，这是由于 39℃后分子内相分离变成分子内混合物，导致[η]下降。当温度升高超过 45℃，分子内共混物由于分子链移动，逐步分离，链重新伸展，[η]又上升。这种稀溶液性质是接枝和嵌段共聚物所特有的，表明有微观相分离的现象。

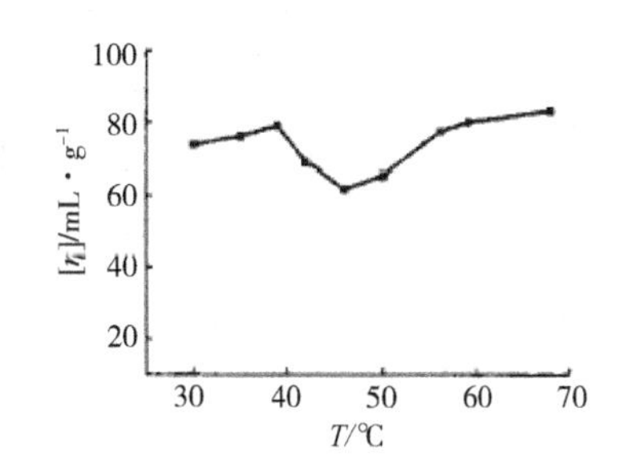

图 2-1 不同温度下的 POA—g—PS 的黏度变化

因此，黏度—温度关系不仅受链段与溶剂亲和性的影响，也受链段与溶剂的序列作用、构象变化、螺旋构象转变等的影响。

（三）共混增容性

接枝共聚物与其组分聚合物具有较好的相容性，原因在于接枝共聚物具有独立组分的微相结构,从而可以较自由地控制接枝共聚物与组分聚合物形成的共混物的相容性。接枝共聚物在共混中,能发挥其组分的综合性能,可以作为增容剂使共混物的两相界面黏附力增加,大大改善了共混材料的力学性能,拉伸强度、冲击强度和断裂伸长率明显增加。研究表明,苯乙烯—乙烯基苯甲酸酯共聚物用甲基丙烯酸甲酯接枝,可使聚苯乙烯树脂与聚甲基丙烯酸甲酯的共混物显著改善抗张强度及断裂能力。接枝共聚物的共混增容性使接枝共聚物广泛应用于共混物改性。

为了最大限度地发挥接枝共聚物的增容能力,使接枝聚合物的相对分子质量比均聚物的相对分子质量高为宜。

(四)两性接枝共聚物的性能

接枝共聚物是单一的化合物,可以发挥每个接枝组分的特征性质,而不是它们的平均性质。例如亲水的和亲油的两性聚合物组成中既含有亲水基团,又含有亲油基团,其在油水体系中具有低分子表面活性剂的表面活性性质,同时,又因高分子量的特点而具有特殊的溶液性质。如单羟基聚环氧乙烷与聚甲基丙烯酸甲酯发生酯交换反应合成的两性接枝共聚物,它是一种表面活性剂,具有高效的稳定分散作用。利用这种两性接枝共聚物合成 PVC 和 PS 胶乳,并发现两性接枝物对胶乳的机械稳定性优于低分子表面活性剂。氯甲基化聚苯乙烯接枝单羟基聚环氧乙烷形成两性接枝共聚物可以作为1-溴化金钢烷在甲苯/水体系中水解的相转移催化剂,研究结果表明:没有两性接枝物时,1-溴化金钢烷的水解速度很小,而使用两性接枝物时水解速度提高,说明这种两性接枝物具有共溶剂的作用或三相界面催化剂的作用。两性聚合物还具有很强的表面活性作用。它对油水的乳化类似低分子表面活性剂的乳化,但其乳化液要比低分子表面活性剂稳定。

(五)接枝共聚物的形态结构

接枝共聚物的形态结构很大程度上依赖于接枝链和主链的体积分数。而较高浓度的组分,通常形成连续相,对共聚物的物理性质影响较大,当两个组分的浓度相等时,相的连续性急剧地随着样品的制备条件而变化,这种效应首先是从甲基丙烯酸甲酯(PMMA)接枝到天然橡胶(NR)上的两相共聚物中观察到的。由于制备方法和条件不同,制备的 PMMA—g—NR 性能差异较大。除接枝 PMMA 含量不同外,接枝的 PMMA 分子链的长短以及 PMMA 在 NR 分子链上的分布也是导致 PMMA—g—NR 性能差异的主要原因。

此外,接枝共聚物在医学材料抗凝血作用方面也取得了较好的应用研究结果。如在链段型聚醚氨酯(SPEU)上,接枝聚合丙烯酰胺,使支链形成长侧链结构,这种接枝聚物改善了 SPEU 的抗凝血性。在高密度聚乙烯、聚乙烯醇缩丁醛膜上接枝丙烯酰胺等接枝共聚物的抗凝血效果也有程度不同的改善。

第二节　嵌段共聚改性

一、基本原理

嵌段共聚物分子链具有线型结构,是由至少两种以上不同单体聚合而成的长链段组成。嵌段共聚可以看成是接枝共聚的特例，其接枝点位于聚合物主链的两端。

根据分子链上长链段数目和排列方式，嵌段共聚物可分为三种链段序列基本结构形式：$A_m—B_n$两嵌段聚合物、$A_m—B_n—A_m$或$A_m—B_n—C_n$三嵌段聚合物、$(A_m—B_n)_n$多嵌段聚合物。此外，还有较不常见的放射型嵌段共聚物，它是由三个或多个两嵌链段从中心向外放射，所形成的星状大分子结构如图2-2所示。常见的嵌段共聚物如表2-2所示。

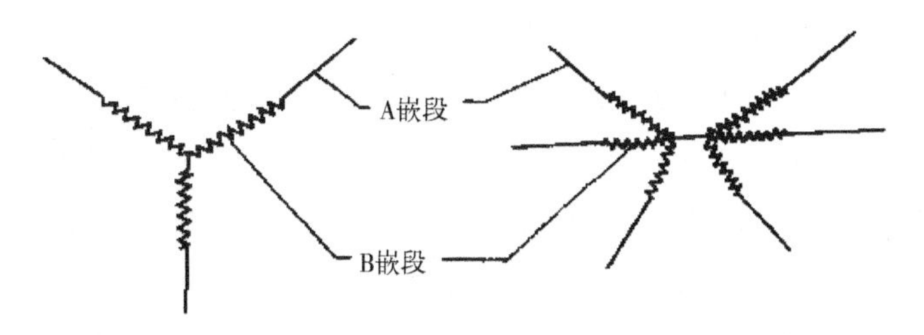

图2-2　放射状嵌段共聚物的链段序列结构

表2-2　常见嵌段共聚物

嵌段共聚物类型	种　类	举　例
$A_m—B_n$型	乙烯嵌段共聚物 聚丙烯酸类和聚乙烯 吡啶嵌段共聚物 α-聚烯烃嵌段共聚物 杂原子嵌段共聚物	苯乙烯—丁二烯，苯乙烯—异戊二烯，苯乙烯—芳烯烃 丙烯酸类，乙烯吡啶 乙烯—丙烯，其他α-烯烃 醚—醚，醚—烯烃，内酯类，硫醚类，酰胺类与亚胺类，硅氧烷
$A_m—B_n—A_m$型	碳氢链嵌段共聚物 聚丙烯酸类和聚乙烯 吡啶嵌段共聚物 杂链$A_m—B_n—A_m$嵌段共聚物	苯乙烯—二烯类，星状苯乙烯—二烯类 改性苯乙烯—二烯类，其他芳烯烃—二烯类 二烯—二烯类，苯乙烯—芳烯烃类 丙烯酸类，乙烯吡啶 醚—醚，醚—烯烃，酯类 硫醚类，酰胺类，硅氧烷类
$\leftarrow A_m—B_n \rightarrow_n$型	醚—醚 醚—烯烃 醚—酯 酯—酯 酯—烯烃 碳酸酯类 酰胺类 亚胺酯类 聚硅氧烷 交联环氧树脂体系	对苯二甲酸烷烃酯类，对苯二甲酸芳烃酯类 其他酯类 碳酸酯—碳酸酯，碳酸酯—聚砜 碳酸酯—醚，碳酸酯—酯 碳酸酯—苯乙烯，碳酸酯—亚胺酯 酰胺—酰胺，酰胺—醚 酰胺—酯，酰胺—烯烃 其他各种酰胺或酰亚胺 聚氨酯纤维 硅氧烷—硅氧烷，硅氧烷—硅芳烃硅氧烷 硅氧烷—烷醚，硅氧烷—芳醚 硅氧烷—烯烃，硅氧烷—酯

二、嵌段共聚物制备方法

嵌段共聚有下列几种方法。

(一)“活”性聚合反应法

活性阴离子聚合体系依次加入不同单体是目前合成嵌段共聚物最常用的方法之一。例如烯类单体 A 进行阴离子聚合,直到 A 全部反应完毕,此时向体系中加入单体 B,聚合物链 A 阴离子引发 B 单体聚合,然后终止,生成了 AB 两嵌段共聚物;终止前若再向体系加入单体 C,可继续引发聚合,生成三嵌段共聚物等。

SBS 是一类典型的夹层三嵌段共聚物,S 代表聚苯乙烯链,分子量为 $1\times10^4 \sim 1.5\times10^4$,B 代表中间链聚丁二烯链,分子量 $5\times10^4 \sim 10\times10^4$,B 段也可以是聚异戊二烯。SBS 是已经工业化生产的热塑性弹性体,用于代替室温下使用的各种橡胶制品。其最大优点是生产制品无须硫化,因为室温为玻璃态的聚苯乙烯链段微区起到物理交联点的作用。

单阴离子引发三步顺序加料法是利用“活”性聚合物反应生产 SBS 的方法之一,缺少双键 $CH—CH_2$ 其反应式如下:

$$BuLi + CH_2{=}CH(C_6H_5) \xrightarrow{\text{烃类溶剂}} Bu{-}[CH_2{-}CH(C_6H_5)]_{n-1}{-}CH_2{-}\overset{-}{C}H(C_6H_5)Li^+ \xrightarrow{mCH_2{=}CH{-}CH{=}CH_2}$$

$$Bu{-}[CH_2{-}CH(C_6H_5)]_n{-}[CH_2CH{=}CHCH_2]_{m-1}{-}CH_2CH{=}CH\overset{-}{C}HLi^+ \xrightarrow[\text{2.终止}(H^+)]{\text{1.}CH_2{=}CH{-}C_6H_5}$$

$$Bu{-}[CH_2{=}CH(C_6H_5)]_n{-}[CH_2CH{=}CHCH_2]_m{-}[CH_2{=}CH(C_6H_5)]_{n-1}{-}CH_2{=}CH_2(C_6H_5)$$

阳离子聚合往往伴有链转移、链终止等反应,较难进行活性聚合。在较特殊条件下,虽然也曾合成得少数嵌段共聚物,但尚无工业应用。

(二)其他合成法

1.力化学法

在机械力的作用下,当剪切力大到一定的程度,可使主链断裂,形成端基自由基,通过化学反应能产生嵌段共聚物:

$$\begin{matrix} \sim\sim M_1M_2 \sim\sim \\ \sim\sim M_2M_2 \sim\sim \end{matrix} \xrightarrow{\text{研磨}} \begin{matrix} \sim\sim M_1^{\bullet} \\ \sim\sim M_2^{\bullet} \end{matrix} \longrightarrow \begin{matrix} \sim\sim M_1M_2 \sim\sim \\ \sim\sim M_1M_1 \sim\sim \\ \sim\sim M_2M_2 \sim\sim \end{matrix}$$

2.偶联法

如两个活性 $A_nB_m^-$ 链用 1,6-二溴已烷偶联:

$$\begin{matrix} \sim\sim A_nB_m^- \\ \sim\sim A_nB_m^- \end{matrix} \xrightarrow{Br(CH_2)_6Br} \sim\sim A_nB_m(CH_2)_6B_mA_n \sim\sim$$

3.链交换反应法

两种聚合物混合熔融后,能产生链交换反应,生成部分嵌段共聚物。如聚酯和聚酰胺共热,通过交换反应,可以形成聚酯和聚酰胺的嵌段共聚合。

4.端基聚合物反应法

端基预聚物两端都带有官能团,两种组成不同的预聚物各自的端基官能团不同,但能相互反应,例如,双羟基封端的聚砜与双二甲氨基封端的聚二甲基硅氧烷的缩聚(嵌段)反应。

三、嵌段共聚物性能与应用

链段序列结构对嵌段共聚物的弹性行为、熔体流变性和刚性材料的韧性等有很大的影响。而热性能、耐化学性、稳定性、电性能及透过性等仅与链段的化学性质有关,与链段的序列结构基本无关。

嵌段共聚物在微观尺度范围内分为两相,呈微相分离结构,这种微区(10~100nm)与那些能观察到的不相容聚合物混合物的区域(大于 10^3nm)相比小很多,使其表现出超分子结构行为。

嵌段共聚物的合成和表征等都比较困难,但是鉴于其所表现出来的特殊性能,尤其是微相分离结构所表现的特殊性能,使嵌段共聚物在弹性体等领域有很大的用途。嵌段共聚在聚合物化学改性或聚合改性中占有重要的地位。

(一)嵌段共聚物的性能

1.热性能

嵌段共聚物的模量—温度关系,与无规共聚物的模量温度关系有本质的不同。如图 2-3 所示,从单体 A 和 B 得到的无规共聚物的模量—温度关系介乎均聚物 A 和均聚物 B 之间。同时只有一个玻璃化温度(T_g)处于两均聚物的 T_g 温度之间。无规共聚物的 T_g 位置与 A 和 B 两单体的质量分数有关。

单相嵌段共聚物中的两嵌段高度相容时,模量温度关系与无规共聚物相似。但是,两相嵌段共聚物保持了两种嵌段固有的性质,所以明显有两个玻璃化温度。在两个 T_g 数值之间,有一个模量平台部分。然而,与前面所述无规共聚物的行为相反,两相体系中的两个 T_g 值与其两嵌段含量没有显著关系,而两模量平台的位置却与两嵌段含量有关。

例如,SBS 是苯乙烯—丁二烯—苯乙烯三嵌段共聚物,为两相结构,同样有两个玻璃化温度:橡胶相 T_{g1}=-90~-83℃和塑料相 T_{g2}= 77~94℃。这两个玻璃化温度限定了它们作为弹性固体的使用温度范围应介于橡胶相 T_{g1} 和末端嵌段相 T_{g2} 之间。T_{g1} 和 T_{g2} 既取决于聚合物链段自身的属性,也取决于溶解于它的任何材料的属性。这是一个非常重要的性质,它使得人们有可能利用和末端嵌段相容的高熔点树脂来提高使用温度的上限,利用和中间嵌段相容的低软化点

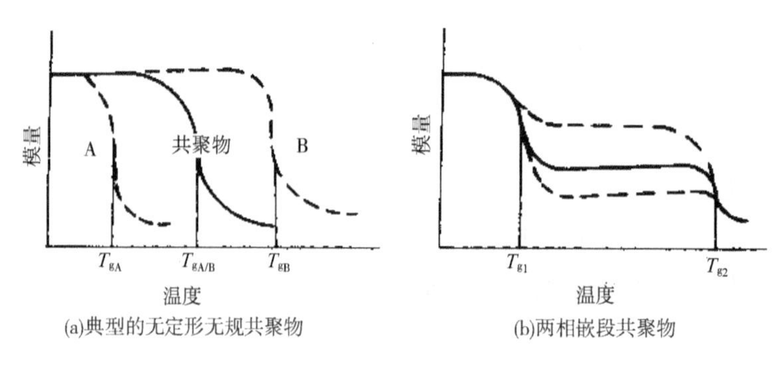

(a)典型的无定形无规共聚物　(b)两相嵌段共聚物

图 2-3　共聚物模量与温度的关系

树脂或增塑剂来降低使用温度的下限。

2.加工性能

无定形的两相嵌段共聚物的熔体加工,一般比分子量大小差不多的均聚物、无规共聚物或单相嵌段共聚物的加工要困难些。这是由于两相嵌段共聚物在熔融时仍然部分地保留了两相形态,因而有不寻常的流变性质。高熔体黏度和弹性的两相嵌段共聚物,常需要用较高的加工温度和较高的压力才行。所需的高温常会达到甚至超过此共聚物的热稳定限度。再者,在这些体系中,切变速率灵敏性可以成为限制因素。例如有时可以看到很容易挤出成型的嵌段共聚物在成型时表现出高度的熔体破裂。这种破裂现象反映了这种材料的高弹性和高黏性。这种性质使得熔体破裂在很低的剪切速率下出现。

嵌段共聚物的嵌段组成结构对熔体加工性能有重大的影响。A—B 二嵌段共聚物要比 A—B—A 或(A—B)$_n$共聚物加工容易得多,例如,苯乙烯—丁二烯,由于后两种序列结构在熔融态时依然存在着网络结构的缘故。

3.力学性能

(1)模量。根据室温模量,把嵌段共聚物分为两类,刚性嵌段共聚物和弹性嵌段共聚物。刚性嵌段共聚物由两个硬嵌段或一个硬嵌段与一个短的软嵌段组成。弹性嵌段共聚物一般含有一个软嵌段与一个短的硬嵌段。其中硬嵌段的定义是 T_g或 T_m在室温以上的嵌段。软嵌段的定义是 T_g(也可以是 T_m)在室温以下的嵌段。嵌段共聚物也有可能含有两种软嵌段,但在力学性能上并没有显著的优点。

由两种硬嵌段组成的刚性嵌段共聚物,它们的抗蠕变或抗应力松弛等力学性能好(例如酯族—芳族聚酰胺嵌段共聚物)。

本来是脆性的刚性聚合物,通过与小部分软嵌段组成嵌段共聚物,在韧度方面得到很大改善。这是由于此体系中的两相特性和软嵌段的低转变温度的缘故。

(2)形态结构类型。形态结构类型在决定弹性嵌段共聚物的力学性能上极其重要。A—B 型形态结构与无规共聚物弹性体相比,在力学性能上无显著改善。A—B 嵌段共聚物和无规共聚物都必须用化学交联或硫化来得到良好的性能。然而,具有 A—B—A 型(线形或星型)或(A—B)$_n$ 形态结构的弹性共聚物具有十分独特的性能。苯乙烯—丁二烯(SB)(A—B 型)和苯乙烯—丁二烯—苯乙烯(SBS)(A—B—A 型)嵌段共聚物可以很好地说明这两种类型在性能方面的不同。SBS 为三嵌段或星形嵌段共聚物,由于聚苯乙烯和聚丁二烯段溶度参数的差异,试样会出现相分离形成海岛状结构,从而具有很好的拉伸强度。双嵌段 SB 虽然也能形成相分离结构,但由于不能形成网络形态,因此力学性能很差。当 SB 和 SBS 混合在一起时,对 SBS 的某些力学性能将产生影响。

这种 A—B—A 型和(A—B)$_n$ 型共聚物,叫作热塑弹性体,它同时具有交联橡胶的力学性能,又具有线型热塑聚合物的加工性能。这种不寻常的两种性能都有的特点,是近十多年来深入研究嵌段共聚物的主要推动力。

热塑性弹性体是由大量的软嵌段和少量的硬嵌段组成的两相嵌段共聚物。软硬两种嵌段各有各的用处,软嵌段提供柔韧的弹性,而硬嵌段则提供物理交联点和起填料的功能。其所以能够如此,是因为体系出现不寻常的两相形态结构所致。由于微观的相分离,使得硬嵌段在橡胶体中相互聚集,从而产生了分散的小微区(10~30nm),并用化学链与橡胶部分连接。这些微区形成链间有力的缔合,使之形成物理交联。这种物理交联与硫化弹性体中的化学交联有同样的功能。热塑弹性体中的硬嵌段微区交联点,与化学硫化的弹性体的情况不同,在 T_g或 T_m 以上时,这种硬微区将变软或熔融,因而热塑弹性体可以用熔融加工的方法进行加工。另外,这种玻璃态或晶态的硬嵌段微区还有一个好处,就是使橡胶弹性体增强而产生高强度。

热塑弹性体的性能依靠软硬嵌段的相对分子质量所占的体积分数而定。嵌段的长度必须大到可以形成两相体系,但又不能大到影响其热塑性质。软硬嵌段比例的变化对模量、弹性回复和力学性能都会有影响。如果要想得到高弹性回复和高拉伸强度,硬嵌段所占的体积分数必须高于一定程度(≥20%),以便有足够的物理交联。但是硬嵌段过多时(接近 30%),能使硬段微区从分散的小球变成连续的层状结构。这种层状结构破坏了弹性回复的性能。由于热塑弹性体的性能很大程度上取决于网络结构的完善性,所以任何能破坏网络结构的嵌段结构上的不纯物必须尽量除去。A—B 型嵌段共聚物就能破坏 A—B—A 型热塑弹性体的网络结构。

4.光学性能

不论是刚性和弹性的嵌段共聚物,在光学透明度上,都比均聚物共混物要好得多。这是由于共聚物颗粒大和各个宏观相的折射率不同的缘故。嵌段共聚物仅能产生微观的相分离而形成很小的微区结构,这种微区大大小于光的波长(100nm),所以即使各嵌段的折射率相差很大也是透明的。例如,有机硅氧烷以及苯乙烯/二烯类就是这样。微区的大小随相对分子质量增加而增加,但是除非相对分子质量很高,一般不会不透明。

5.耐化学性

一般来说,嵌段共聚物的耐化学性能和耐应力开裂与它们同组分的均聚物相比不会更好。然而,嵌段共聚物中含有耐化学性能好的嵌段与耐化学能力差的嵌段时,则可以达到相当程度的耐化学性能而不损失其延性。显然,结晶嵌段和强氢键嵌段最适于提高嵌段共聚物的耐化学性能。此种方法在刚性嵌段共聚物中或弹性嵌段共聚物中都可以使用。典型的例子,如聚砜—尼龙 6 刚性嵌段共聚物和聚(对苯二甲酸丁二酯)—聚(四亚甲基醚)弹性嵌段共聚物。虽然,结晶性硬段所占的体积分数是决定耐化学性能大小的重要因素。当体积分数高到足够保证一定程度的两相共连续时,结果最好。

水解稳定性一般取决于某些化学键,在均聚物或小分子中的水解稳定性比嵌段共聚物的小。两相的有机硅嵌段共聚物即是一个例子。其嵌段由≡Si—O—C≡连接起来。这个链在嵌段共聚中的稳定性好的原因有三个方面:链段的空间位阻,这个键在聚合物主链上的浓度低及硅氧烷嵌段的疏水性。

6.增容性能

两相嵌段共聚物有一个特性,就是可以与其嵌段组分相同的均聚物有部分相容性。这种现象可用来制备均聚物与嵌段共聚物的共混物。由于相间黏附力好和分散得细,这种共混物有很好的"力学"相容性。在这些共混物内,由于嵌段共聚物的第二链段的性质不同,完全相容(即相互溶解)是不可能的。这种部分相容性很有实用价值,比如均聚物通过与弹性嵌段共聚物共混以改善其冲击性能。例如,少量聚砜—聚(二甲基硅氧烷)嵌段共聚物与聚砜均聚物共混,可以大大改善后者的缺口冲击强度。这种部分相容性的另一个用途是将均聚物与含此均聚物链段和一个化学稳定性较好的链段的嵌段共聚物共混,可改善此均聚物化学稳定性。例如,聚砜与聚砜—尼龙 6 嵌段共聚物的共混物。这种部分相容性还可以用于改善弹性体的加工性能,例如将苯乙烯-丁二烯嵌段共聚物加到聚丁二烯内。

两相嵌段共聚物也有表面活化性能。由含有水溶和油溶两种嵌段的共聚物,如环氧乙烷-环氧丙烷是很有用的非离子型洗涤剂。有机硅氧烷嵌段共聚物是非常有用的泡沫表面活化剂。同样,亲水-疏水的聚氨酯可以选择吸附类酯物(例如胆甾醇),因而,在生物学上可能是很重要的嵌段共聚物。

(二)嵌段共聚物的应用

嵌段共聚改性已经得到了很多新型聚合物材料,这些材料大致可分为三类:弹性体、增韧热塑性树脂和表面活性剂。

1.嵌段共聚物弹性体

嵌段共聚物热塑性弹性体主要依赖于它的两相微相分离结构。工业弹性嵌段共聚物具有A_m—B_n—A_m型或(A_m—B_n)$_x$型形态结构能够形成物理网络,由于其具有热塑性弹性体的性能,使得它们有很多用途。如在汽车、机械、电子设备、封装材料、填隙料、制鞋等方面都有很好的应用。与通用的化学交联的热固性橡胶相比,这些材料能够用类似热塑性塑料的加工方法,经济地加工成产品。由于它不需要硫化,因而可重复加工。除了由于加工经济与通用橡胶竞争外,还可与仅有柔性而无弹性的热塑性塑料相竞争。嵌段聚合物热塑性弹性体在实际应用时,可根据相应部件的特定要求作选择,如汽车车厢内部用的柔性部件可用苯乙烯—二烯、氢化苯乙烯、酯-醚、亚胺酯-酯嵌段聚合物中的任何一种,但保险杠、发动机部位的管子除了应分别具备足够的力学结构特性、弹性好以外,还应具备耐油、耐热等性能。用于机械部件,如连接器、圆环、密封材料、油压机管、软管等的嵌段共聚物,其尺寸稳定性、压缩形变、弹性以及耐油、耐化学和磨损性能等都必须满足要求。

用于胶黏剂行业的主要是三嵌段共聚物 SIS(苯乙烯—异戊二烯—苯乙烯)、SBS(苯乙烯—丁二烯—苯乙烯)及它们的氢化产品等,目前世界生产能力已超过 114.3 万吨/年,年增长率为

3%~6%。中国的生产能力超过了30万吨/年,其中有1/4~1/3的量用于胶黏剂领域,其余主要用于改性沥青、改性聚合物和制鞋工业。

2.增韧热塑性树脂

制成含有高体积分数的硬嵌段和低体积分数的软嵌段可以改善硬、脆聚合物冲击强度。无定形星型苯乙烯—丁二烯嵌段共聚物,含有75%的PS,这种材料的韧性与一般橡胶改性的PS相似,但是由于PB的微区很小,透明性好,可作为透明包装材料。而在通常情况下,苯乙烯—丁二烯嵌段共聚物是一种具有优良抗冲击性能和透明性的聚合物。如果其中共轭二烯烃的含量较高,共聚物倾向于成为热塑性弹性体;反之,则倾向于表现热塑性塑料的特征。

3.嵌段共聚物表面活性剂

工业上用的嵌段共聚物表面活性剂有两种:亲水嵌段和疏水嵌段。在不能应用通常的阴离子或阳离子表面活性剂时,嵌段共聚物非离子表面活性剂备受关注,可用于乳化水、非水体系及表面润湿。

嵌段共聚物作为一种具有两亲结构的大分子共聚物具有表面活性剂的一般性质,当嵌段共聚物溶解在选择性溶剂中[在热力学上对其中一段为良溶剂,另一段为劣溶剂(沉淀剂)],它们便可逆缔合形成胶束,其中不溶性链段形成核,溶剂化了的链段形成壳。形成的胶束分子聚集体,在界面上有吸附的趋向以降低界面张力,故在已发现的表面活性剂的应用领域中,应该都可以找到它的应用。如PEO—PPO—PEO嵌段共聚物(商品名为Pluronics、Poloamer),已取得广泛应用,如可作为去污剂、分散剂、泡沫剂、乳化剂、润滑剂等在化妆品、药物、生物工程、石油工业等领域应用。

4.其他应用

嵌段共聚物除了上述应用外,也广泛应用在分离膜材料、涂料、医用材料等领域。

嵌段共聚物作为分离膜,可用于气体分离、液体分离、脱盐、超过滤等。它的优点是薄膜强度大;膜的透过性、扩散性等可通过控制嵌段结构预先进行分子设计;硬嵌层耐温好,尺寸稳定性好。二甲基硅氧烷与聚砜形成的嵌段共聚物克服了聚砜气体透过性不好的欠缺。

以聚硅氧烷为软段合成的聚硅氧烷—聚氨酯嵌段共聚物,兼具有聚硅氧烷和聚氨酯两者的优异性能,表现出良好的低温柔顺性、介电性、表面富集性和优良的生物相容性等,克服了聚硅氧烷机械性能差的缺点,也弥补了聚氨酯耐候性差的不足,在涂料、血液相容材料等方面有着潜在的应用,是一种很有发展前景的新型高分子材料。

第三节　反应挤出

一、概述

反应挤出(reactive extrusion,即REX,又名反应性挤出、挤出反应)是在聚合物和/或可聚合单体的连续挤出过程中完成一系列化学反应的操作过程。在此操作过程中,以螺杆和料筒组成的塑化挤压系统作为连续反应器,将欲反应的各种原料组分,如单体、引发剂、聚合物、助剂等

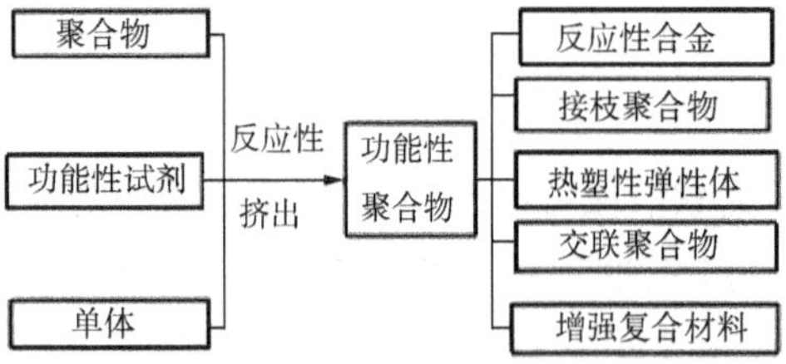

聚合物
功能性试剂
单体
反应性
挤出
功能性
聚合物
反应性合金
接枝聚合物
热塑性弹性体
交联聚合物
增强复合材料

图 2-4　反应性挤出的产物工艺流程示意图

一次或分次由相同的或不同的加料口加入螺杆中,在螺杆转动下实现各原料之间的混合、输送、塑化、反应和经模口挤出的过程。这种方法是对现有聚合物进行化学改性的有效方法,它的最大特点是反应过程能连续进行,把对聚合物的改性和对聚合物的加工、成型为最终制品的过程由传统上分开的操作改变为联合操作。图 2-4表示的是由反应性挤出加工得到具有特殊性能的聚合物的工艺流程。反应挤出所用设备可以是普通的单螺杆或双螺杆挤出机,也可以是针对某种反应特征而专门设计制造的反应式挤出机。典型的反应挤出机如图 2-5 所示。

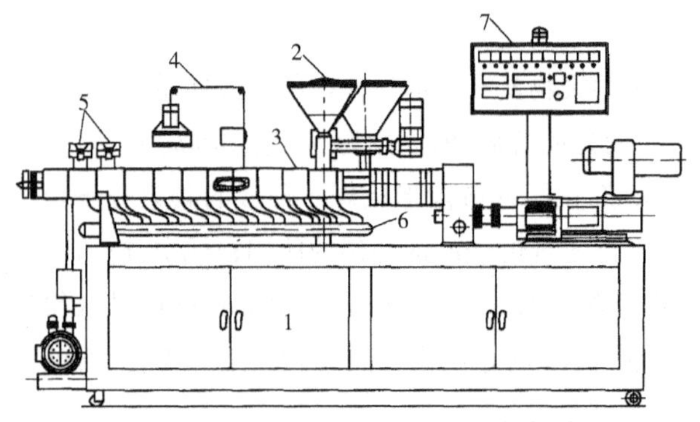

图 2-5　用于聚烯烃反应接枝的双螺杆挤出机
1—油路控制系统　2—料斗　3—筒体
4—液态反应剂加料计量系统　5—真空脱挥系统
6—循环冷却系统　7—温度、压力、扭矩监控系统

反应挤出这一新技术产生于 20 世纪 60 年代,因能使聚合物性能多样化、功能化、生产连续化、工艺操作简单经济而发展迅速。欧、美、日等发达国家和地区的研究机构和挤出设备的生产厂家对此非常关注,新研发的高分子材料大多是采用反应挤出的方法得到的。在我国反应挤出技术从 20 世纪 80 年代初开始研究,经过不懈努力,已取得了一些成果,且在某些领域已达到世界先进水平。华东理工大学以双螺杆挤出机作反应器,开发了尼龙 6 的反应挤出技术,他们还自行研制和开发了用于苯乙烯活性聚合的螺杆式反应器,直接由苯乙烯单体合成聚苯乙烯,得到了 60 万以上分子量的聚苯乙烯产品,在国际上处于领先地位。反应挤出作为高分子材料工业中兴起的一项新技术,因其能使聚合物性能多样化、功能化,在技术经济上具有许多独特的优点而越来越受到重视。

二、反应挤出过程分类及特点

(一)通过反应挤出过程进行的反应类型

适于反应挤出并已试验可行的化学反应类型有以下六类。

1. 本体聚合

从一种单体、多种单体混合物、低分子量的预聚物或单体与预聚物的混合物出发,通过加聚或缩聚,制备得到高分子量的聚合物。这一类反应加聚实例有聚氨酯、聚酰胺、聚丙烯酸酯和相关共聚物、聚苯乙烯和相关共聚物、聚烯烃、聚硅氧烷、聚环氧化合物、聚甲醛等;缩聚实例有聚醚酰亚胺、聚酯等。

2. 接枝反应

在挤出机反应器中发生的接枝包括熔融的聚合物或多种能够在聚合物主链上生成接枝链的单体进行的反应，得到接枝型或共聚型聚合物。如 PS—马来酸酐、EVA—丙烯酸、聚烯烃—马来酸酐等。

3.链间形成共聚物反应

由两种或两种以上的聚合物通过离子键或共价键形成无规、接枝或嵌段共聚物的反应。在挤出机反应器中，通过链断裂—再结合的反应过程形成无规或嵌段共聚物，或者一种聚合物的反应性基团与另一种聚合物的反应性基团结合，生成嵌段或接枝共聚物，或者通过共价交联或离子交联的方式形成链间共聚物都是可行的，如 PS—聚烯烃。

4.偶联/交联反应

聚合物与多官能团的偶联剂或支化剂反应，使大分子链增长、支化，从而提高了分子量；或聚合物与缩合剂反应，使分子链增长，获得较高的分子量；或聚合物与交联剂反应，通过交联增加熔体黏度。具有能与缩合剂、偶联剂或交联剂发生反应的端基或侧链的聚合物适合参与这样的反应，如尼龙或聚酯等，亚磷酸酯等可以作为缩合剂，而含有环酐、环氧化合物、噁唑啉、碳化二亚胺和异氰酸酯等的多官能团化合物可作为偶联剂，如 PBT—二异氰酸酯—环氧树脂即属于这一类。

5.可控降解反应

控制高分子量的聚合物降解到一定的分子量或控制降解到单体，以满足某些特殊的产品性能。例如，PP-过氧化物通过加热剪切降解达到改善加工性，又如，PET—乙二醇通过降解反应使之适于纺丝。

6.官能化/官能团的改性反应

在聚合物分子骨架、末端、侧链上引进官能化基团或使已存在于聚合物大分子上的官能团发生改性，以满足某种特殊反应的要求。如 PO 类的卤化以除去副产物，引入氢过氧化物基团，聚酯上的羧酸端基封闭以改善聚酯的热稳定性，侧链上的羧基或酯基热脱水环化，羧酸的中和、不稳定末端基的破坏、稳定剂在聚合物大分子上的结合，在 PVC 大分子上的置换反应等。

(二)反应挤出的特点

传统的挤出成型过程一般是将聚合物作为原料，由料斗加入螺杆的固体输送区压实，在螺杆转动下依靠螺杆的螺旋作用和物料与料筒内壁的摩擦作用而将物料向前输送，随后在螺杆的熔融区利用料筒壁传来的外加热量和螺杆转动过程中施加给物料的剪切摩擦热而熔融，再在螺杆熔体输送区内使熔融物料进一步均化后输送给机头模具造型后出模冷却定型。这一过程可以简单地看作为物料的固态（结晶态或玻璃态）、液态（黏流态）、固态（结晶态或玻璃态）的物理变化主过程，并可能伴随有少量的化学反应，变化的结果是用模头成型出各种各样、千姿百态的高分子制品。

1.优点

与此过程不同，反应挤出存在化学反应，这些化学反应有单体之间的缩聚、加成、开环得到聚合物的聚合反应，有聚合物与单体之间的接枝反应，有聚合物之间的相互交联反应等。与传

统的间歇反应器中进行的化学改性方法相比,反应挤出有很多优点:

(1)适合于高黏度的聚合物熔体聚合。螺杆挤出机的混合能力很强,具有能处理高黏度聚合物的独特功能。聚合物在反应过程或者在聚合物合成过程中,反应体系的黏度往往越来越高。当聚合物黏度在10~10000Pa·s时,聚合物原料在传统反应器中已不能进行聚合反应,需要使用聚合物质量5~20倍的溶剂或稀释剂来降低黏度,改善混合和传递热量才能保证反应进一步持续进行下去。而反应挤出却可以在此高黏度下实现聚合反应。其主要原因是螺杆和料筒组成的塑化挤压系统能将聚合物熔融后降低黏度,利用熔体的横流使聚合物相互混合达到均匀,并提供足够的活化能使物料间的反应得以进行,同时利用新进物料吸收热量和输出物料排除热量的连续化过程来达到热量匹配,利用排气孔使未反应单体和反应副产物逸出。从而把聚合物化学反应与挤出加工有机地结合成一个完整连续的反应性聚合物加工过程。

(2)反应可控性好。螺杆挤出机可根据需要设置多处加料口,根据各种化学反应自身的规律,沿螺杆的轴向将物料按一定程序和最合适的方式分步加入,可以控制化学反应按预定的顺序和方向进行。由于挤出过程连续,使反应过程的精确控制成为可能,如通过改变螺杆转数、加料量和温度条件,可精确控制最佳的反应开始时间和反应终止时间,以减少副反应的发生。通过调整螺杆转速和螺杆的几何结构,可以在一定范围内控制反应物料的停留时间和停留时间分布。反应挤出比较适合于反应速度较快的化学反应。

(3)缩短反应时间,提高生产效率。对同样的反应,与传统的间歇反应器相比反应挤出可大大缩短反应时间,提高生产效率,并由于反应挤出尤其是双螺杆挤出机具有良好的自洁能力,大大缩短物料的停留时间,从而避免聚合物长时间处于高温下导致分解。

(4)生产的灵活性强。反应挤出机所适应的压力和温度范围广,可随时调整螺杆结构和挤出工艺参数,以适应不同的物料体系,因而具有很大的更换产品的灵活性。

(5)环境污染小。不使用溶剂或很少量溶剂,因而可以节省大量溶剂,甚至反应后无须进行溶剂回收,节省了溶剂回收设备,减少对人体和环境的危害。

(6)成本低,产率高。螺杆挤出机既是反应器,又是制品成型设备,从而使生产工艺过程做到了工序少、流程短、能耗低、消耗小、成本低、生产产率高。

2.缺点

尽管反应挤出技术有很多优点,但也存在以下缺点。

(1)技术难度大。不但要进行配方和工艺条件的研究,而且要针对不同的反应设计所需的新型反应挤出机,研发资金投入大,研发时间长。

(2)难以观察检测。物料在挤出机中始终处于动态、封闭的高温、高压环境中,难以观察检测物料的反应程度;物料停留时间较短,一般只有几分钟时间,因而要求所要进行的反应必须快速完成;如果反应超过20min,则用反应挤出技术就已没有意义。

(3)技术含量高。反应挤出技术涉及高分子材料、高分子物理、高分子化学、化学工程、聚合反应工程、橡塑机械、聚合物成型加工、机械加工、电子、材料等诸多学科,要取得成果需较长时间的研究和多方合作才可达成。

因此,反应挤出技术具有研发投入高、技术含量高、产品利润高的特点,在研发阶段困难多,在工业应用上优势明显，正因为如此，它才成为当前国际上的研究热点。

三、反应挤出工艺过程及原理

按照反应工程理论，任何反应器内的实际过程，既包含基本的化学反应过程，同时也伴随着众多的传热、传质、流动等物理传递过程，这些因素相互影响渗透，共同决定着最终的反应结果。对于反应挤出机而言，流变性、热传递和化学反应对反应结果起着关键作用，同时它们之间也是相互联系、相互影响的，决定着挤出机的性能和最终产品的质量。从化学反应的观点出发，反应挤出就是要使聚合物与反应性添加物在挤出设备中的停留时间之内，能有效地发生所期望的化学反应，并得到所需要的反应结果。然而由于反应挤出过程是连续的，物料在此过程的停留时间有限，高黏度引起的介质混合困难与系统向外的传热很差等局限性，使反应挤出过程对工艺条件要求比较严格。具体要求是高效率的混合功能，高效率的脱挥功能，高效率的向外排热功能，合理的物料停留时间，强输送能力和强剪切功能。

（一）高效率的混合功能

混合是反应挤出过程成败的关键。反应挤出不同于一般的挤出过程，它往往要对黏度差异较大的物料进行混合，混合难度大。而在反应挤出中，各组分之间的混合程度对反应速度和生成物质量有非常重要的影响，只有当各组分混合均匀时，才能在短时间内达到充分反应，并使反应产物趋于一致。因此要求挤出机有更好的混合性能。总的要求是挤出机应有良好的分布混合和分散混合能力，应有良好的径向混合（即在垂直于挤出方向的截面内各点的混合均匀）和纵向混合（即在垂直于挤出方向的不同截面内的混合应均匀），应有良好的宏观混合和良好的微观混合。

混合作用又可分为分散混合和分布混合。分散混合是借助作用于界面上聚合物熔体的应力打碎分散相的过程，应力由移动面（螺杆）传给熔体，当分散相是固体时，应力主要用来克服内聚力；当分散相是液体时（如另一种聚合物熔体），应力需要克服界面张力，因此高剪切力通常是成功地进行分散混合的必要条件。

反应挤出机除了应有良好的分散混合能力外，尤其应能提供良好的分布混合。由于反应挤出过程不同于一般挤出过程，它要使不同高黏度的物料之间发生混合，这样，分布混合起支配作用，即挤出机尤其应能提供良好的分布混合。根据混合理论，分布混合中，各组分只有空间位置的变化，其混合程度可用界面增长来度量，而影响界面增长的关键变量是应变和界面相对剪切方向的取向。增加剪切速率，可以增加应变，增加界面增长。但剪切速率的增加主要靠提高螺杆转数，而螺杆转数的增加会影响物料在挤出机内的停留时间，进而会影响反应的完成程度，因而应尽量通过使各组分之间的界面相对于剪切方向不断重新取向来提高界面的增长率。用这种方法，可使混合效率呈指数函数增长，而与应变速率无关，甚至可以在低的螺杆速度下进行反应挤出而获得良好质量的反应物。

（二）高效率的脱挥功能

在反应挤出中，聚合物熔体内常伴随一些挥发性组分（如残余气体、挥发性的低分子副产物或未反应的低分子添加剂、水等）产生，要使反应挤出过程稳定进行和完成，挤出机应具备良好的排气、脱水功能,能有效地将挥发组分从熔体中排除。这就要求在反应挤出机上设置排气段(脱挥区)而使其具有脱挥功能。在达到所要求的反应程度后,需要脱除的挥发性组分随物料进入脱挥区。为了提高脱挥效率,常将排气段螺杆的螺距加大,降低填充程度,从而提供足够大的自由体积空间。在排气段的机筒上,开有排气口,通过排气口抽真空加速排除挥发性组分。如果反应挤出过程要求设备具有非常高的脱挥能力,则可设置多个脱挥区,进行分段脱挥。排气段的位置设置是否合适,会直接影响排气操作的成功与否。应当避免非熔融物料或凝固的聚合物堵塞排气口,从而影响正常的排气操作,致使挥发性组分难以除去。在任何反应性挤出加工中,必须通过有效的脱挥作用和抽真空来成功地除去副产品和无用、有害的气体。

(三)高效率的向外排热功能

反应挤出过程一般要在一定的温度范围内进行。在反应过程中,一方面不同阶段反应本身要放热或吸热;另一方面,高黏度物料间的相对剪切运动会产生黏性耗散热,即由作用于塑化挤压系统的机械功转换而产生的。同时,由于黏性聚合物的热传递系数非常低,导热性差,不利于反应体系的温度控制。如果能及时将反应体系的热量排放出去或者向其输入热量,使反应体系处于热平衡状态,那么反应才能顺利、平衡地进行。

由以上分析,在反应挤出中,热量的输入一般不是太大的问题,热量还可通过外加热输入,但热量的排出是一个严重的问题,因为大多数的聚合物反应是放热的。为了顺利地导出热量,因此就要求挤出机有较好的热交换能力,如较大的热传递面积和传热系数;严格的温控过程和较高的温控精度。在某些情况下,蒸发和除掉反应副产品也可以帮助维持在控制的温度下进行反应。

(四)合理的停留时间

螺杆挤出机作为反应器,化学反应发生在挤出机的螺杆、机筒里,这就意味着聚合物进行的化学反应时间有限和空间有限。为在挤出过程中使反应充分进行,挤出操作应保证足够的反应空间、适宜的停留时间及停留时间分布。反应空间主要取决于反应器的几何结构设计。而停留时间除了与反应空间有关外,还与容积挤出量有关。

物料在挤出机内的停留时间和停留时间分布对反应挤出过程有着决定性的影响。停留时间要适当,过短,反应不充分进行;过长,又易引起物料降解。因此在能够充分反应的前提下,要尽量缩短物料在挤出机内的停留时间。停留时间分布也是影响反应质量的重要因素,只有所有物料在挤出机中的停留时间大致相等时,反应物质量才能均匀稳定。

实践表明,挤出机合适的反应时间是几秒到大约 20min 的范围,超出这个时间范围,从技术上讲,加工工艺或许是可行的,但从经济上来讲或许就不合适了。好在螺杆挤出机反应效率高,在传统的间歇式反应釜里聚合物反应需要超过 4h ,而在双螺杆挤出机里也许只需要 10min 左右,聚合加工即进行完毕。

(五)强输送能力和强剪切功能

反应挤出时,参与反应的物料黏度往往较大,物料的流动阻力大,要使物料从机头挤出,就要求挤出机具备较强的输送能力,能够连续而稳定地将物料向机头推进,并在排料段建立足够高的压力,以便将物料由机头挤出,进行造粒子或直接成型。同时强烈的剪切作用有助于化学反应的进行。

四、影响反应挤出的因素

反应挤出过程是一个复杂的过程,反应挤出物料的配方与反应挤出工艺条件对反应挤出过程和改性聚合物的性能都有较大影响。

(一)反应挤出物料配方的影响

物料的配方是最重要的因素,必须根据具体的反应挤出过程来确定物料配方。在挤出机上进行的接枝聚合反应中,反应过程和接枝率与所用聚合物的种类和性能、引发剂的种类和用量(浓度)、接枝单体的种类和用量(浓度)等有关,如果体系中含有填料,则反应挤出过程也与填料的种类和含量有关。例如聚丙烯反应性挤出接枝马来酸酐,引发剂用量以及马来酸酐单体与引发剂配比对接枝率具有较大影响,随两者用量增加,产物的接枝率曲线呈峰形变化;在熔融接枝过程中 PP 热氧降解的程度与 PP 树脂种类(分子量不同)、引发剂用量以及挤出条件有关。

(二)反应挤出工艺条件的影响

反应挤出过程中,不仅受反应挤出物料的配方的影响,而且在很大程度上受反应挤出工艺条件的影响。如挤出温度、加工条件(螺杆转速及构造、挤出产量,停留时间等)、加料顺序等。以下分别进行讨论。

1. 挤出温度

挤出温度是反应挤出中的一个重要工艺参数,为适应所需要的化学反应,必须保证与其相适应的反应温度即挤出温度。例如在反应性挤出接枝过程中, 挤出温度范围由物料的流变行为所决定,它直接影响引发剂的分解速率,同时对物料的混合塑化、停留时间和聚合物的熔体黏度也有明显的影响,进而影响接枝率和产品质量,因此研究温度的影响十分必要。在对聚烯烃进行接枝改性时,当挤出温度较低时, 由于引发剂分解的不均匀以及反应物料的熔体黏度相对较高, 使得接枝反应进行得不充分, 造成接枝率下降,使改性物的力学性能偏低。但是当反应温度过高时容易造成引发剂的过早消耗, 还可能导致聚烯烃降解,使改性物的力学强度降低,同样会对接枝反应造成不利影响。

对于低熔点的聚合物,使用催化剂往往能够在相对较低的加工温度下,促使所期望的化学反应成功地进行。而在聚合物的熔融加工温度高于所需要的反应挤出温度时,采用增塑或润滑的措施可将其降至适合于化学反应并且反应速率可控的温度范围内。

由于反应挤出过程常包含几个阶段,因此有必要建立起稳定的、与其相应的轴向温度分布,要防止局部位置过热而导致的反应速率异常加快。如物料在通过挤出机的混炼段时,常会导致温度的升高,这就需要细心地调节该区段的机筒温度。

2. 螺杆转速

挤出机螺杆转速影响反应物料的分散、混合以及物料的反应时间长短。如聚烯烃的反应挤出接枝改性,螺杆转速过高,物料在挤出机中停留时间过短,反应不充分,不利于接枝反应进行,接枝率降低。螺杆转速太低,物料的混合塑化不良,同时物料停留时间过长,会引起聚烯烃的降解等副反应,而降低生产效率。

为使单体和引发剂与聚烯烃有效混合，挤出机一般要求具有较强的混合段，螺杆的设计使聚合物与单体及引发剂和其他助剂有最大的接触表面。

在对以双螺杆挤出机制备 PP—g—GMA 接枝物的研究中，发现螺杆转速通过停留时间分布影响接枝率。螺杆转速的提高引起停留时间分布降低，从而导致接枝率降低。

3. 加料速度和加料顺序

在双螺杆挤出机中，通常喂料是“饥饿式”的，因此定量喂料的速度实际上决定了挤出产量，而与螺杆转速无关。在对以双螺杆挤出机制备 PP—g—GMA 接枝物的研究中，还发现加料速度和挤出产量也通过停留时间分布影响接枝率。它们的提高引起停留时间分布降低，从而导致接枝率降低。

在对聚烯烃进行接枝改性时，采用两种不同的加料顺序：

(1)一步加料法，即单体、引发剂、PP 混合后一起加入反应器。

(2)逐步加料法，即先将单体、引发剂混合后分成几份，第一份和 PP 混合后加入反应器，反应一段时间，剩余的几份按相同的时间间隔加入，实验结果表明采用逐步加料法可得到较高的接枝率和接枝效率。

五、反应挤出的应用

由于反应挤出技术原料选择余地大，脱挥、造粒工艺简单，又无三废污染，适用于工业化生产，所以国际上对反应挤出的研究一直方兴未艾。目前反应挤出技术已广泛应用于聚合物的合成、共混改性、交联/偶联反应和可控降解等方面。

(一)聚合反应

反应挤出应用于聚合反应是指将单体和单体的混合物在很少量或无溶剂存在条件下于挤出机中制备高聚物的过程。应用反应挤出技术进行聚合反应最关键的问题在于：

(1)物料的有效熔化混合、均化和防止因形成固相而引起的挤出机螺槽的堵塞；

(2)能否自由有效地向增长的聚合物进行链转移；

(3)排除聚合物反应热以保证反应体系的温度低于聚合反应的上限温度(一般指分解温度)。近年来，反应挤出技术已越来越多地应用于加成聚合反应、缩聚反应和开环聚合反应。

1.缩聚反应

由于缩聚反应是按逐步反应机理进行并伴随着小分子的产生，因此以挤出机为反应器时，必须在机筒一处或多处设置减压排气口，有效地移去低分子的副产物，达到最佳的平衡点。反应单体为两种或两种以上时，为了制得高分子质量聚合物，必须严格控制单体的计量，在啮合型异向旋转双螺杆挤出机中制备缩聚型聚合物的例子有聚醚酰亚胺(PEI)、非晶型尼龙、芳香族聚酯和 PA 与 PA66 的共缩聚物。

缩聚反应在生成高聚物的同时生成挥发性的小分子副产物，小分子副产物必须尽量除去，因此对挤出机的真空脱挥性能有较高的要求，同时当反应单体为两种或两种以上时，为了制得高分子质量聚合物，必须严格控制单体的计量，单体最好是以熔融态或液态进入挤出机的加料口。由于缩聚反应条件苛刻，因此反应挤出技术在缩聚反应中的应用进展缓慢，这有待于新型高真空反应挤出机的研制。

用于缩聚反应的挤出机一般为同向自洁式双螺杆挤出机，以保证反应物料混合均匀，防止产生不均匀的凝胶。Takekoshi 和 Banucci 等分别在 20 世纪 70 年代和 80 年代，先后利用挤出机作反应器，使双酚 A 和不同的芳香族二元胺反应合成了聚醚酰亚胺。

2.加聚反应

加聚反应即加成聚合反应，主要是指烯烃类单体在自由基、阴离子或阳离子引发下的聚合过程，也包括二元醇与二异氰酸酯类的加成聚合过程。

首先，虽然加聚反应无低分子副产物，但在挤出机中进行的本体加聚反应同样需要减压排气口以移去未反应的单体；其次，由于加聚反应会导致产生大量的反应热，通常采取加入易脱除的惰性气体以达到控制反应体系热量的目的；再次，在挤出机中进行的本体加聚反应须将反应温度控制在聚合物的熔融温度以上；最后，由于反应体系黏度高，聚合物链自由基的扩散转移较困难，因而终止速率低，聚合物分子量高，单体转化率高。

目前用反应挤出技术制备高聚物并已实现工业化生产的有聚碳酸酯、聚氨酯、超高分子量聚苯乙烯、有机玻璃和尼龙等，用反应挤出技术本体聚合的高聚物已有聚烯烃类、聚丙烯酸类、聚酯类、聚醚类、聚酰胺类和聚氨酯类。但总体说来，用这一技术制备的高聚物的品种还不够多，研究的深度和广度也还不够，对挤出反应机理的研究还有待深入。因此反应挤出技术在高聚物的本体聚合中还有很大的发展空间，值得进一步研究和探索。

3.开环聚合

目前采用此方法已可生产系列化的聚己内酰胺产品。与传统方法制造尼龙 6 相比较，己内酰胺在双螺杆挤出机中的连续阴离子聚合反应时间短，单位转化率高，制得的尼龙 6 相对分子质量高，具有较高的缺口冲击强度和断裂伸长率。

另外，用反应挤出方法还可以由阳离子引发制备均聚或多聚缩醛，生物降解材料聚乳酸也可用反应挤出方法制备。

总之，今后研究的重点在于：对反应挤出的机理进行研究，以建立相应的数学模型；对反应挤出设备进行研制，设计出不同类型、不同性能的挤出机，以扩大反应挤出技术的应用领域；对反应挤出产品进行多方位开发，使更多的传统聚合物产品可通过反应挤出制备。可以预言，随着对反应挤出机理的深入研究以及新型反应挤出机的研制成功，反应挤出技术将成为制备高聚物的重要手段之一。

（二）反应挤出接枝及应用

由于挤出机处理高熔体黏度聚合物的独特能力，所以反应挤出技术在聚合物接枝改性领域应用广泛。通过该技术可以方便、经济地在聚合物分子链上接枝上不同的官能团或单体，从而弥补有些聚合物合成时根本无法引入特殊官能团的缺陷，改善了原有聚合物的染色性、吸湿性、粘接性、反应活性及与其他聚合物的相容性等，从而开发性能更优的高分子材料。

根据反应挤出的工艺特点，用于反应挤出接枝的反应单体一般应具备以下特性：

（1）含有可进行接枝反应的官能团，如双键等；

（2）沸点高于聚合物熔点和黏流温度；

(3)含有羧基、酸酐基、环氧基、酯基、羟基等官能团；

(4)热稳定性好，在加工温度范围内单体不分解，没有异构化反应；

(5)对引发剂不起破坏作用。

这些单体主要有马来酸系单体：马来酸(MA)、马来酸酐(MAH)、马来酸二乙酯(DEM)等；丙烯酸系单体：丙烯酸(AA)、甲基丙烯酸(MAA)、甲基丙烯酸缩水甘油酯(GMA)等；此外还有乙烯基三甲氧基硅烷(VTMS)、乙烯基三乙氧基硅烷(VTES)等不饱和硅烷类和苯乙烯(St)类单体。

不同的接枝单体，其均聚反应和接枝反应的竞聚率不同，导致接枝产物的链结构差异很大。易于均聚的单体，其接枝链较长，产物中也可能存在单体的均聚物。这种产物特性与基础聚合物的物理性质可能完全不同，理想的接枝应是接枝链很短，甚至仅由一个单体分子单元组成，在这种情况下，接枝物的物理性能、力学性能与基础聚合物差异不大，但化学性能却有很大不同。单体与聚合物的有效混合、摩尔比、引发剂用量、助单体的选择以及反应温度、反应时间等因素均可用来控制接枝产物的分子链结构，使均聚达到最低程度。

在反应挤出制备接枝物时，由于反应挤出的时间较短(一般为2~6min)，需要使用高效引发剂引发自由基进行接枝反应，引发剂必须满足以下条件：

(1)分解过程中不产生小分子气体，以免在产物中留下难以消除的气体。

(2)在加工范围内，其半衰期为0.2~2.0min，低于0.2min则反应太快，聚合物和反应单体、引发剂不能充分混合均匀；高于2min则会在产物中残留对后加工和性能不利的引发剂；

(3)液态或熔点低，易于与反应单体和基础聚合物混合。因此只有自由基引发接枝的反应才适合反应挤出，常用的引发剂有过氧化二异丙苯(DCP)、过氧化二叔丁烷(DTBP)、过氧化二苯甲酰(BPO)、叔丁基过氧化苯甲酰(BPD)、1,3-二叔丁基过氧化二异丙苯等。

反应挤出接枝产物的接枝率低(2%以下)，单体均聚使接枝效率较低，基础聚合物存在交联和降解等副反应，如何抑制副反应，提高接枝率和接枝效率，控制接枝产物的结构和性能，仍然是目前研究的重点。

(三)聚合物共混改性

聚合物共混是获得综合性能优良的聚合物及聚合物改性最简便、有效的方法。然而大多数聚合物之间不相容，直接混合得不到性能优良的共混物。利用接枝共聚实现反应挤出增容有着无可比拟的优点：一是接枝共聚物的官能团可与另一聚合物反应而实现强迫增容(或称为就地增容)；二是螺杆可产生高剪切力使体系黏度降低，共聚物能充分混合，特别是避免了因增容剂过于聚集而使增容效果降低；三是共混作用与产品的造粒或成型可在一个连续化过程中同时实现，经济效益显著。通常的增容反应包括酰胺化、酰亚胺化、酯化、酯交换、胺酯交换、双烯加成、开环反应及离子键合等类型。

对于反应挤出共混聚合物组分，一般要求共混物中一相本身必须带反应性官能团如PA、PBT、PET，另一相是化学惰性不与带反应性官能团聚合物反应的如PP、PE、PS等，但该相聚合物必须经增容剂官能化，这些高聚物在混炼过程中必须稳定、不降解、不变色。官能化高聚物同带反应性官能团高聚物间反应必须迅速(约几秒至十几分)且不可逆，反应放热少。反应挤出共混所用增容剂为反应性增容剂，它能与共混组分形成新的化学键，属于一种强迫性增容，含有与共混组分反应的官能团，如 PP—g—MA、EVA—co—GMA、SAN—co—MA、PCL—co—S—co—GMA 等。在反应挤出共混过程中，由于反应挤出物在机筒内停留时间短，因此需要使用高效引发剂引发自由基进行接枝反应，这与前述反应挤出制备接枝物对引发剂的要求是一致的。此外，反应挤出共混所用交联剂一般带有多官能团，与共混物中一相反应，在相界面就地生成接枝或交联产物（增容剂），在共混物相间起“桥联”作用，从而提高相间黏结力，改善共混物性能。

（四）偶联/交联反应

偶联/交联反应包括单个聚合物大分子与缩合剂、多官能团偶联剂或交联剂的反应，通过链的增长或支化来提高相对分子质量，或通过交联增加熔体黏度。由于偶联/交联反应中熔体黏度增加，而且其反应体系的黏度梯度与挤出机内物料本体聚合的黏度梯度相似，因此适用于偶联/交联反应的挤出反应器与用于物料本体聚合的挤出机类似，都有若干个强力混合带。常见的偶联/交联反应主要为由尼龙、聚酯、聚酰胺与多环氧化物的反应以及动态硫化制备热塑性弹性体。聚烯烃（如 PE、PP）具有优异的电绝缘性、憎水性、耐化学介质性、低温性、延展性、透明性及低成本和良好的加工性，这使其成为产量最大的通用塑料品种。但耐高温性差却是其最大的缺点。通过反应挤出制备交联聚乙烯（PEX）和交联聚丙烯（PPX）是提高其耐热性、力学性能和耐化学性的重要方法。

1.聚烯烃的交联

聚乙烯的交联主要有过氧化物交联、辐射交联和硅烷交联。过氧化物交联主要用于中高压电线电缆和管材的生产，其基本过程是将过氧化物加入 PE 中，通过螺杆挤出机实现 PE 的交联。在生产过程中，应避免在挤出机中就发生交联反应，因此挤出机的控温精度要求高。而采用硅烷交联首先是在过氧化物引发下先制备乙烯基硅烷接枝 PE，然后在锡类催化剂作用下通过硅烷中的烷氧基水解成为硅醇，不同分子上的硅醇进一步缩水即得到硅烷交联聚乙烯。由于硅烷交联在挤出机内不会发生交联，所以机器的控温要求不是很高。交联聚乙烯的耐热性可提高 30~50℃，力学强度和耐化学性进一步提高，可用于制备交联聚乙烯电缆料、交联聚乙烯管材、板材等制品。聚丙烯的交联与聚乙烯的交联类似，也采用过氧化物作交联剂。但过氧化物易引起聚丙烯的降解，因此必须同时加交联助剂（含不饱和键的单体或低聚物）。现在也有采用二乙烯苯等单体对聚丙烯进行交联，由于二乙烯苯等产生的交联键仅由饱和烃键构成，交联产物具有优异的耐热性、拉伸强度、撕裂强度、弹性和压缩性。

2.聚烯烃与弹性体的动态硫化

动态硫化是在聚烯烃弹性体挤出加工过程中，引入硫化剂，通过微交联反应，分子转变成立体结构弹性分子。将经过硫化制得的热塑弹性体与 PP 共混，得到的 PP 共混聚合物可达到高强度、高模量、超高韧性材料的使用要求。

（五）可控降解反应

反应挤出技术可用于改变已合成出聚合物的相对分子质量及其分布，根据需要使相对分子质量降低或升高，或使相对分子质量分布变窄，从而达到材料或制品的需要。

反应挤出技术用于聚烯烃的可控降解，在聚丙烯中加入适量的过氧化物，使聚合物主链断裂,歧化终止,由断裂产生的大分子自由基可制得用一般化学方法难以制得的熔体黏度低、分子量分布窄、分子量小的、可用于满足高速纺丝、薄膜挤出、薄壁注射制品要求的聚丙烯。而且在过氧化物存在下,聚丙烯的自由基降解以无规断裂为主,主链断裂次数、降解程度与有机过氧化物浓度成正比,过氧化物浓度一定时,随反应时间的增加,聚丙烯的分子量降低,熔体流动指数增加,最后趋于极限。聚丙烯在挤出机中经过氧化物的熔融降解后,大分子链上含有过氧化基、双键及羰基等基团,会加速聚丙烯的老化进程,因此必须加入抗氧剂以改善其热稳定性。由于抗氧剂和过氧化物之间的配合会产生副作用,必然影响聚丙烯的降解效果。

利用反应性挤出技术将高聚物进行可控降解在废旧塑料回收方面也得到广泛应用。如利用双螺杆挤出机回收废旧聚苯乙烯,在高温下 PS 可以降解为低分子,回收得到甲苯、苯乙烯单体、乙苯、α-甲基苯乙烯等。

(六)在其他方面的应用

挤出机作为连续反应器用于高分子的聚合反应、共混物的反应性增容以及聚合物降解、接枝等领域已日益普及。与传统方法相比,反应性挤出在经济性和效率性等方面均具有优势,特别是近年来随着双螺杆挤出机挤出理论和生产技术的迅速发展和日趋完善,反应性加工受到了高分子同行的高度重视。进入 21 世纪后,环境保护和资源再生问题由于涉及国民经济的可持续发展,越来越受到政府和人们的关注。对于废弃高分子材料的回收利用,通常的方法之一是将其粉碎后再进行熔融造粒。但由于回收材料一般都是数种聚合物的混合物,而且很难对它们进行分离,所以该方法的实施有一定困难。如果待回收材料都属于热塑性树脂,尽管通过采用相容剂可以改进其相容性,但是从经济角度上一般难以承受;而对于热塑性材料与热固性材料的混合物,由于组分间无法相容,直接回收必定导致再生物性能低下从而失去利用价值。此外对废橡胶的有效回收利用也一直难以找到好的方法。

2000 年,日本丰田汽车公司开发了一种称为“剪切场下反应控制”的技术,将反应性挤出应用到高分子降解以及交联聚合物交联点切断领域。该技术采用的是一种特殊设计的双螺杆挤出机,除了满足双螺杆挤出机的通常要求之外,还要求螺杆具有极高的转速以产生很高的熔体压力和强烈的剪切作用,此外在螺杆的不同部位针对工艺要求在结构上也做了相应改进。这些改进使双螺杆挤出机增加了实施降解反应的功能,同时利用聚合物大分子在高剪切场下分解产生的自由基还可以实施原位增容,拓宽了反应性共混的范围。下面就对这种新型挤出机在废弃高分子材料的回收以及在插层法纳米复合领域的应用进行简单介绍。

1.在含热固性高分子废弃再生领域的应用

(1)带漆膜的热塑性树脂的再生。将经过涂装带漆膜的废旧 PP 保险杠经直接粉碎、熔融造粒等简单回收后,回收料无法再作为保险杠材料使用。因为尽管漆膜仅占保险杆总重量的 1%左右,但它作为异物混入树脂后会导致其物性,特别是冲击韧性及脆化温度大幅度降低。被粉碎的漆膜存在于制品的表面还会影响制品的外观。虽然目前已经有了各种分解、剥离等处理表层涂料的方案,但在挤出机中注入水来分解漆膜的方法最受人们的关注。例如,将涂覆有三聚氰胺交联漆膜的 PP 树脂粉碎料在挤出机中熔融混炼时注入水充当漆膜分解剂,让漆膜在分解的同时在 PP 基体中形成稳定的微分散。图 2-6 是用于涂装 PP 保险杠回收的反应型挤出机的示意图。

带有漆膜的回收料直接加入料斗，在熔融区遇到从挤出机中间加料口注入的高温高压水蒸气，水蒸气在熔体中扩散的同时会使漆膜水解。该过程在挤出机转速 2500r/min 的高剪切场中进行。在高剪切作用下分解后的漆膜残留物便会以微粒均匀分散在基体树脂中，同时设备的排气装置将反应产生的低分子挥发物脱除。本方法的特点是漆膜分解、熔融混炼、小分子脱除及造粒在挤出机中同时完成。该装置除可用于三聚氰胺交联漆膜的分解，也可用于交联聚氨酯漆膜的分解。

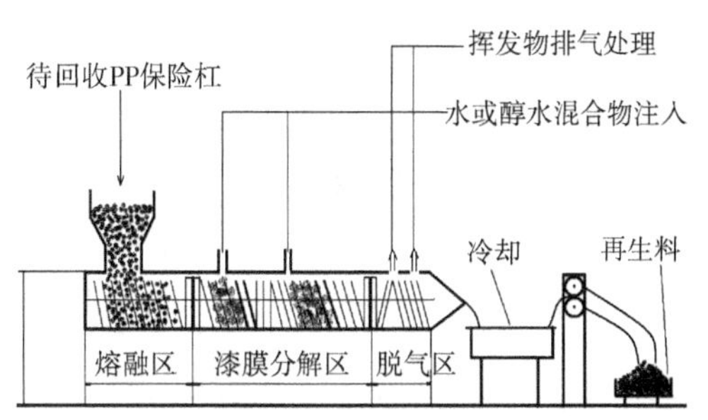

图 2-6　带有漆膜 PP 汽车保险杠的反应挤出装置

(2)交联橡胶的连续回收。目前全世界每年废弃轮胎数以亿计，重量达到几百万吨，必须考虑其回收利用。现在废轮胎的回收仍停留在间歇式的热压罐法，即将废橡胶、操作油、分解剂装入热压罐后在 200℃ 水蒸气下进行 5h 以上的热分解，通过断裂橡胶中的硫桥来达到脱硫的目的。显然这种方法并不理想。现在可以采用反应式挤出机来实施此过程，这类挤出机的基本结构和图 2-6 相似。利用挤出机的高温高压和高剪切对橡胶的网链进行高度拉伸，在交联点上产生应力集中而导致硫桥断裂，重新变成线型大分子。此外还可以利用分解反应在聚合物链上产生自由基，从而实施不同种类高分子链之间的偶合，获得反应性增容效果。

(3)将热固性聚氨酯转变成热塑性聚氨酯。利用反应槽或压力容器实施二元醇分解反应可以将聚氨酯(PU)转化成可充当原料的聚醇(Polyol)，但这种方法的处理速度及产品质量并不理想。如果利用反应型挤出则可连续地进行聚氨酯的降解及再生。将粉碎后的硬质 PU 加入图 2-6 所示的设备中，由于 PU 的氨基甲酸酯部分有吸湿性，单靠其表面吸附的微量水分就会起到分解剂的作用，所以不必另外加入乙醇或水作为其降解剂。在高温和高剪切的作用下，交联结构的氨基甲酸酯键发生分解使 PU 的强度下降，此时在剪切力作用下 PU 会变成微粉末。若反应温度进一步上升则其分解加剧，交联结构随之破坏而形成低分子化合物，这样就可将热固性聚氨酯变成黏稠可塑物乃至液体。通过该过程形成的微粉末、可塑物及液体中含有许多反应性很强的羧基和氨基，它们可以充当热塑性塑料的改性剂。

2.在插层法纳米复合材料领域的应用

1990 年，丰田汽车与宇部兴产联合开发了尼龙与层状黏土的纳米复合材料，产品成功地用作汽车皮带箱罩壳等。最近该公司将层状填料的有机化与熔融混炼两者结合起来，开发出“黏土淤浆注入技术”，即利用反应式挤出机直接制造插层法纳米复合材料(图 2-7)。

该方法利用聚合物回收时向挤出机中注入液体的技术(据称在回收涂装保险杠时要注入10%~20%的水)，先在层状黏土中加入水及有机化试剂使三者混合成淤浆，然后注入挤出机中。在对黏土有机化且与尼龙发生复合的同时除去水分来制取尼龙—黏土纳米复合材料 NCH (Nylon-clay Hybrid)，其制造过程示意见图 2-7。研究发现，在这类挤出机中只需有足够的压力和适当的剪切力，转速不必很高即可在相容化的同时使黏土在尼龙基体形成良好的分散。该技

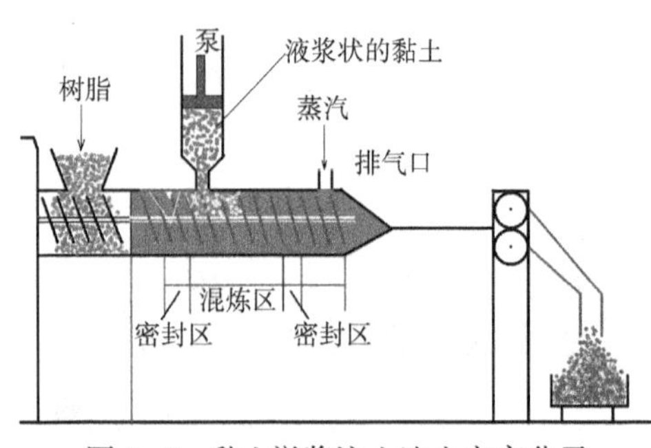

图 2-7　黏土淤浆注入法生产高分子纳米复合材料示意图

术已于 2000 年 9 月取得了日本专利。该方法也可以期望用于制备其他各种热塑性插层法纳米复合材料。目前该技术仍存在以纳米尺寸分散了的层状填料重新凝聚的问题,这种倾向显然与基体树脂的极性有关。对于尼龙这类极性聚合物,分散的层状填料即使不进行有机化处理,其受热时重新凝聚的倾向较小;而对于未经改性的 PP,瞬间分散开的层片会有渐渐凝聚的趋势。通过在 PP 链上接枝马来酸酐等反应性基团,并利用它们与层片上化学基团的反应可解决层状填料的纳米分散和凝聚问题,但接枝会导致 PP 分子量的下降,所以目前其性能尚不尽人意。但从工业化的角度,该方法较之传统的先扩层再聚合的方法具有极大的优越性,将会有良好的应用前景。

思考题

1.接枝共聚反应的原理是什么?

2.接枝共聚方法有哪几种?试阐述之。

3.什么是大单体以及如何利用大单体技术合成接枝共聚物?

4.为什么说接枝共聚物两种组分的相容性决定了接枝共聚物的相态变化?

5.嵌段共聚物有哪几种结构形式?

6.从嵌段共聚物的角度来说,热塑性弹性体的组成是什么?各组成的作用是什么?

7.单相嵌段共聚物和两相嵌段共聚物的含义是什么?其 T_g 的含义是什么?热性能有什么特点?

8.简述反应挤出的基本过程及优点。

9.反应挤出过程对工艺条件的要求是什么?

10.电磁动态多阶多螺杆反应机的结构特点是什么?

11.对反应挤出共混聚合物组分和增容剂有哪些要求?

12.用于反应挤出接枝反应单体应具备哪些特点?

参考文献

[1]潘祖仁. 高分子化学[M].5 版.北京:化学工业出版社,2011.

[2]潘才元. 高分子化学[M].合肥:中国科学技术出版社,2012.

[3]王琛,严玉蓉. 高分子材料改性技术[M]. 北京:中国纺织出版社,2007.

[4]陈衍夏,兰建武. 纤维材料改性[M]. 北京:中国纺织出版社,2009.

[5]戚亚光,薛叙明. 高分子材料改性[M].北京:化学工业出版社,2005.

[6]王国全,王秀芬.聚合物改性[M].北京:中国轻工业出版社,2000.

[7]沈新元. 先进高分子材料[M].北京:中国纺织出版社,2006.

[8]耿孝正.双螺杆挤出机及其应用[M].北京:中国轻工业出版社,2003.

[9]瞿金平,胡汉杰. 聚合物成型原理及成型技术[M].北京:化学工业出版社,2001.

[10]王文广.塑料改性实用技术[M].北京:中国轻工业出版社,2000.

[11]プラスチックスエ—ジ编辑部.2001年新年座谈会纪要[J].プラスチックスエ—ジ,2001,47(1):98.

第三章 聚合物共混改性

本章知识点

1.了解聚合物共混改性的目的和方法；

2.重点掌握共混物相容性的概念及改善聚合物相容性的方法；

3.掌握共混物的形态结构；

4.重点掌握共混物的性能；

5.掌握聚合物共混改性工艺。

现代科学技术的发展要求高分子材料具有多方面的、较高的综合性能。例如,要求某些塑料既耐高温,又易于成型加工;既要求高强度,又要求韧性好;既要具有优良的力学性能,又要具有某些特殊功能等,显然,单一的高聚物难以满足这些高性能化的要求。同时,开发一种全新的材料并不容易,不仅时间长、耗资大,且难度也相当高;相比之下,利用已有的高分子材料进行共混改性制备高性能材料,不仅简捷有效,而且也相当经济。20 世纪 60 年代以来,聚合物共混改性技术迅速发展起来,它通过多种聚合物的共混,使不同聚合物的特性优化组合于一体,使材料性能获得明显改进,或赋予原聚合物所不具有的崭新性能,为高分子材料的开发和应用开辟了一条广阔的途径。

第一节 聚合物共混改性的目的与方法

一、聚合物共混改性的基本概念

(一)聚合物共混物

聚合物共混是指两种或两种以上聚合物材料、无机材料以及助剂在一定温度下进行机械掺混,最终形成一种宏观上均匀且力学、热学、光学及其他性能得到改善的新材料的过程,这种混合过程称为聚合物的共混改性,所得到的新的共混产物称为聚合物共混物。聚合物共混物“或共混改性”通常都是以一种聚合物为基体,掺混另一种或多种小组分的聚合物,以后者改性前者。聚合物共混不仅是聚合物改性的一种重要手段,更是开发具有崭新性能新型材料的重要途径。当前,聚合物共混改性已成为高分子材料科学及工程中最活跃的领域之一,而且聚合物共混技术已被广泛应用于塑料、橡胶工业中。

(二)聚合物共混物与高分子合金

聚合物共混物在工程塑料界通常又称为聚合物合金或高分子合金。聚合物共混物是一个多组分体系,在此多组分聚合物体系中,各组分始终以自身聚合物的形式存在。在显微镜下观察可以发现其具有类似金属合金的相结构(即宏观不分离,微观非均相结构)。高分子合金也是聚合物共混改性中一个常用的术语。但是,高分子合金的概念并不完全等同于聚合物共混物,高分子合金是指含有多种组分的聚合物均相或多相体系。一般来讲,高分子合金是指组分间产生化学键或不同组分在界面间存在较强的亲和力。而聚合物共混物各组分间的相互作用相对较弱。

(三)共混体系类型

聚合物共混体系有许多类型,常见的有塑料与塑料的共混、塑料与橡胶的共混、橡胶与橡胶的共混、橡胶与塑料的共混四种类型。前两种是塑性材料称为塑料共混物,常被称为高分子合金或塑料合金;后两种是弹性材料,称为橡胶共混物,在橡胶工业中多称为并用胶。

二、聚合物共混改性的目的

聚合物共混改性的主要目的是改善聚合物的综合性能和加工性能,降低成本,以获得性能优异功能齐全的新的高分子材料,主要体现在以下几个方面:

(一)综合均衡各聚合物组分的性能,以改善材料的综合性能

在单一聚合物组分中加入其他聚合物改性组分,可取长补短,消除各单一聚合物组分性能上的弱点,获得综合性能优异的高分子材料。例如,将聚丙烯(PP)与聚乙烯(PE)共混可克服PP冲击强度低、耐应力开裂性差的缺点。聚苯乙烯、聚氯乙烯等硬脆性聚合物加入10%~20%的橡胶类聚合物可使其抗冲击强度提高2~10倍,同时又不像加入增塑剂那样明显降低热变形温度,从而可以获得优异的性能。

(二)改善聚合物的加工性能

对于性能优异但较难加工的聚合物,可与熔融流动性好的聚合物共混改性,即可方便地成型。现代科学技术部门,尤其是宇航科学领域常要求提供耐高温的高分子材料。然而许多耐高温聚合物因熔点高、熔体流动性低,缺乏适宜的溶剂而难以加工成型。聚合物共混技术在这方面上显示出重要的作用。例如,难熔融难溶解的聚酰亚胺与小量的熔融流动性良好的聚苯硫醚共混后即可很容易地实现注射成型,又不影响聚酰亚胺的耐高温和高强度的特性。

(三)提高性价比

对某些性能卓越,但价格昂贵的工程塑料,在不影响使用要求的条件下,可通过共混降低原材料的成本,提高性价比。如聚碳酸酯、聚酰胺、聚苯醚等与聚烯烃的共混;橡胶与价格较低的塑料或树脂共混等。

总之,聚合物共混改性技术,在开发多功能高强度新型高分子材料的领域中,发挥着越来越重要的作用。

三、聚合物共混改性的主要方法

按照最宽泛的聚合物共混概念，共混改性的基本方法可分为物理共混、化学共混和物理/化学共混三大类。其中，物理共混就是通常意义上的“混合”，物理/化学共混，即通常所称的反应共混，是在物理共混的过程中兼有化学反应，可归属于物理共混；而化学共混则已超出通常意义上的“混合”的范畴，应列入聚合物化学改性的领域。因此，本书在聚合物共混改性部分只介绍物理共混和归属于物理共混的物理/化学共混。

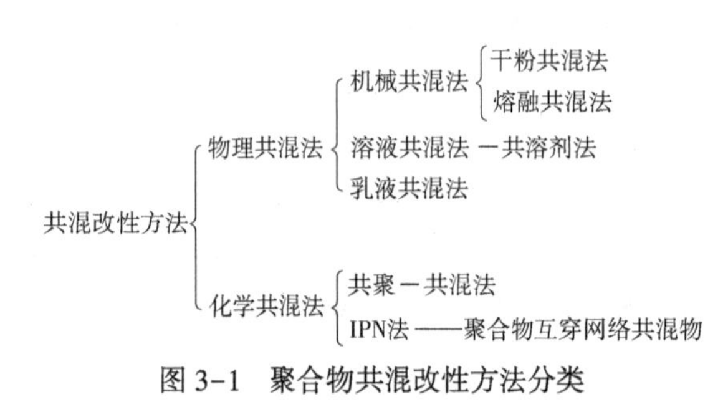

图 3-1 聚合物共混改性方法分类

聚合物共混物的制备方法有物理方法和化学方法（图 3-1）。物理共混法是依靠聚合物分子链之间的物理作用实现共混的方法；化学共混法是指在共混过程中聚合物之间产生一定的化学键，并通过化学健将不同组分的聚合物连接成一体以实现共混的方法。物理法应用最早，工艺操作方便，比较经济，对大多数聚合物都适用，至今仍占有重要地位。化学法制备的聚合物共混物性能较为优越，近几年发展较为迅速。

（一）物理共混法

1.机械共混法

将不同种类的聚合物通过混合或混炼设备进行机械混合便可制得聚合物共混物。根据混合或混炼设备和共混操作条件的不同，可将机械共混分为干粉共混和熔融共混两种。

（1）干粉共混法。将两种或两种以上不同品种聚合物粉末加以混合，混合后的共混物仍为粉料。干粉共混的同时，可加入必要的助剂（如增塑剂、稳定剂、润滑剂、着色剂、填充剂等）。所得的聚合物共混物料可直接用于成型或经挤出后再用于成型。干粉共混法要求聚合物粉料的粒度尽量小，且不同组分在粒径和密度上应比较接近，这样有利于混合分散效果的提高。由于干粉共混法的混合分散效果相对较差，故此法一般不宜单独使用，而是作为熔融共混的初混过程；但可应用于难溶、难熔及熔融温度下易分解聚合物的共混，例如氟树脂、聚酰亚胺、聚苯醚和聚苯硫醚等树脂的共混。

（2）熔融共混法。熔融共混法是将聚合物各组分在软化或熔融流动状态下（即黏流温度以上）用各种混炼设备加以混合，获得混合分散均匀的共混物熔体，经冷却、粉碎或粒化的方法。为增强共混效果，有时先进行干粉混合，作为熔融共混法中的初混合。熔融共混法由于共混物料处在熔融状态下，各种聚合物分子之间的扩散和对流较为强烈，共混合效果明显优于其他方法。尤其在混炼设备的强剪切力的作用下，有时会导致一部分聚合物分子降解并生成接枝或嵌段共聚物，可促进聚合物分子之间的相容，所以熔融共混法是一种最常采用、应用最广泛的共混方法，其工艺过程如图 3-2 所示。

2.溶液共混法（共溶剂法）

将共混聚合物各组分溶于共溶剂中，搅拌混合均匀或将聚合物各组分分别溶解再混合均匀,然后加热驱除溶剂即可制得聚合物共混物。

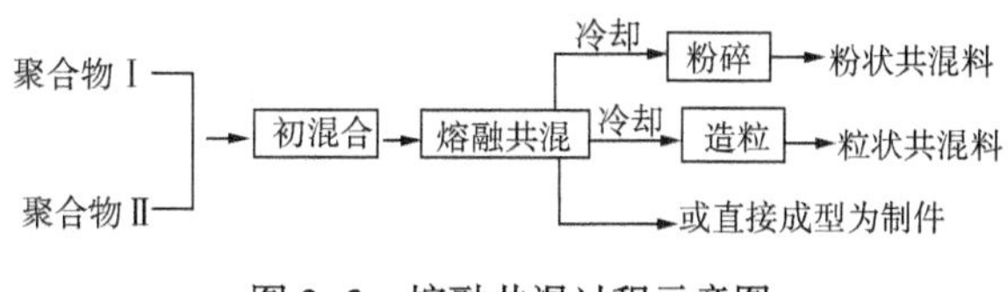

图 3-2　熔融共混过程示意图

溶液共混法要求溶解聚合物各组分的溶剂为同种,或虽不属同种,但能充分互溶。此法适用于易溶聚合物和共混物以溶液态被应用的情况。如用于工业上一些溶液型涂料或黏合剂的制备。因溶液共混法混合分散性较差,且需消耗大量溶剂,主要适于实验室研究工作。

3.乳液共混法

将不同聚合物分别制成乳液,再将其混合搅拌均匀后,加入凝聚剂使各种聚合物共沉析制得聚合物共混物。此法因受原料形态的限制,且共混效果也不理想,故主要适用于聚合物乳液。如在橡胶的共混改性中,可以采用两种胶乳进行共混。如果共混产品以乳液的形式应用(如用作乳液型涂料或黏合剂),也可考虑采用乳液共混的方法。

(二)化学共混法

1.共聚—共混法

此法有接枝共聚—共混与嵌段共聚—共混之分,其中以接枝共聚—共混法更为重要。接枝共聚—共混法的操作过程是在一般的聚合设备中将一种聚合物溶于另一聚合物的单体中,然后使单体聚合,即得到共混物。所得聚合物共混体系包含两种均聚物及一种聚合物为骨架接枝上另一聚合物的接枝共聚物。由于接枝共聚物促进了两种均聚物的相容性,所得的共混物的相区尺寸较小,制品性能较优。

近年来此法应用发展很快,广泛用于生产橡胶增韧塑料,如高抗冲聚苯乙烯(HIPS)、ABS塑料、MBS(甲酯丙烯酸酯—丁二烯—苯乙烯共聚—共混物)塑料等。

2.IPN 法

自 20 世纪 60 年代,Miller 首次提出互穿网络聚合物(Inter penetrating polymer network, IPN)的概念以来,IPN 技术一直是高分子材料共混改性的热点。IPN 是指两种或两种以上高分子链相互贯穿、相互缠结的混合体系,通常具有两个或多个交联网络形成微相分离结构。这种交联既可以是化学交联,也可以是物理交联。其中至少有一种聚合物是在另一种聚合物存在下合成或交联的。按网络结构的类型不同,IPN 可分为互穿网络(Ⅰ型)、半互穿网络(Ⅱ型)和表观互穿网络(Ⅲ型)三类。Ⅰ型是典型的化学交联结构,制备方法有多种,可将单体 1 与单体 2 混溶在一起,使两者以互不干扰的形式各自聚合并交联[图 3-3(a)]。当一种单体进行加聚反应而另一种单体进行缩聚反应时,即可实现这种互不干扰的反应。例如,将制备环氧树脂的各组分和制备交联型丙烯酸酯的各组分混合起来,使丙烯酸类单体先引发聚合,同时加热使环氧树脂各组分进行缩聚反应即可制得 IPN 环氧树脂/丙烯酸树脂。Ⅱ型是典型的物理交联结构,Ⅲ型则介于两者之间。大多数典型的互穿网络聚合物(IPN)为Ⅰ型,而多数功能性互穿网络聚合物属于Ⅱ型或Ⅲ型,即由已交联的第一个聚合物网络,溶胀于第二个单体中并进行就地聚合而形成第二个网络[图 3-3(b)],典型的例子有聚丙烯酸乙酯/聚苯乙烯及聚丙烯酸乙酯/聚氨酯等。凭借 IPN 技术使两种聚合物相互贯穿,两者之间可良好分散,相界面较大,有很好的协同作用,显示出比普通塑料合金更优异的特性,发展前景广阔。该法近年来发展很快。

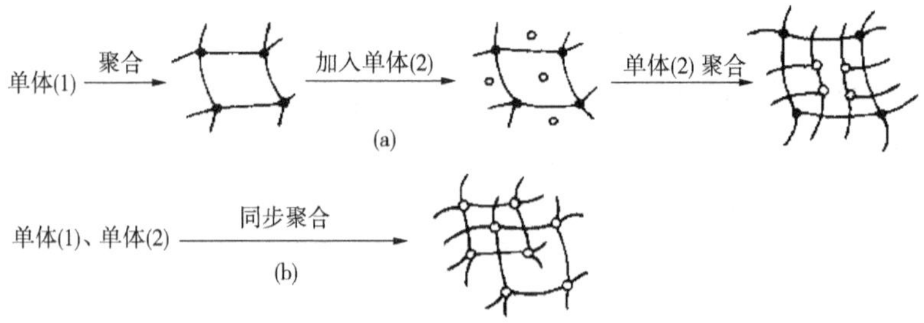

图 3-3 IPN 互穿网络示意图

此外,还有动态硫化技术、反应挤出技术、分子复合技术和插层复合技术等制备聚合物共混物的新方法。动态硫化技术主要用于制备具有优良橡胶性能的热塑性弹性体。反应挤出技术是目前在国外发展最活跃的共混改性技术之一,这种技术是把聚合物共混反应(聚合物与聚合物之间或聚合物与单体之间)的混炼和成型加工,在长径比较大,且开设有排气孔的双螺杆挤出机中同步完成。分子复合技术是指将少量的硬段高分子作为分散相加入柔性链状高分子中,从而制得高强度、高弹性模量的共混物。插层复合技术是将单体或聚合物插进层状硅酸盐(如蒙脱土)片层之间,进而破坏硅酸盐的片层结构,剥离成厚为 1nm ,长、宽各为 100nm 的基本单元,并使其均匀分散在聚合物基体中,实现高分子与层状硅酸盐片层在纳米尺度上的混合。

第二节　聚合物共混改性基本原理

一、共混物的相容性

(一)基本概念

相容性(Compatibility),是指共混物各组分彼此相互容纳,形成宏观均匀材料的能力。大量的实际研究结果表明,不同聚合物对之间相互容纳的能力千差成别。某些聚合物对之间具有极好的相容性;而另一些聚合物对之间则只有有限的相容性;还有一些聚合物对之间几乎没有相容性。由此,可按相容的程度划分为完全相容、部分相容和不相容。相应的聚合物对,称为完全相容体系、部分相容体系和不相容体系。

完全相容的聚合物共混体系,其共混物可形成均相体系。因而,形成均相体系的判据也可作为聚合物对完全相容的判据。也就是说,如果两种聚合物共混后,形成的共混物具有单一的 T_g 则可以认为该共混物为均相体系。相应的,如果某聚合物对形成的共混物具有单一的 T_g,则也可认为该聚合物对是完全相容的。如图 3-4(a)所示。

部分相容的聚合物,其共混物为两相体系。聚合物对部分相容的判据,是两种聚合物的共混物具有两个 T_g,且两个 T_g 峰较每一种聚合物自身的 T_g 峰更为接近。如图 3-4(b)所示。在聚合物共混体系中,最具应用价值的体系是两相体系。由于部分相容的聚合物,其共混物为两相体系，而两相体系共混物的性能，有可能超出（甚至是大大超出）各组分单独存在时的性能，而能构形成两相体系的聚合物对又有很多，因此研究和应用两相体系就比均相体系有更多的选择余地。相应地，研究者对于部分相容体系也给予更多关注，成为目前研究的重点。

还有许多聚合物对是不相容的。不相容聚合物的共混物也有两个 T_g峰，但两个 T_g峰的位置与每一种聚合物自身的 T_g峰是基本相同的。如图 3-4(c)所示。

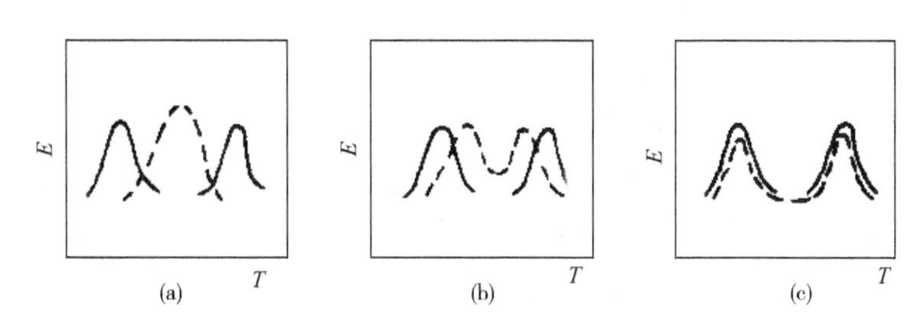

图 3-4 以 T_g表征共混物相容性的示意图

—单一聚合物 ····共混物

从以上叙述中可以看出，“部分相容”是一个很宽泛的概念，它在两相体系的范畴之内，涵盖不同程度的相容性。对部分相容体系（两相体系），相容性的优劣具体体现在界面结合的牢固程度、实施共混的难易以及共混组分的分散度和均一性等诸多方面。

对于两相体系，人们总是希望其共混组分之间具有尽可能好的相容性。良好的相容性，是聚合物共混物获得良好性能的一个重要前提。然而，在实际应用中，许多聚合物对的相容性却并不理想，难以达到通过共混来对聚合物进行改性所需的相容性。于是，就需要采取一些措施来改善聚合物对之间的相容性。这就是相容化（Compatibilisation）。

（二）相容性理论

1.热力学相容性

从热力学角度来探讨聚合物共混组分之间的相容性，实际上研究的范畴是互溶性，或称溶解性、相溶性。这里称之为“热力学相容性”，以便与广义的（工艺）相容性相区分。聚合物热力学相容性是指两种高聚物在任何比例时都能形成稳定的均相体系的能力，既是指聚合物在分子尺度上相容，形成均匀共混体系。因此，若要使两种聚合物相互溶解，在恒温恒压下聚合物混合时必须使自由能减少，即 $\Delta G<0$。而体系自由能的变化取决于混合时焓的变化（ΔH_m）和熵的变化（ΔS_m）以及混合时的温度（T），即应满足：

$$\Delta G=\Delta H_m-T\Delta S_m<0 \tag{3-1}$$

式(3-1)也可用于判定热力学相容是否成立。

在式(3-1)中，对于两种聚合物的共混：

$$\Delta S_m=-R(n_1\ln\phi_1+n_2\ln\phi_2) \tag{3-2}$$

式中：n_1，n_2——两种聚合物的物质的量；

ϕ_1，ϕ_2——两种聚合物的体积分数；

R——气体常数。

由式(3-2)可以看出，ΔS_m为正值，即在混合过程中，熵总是增加的。但是，对于大分子之间的共混，熵的增加是很小的。且聚合物相对分子质量越高，熵的变化就越小。这时，ΔS_m的值很小，甚至接近于0。

Scott将溶解度参数δ用于判定聚合物之间的热力学相容性：

$$\Delta H_m = V_m(\delta_1 - \delta_2)^2 \phi_1 \phi_2 \tag{3-3}$$

式中：δ_1，δ_2——两种聚合物的溶解度参数；

V_m——共混物的摩尔体积；

ϕ_1，ϕ_2——两种聚合物的体积分数。

为满足热力学相容的条件，即$\Delta H_m < T\Delta S_m$，且ΔS_m的值很小，甚至接近于0，从式(3-3)中可以看出，δ_1与δ_2必须相当接近，才能使ΔH_m的值足够小。因此，δ_1与δ_2之间的差值，就成为判定热力学相容性的判据。若干聚合物的溶解度参数如表3-1所示。

表3-1 若干聚合物的溶解度参数值

聚合物	$\delta/(\mathrm{J\cdot cm^{-3}})^{1/2}$	聚合物	$\delta/(\mathrm{J\cdot cm^{-3}})^{1/2}$
聚甲基丙烯酸甲酯	18.9~19.4	聚氯乙烯	19.2~19.8
聚乙烯	16.1~16.5	聚丙烯腈	26.0~31.4
聚丙烯	16.3~17.3	尼龙6	27.6
聚苯乙烯	17.3~18.6		

利用溶解度参数相近的方法来判定两种聚合物之间的相容性，可用于对两种聚合物的相容性进行预测，具有一定价值。但是，这一方法存在的缺陷为：其一，此法在预测小分子溶剂对于高聚物的溶解性时，就有一定的误差，用于预测大分子之间相容性，误差就会更大；其二，对于聚合物共混物两相体系而言，所需求的只是部分相容性，而不是热力学相容性。一些达不到热力学相容的体系，仍然可以制备成具有优良性能的两相体系材料；其三，对于大多数聚合物共混物而言，尽管在热力学上并非稳定体系，但其相分离的动力学过程极其缓慢，所以在实际上是稳定的。尽管溶解度参数法有如上所述的不足，这一方法仍然可以在选择聚合物对进行共混时用作初步筛选的参考。

此外，聚合物共混物热力学相容是指聚合物在分子尺度上相容，形成均匀共混体系。这要求聚合物混合自由能变化$\Delta G = \Delta H_m - T\Delta S_m < 0$。由于聚合物混合时熵的变化很小，因此$\Delta G \approx \Delta H_m < 0$时，也即聚合物混合时放热才能互容。而大多数聚合物混合时是要吸收热量的，很难满足热力学相容的条件。因此能够形成均相体系的聚合物对很少，另外均相共混物的性能往往介于各组分单独存在时的性能之间，很难得到具有高性能的共混材料，所以目前均相共混体系研究较少。

2.工艺相容性

从热力学上讲，目前绝大多数聚合物共混都是不相容的，即很难达到分子或链段水平的混合。但由于聚合物的相对分子质量很高，黏度特别大，靠机械力场将两种混合物强制分散混合后，各相自动析出或凝聚的现象也很难产生，故仍可长期处于动力学稳定状态，并可获得综合性能良好的共混体系，这称为工艺（广义）相容性。

由此看来，工艺（广义）相容性仅是一个工艺上相对比较的概念。其含义是指两种材料共混时的分散难易程度和所得共混物的动力学稳定性。对于聚合物而言，相容性有两方面的含义：一是指可以混合均匀的程度，即分散颗粒大小的比较，若分散得越均匀、越细，则表示相容性越好；二是指相混合的聚合物分子间的作用力，即亲和性比较，若分子间作用力越相近，则越易分散均匀，相容性越好。这种广义相容性概念比狭义的相容性应用更为普遍。

（三）相容性的测定与研究方法

在聚合物共混物制备完成之后，可以对组分之间的相容性进行测定和研究。测定相容性的方法有玻璃化转变温度法、红外光谱法、显微镜法、浊点法、反相色谱法等。

1.玻璃化转变温度法

用测定共混物的玻璃化转变温度（T_g），并与单一组分玻璃化温度进行对比的方法，是测定与研究共混组分相容性的最常用的方法之一。

共混物的 T_g峰与单一组分的 T_g的关系，可以有三种基本情况，如图 3-4 所示。测定 T_g转变有许多方法，例如动态力学法、机械分析、差热分析、示差量热扫描法、膨胀计法、介电法、热光分析法。

2.红外光谱法

红外光谱法也可以用于共混组分的相容性研究。对于具有一定相容性的共混体系，各组分之间彼此相互作用，会使共聚物的红外光谱谱带与单一组分的谱带相比，发生一定的偏移。偏移主要发生在某些基团的谱带位置上。当共混组分之间生成氢键时，偏移会更为明显。

3.显微镜法

这是观察共聚物两相分布十分有用的工具，用这种方法可以比较精确地分辨出共聚物的相容性，对于不相容的共混物，还可直接确定分散相的颗粒大小、分布、形态、包藏结构。根据分散颗粒、折射率的测定还可确定分散相属于哪种高聚物。目前用得比较普遍的有透射和扫描电子显微镜，前者的分辨能力可以为 0.1~100nm，因此它可以观察很微小的颗粒直径。采用冷冻超薄切片和染色技术处理共混物试样，用透射电子显微镜观察共聚物试样的相结构已经发现：目前所谓的相容共混体系实际上均未达到分子水平的分散，即从微观的角度仍有两相分布。扫描电镜则可方便地观察断面的情况，因此也可以见到分散相的颗粒及分布情况，但分辨能力较低。除了上述两种电子显微镜外，利用相差显微镜也可以观察微米级的颗粒分布。

4.浊点法

两种聚合物形成的共混物，往往不能在任意的配比和温度下实现彼此相容。有一些聚合物对，只能在一定的配比和温度范围以内处完全相容（形成均相体系），超出此范围，就会发生相分离，变为两相体系。按照相分离温度的不同，又分为具有低临界相容温度（LCST）和高临界相容温度（UCST）两大类型，如图 3-5 所示。

共混物的相分离温度和发生相分离的组成的关系图，被称为共混物的相图。共混物相图所表征的相分离行为，显然可以用来研究共混组分之间的相容性。

当共混物由均相体系变为两相体系时，其透光率会发生变化，这一相转变点就被称为浊点，且可以用测定浊点的方法测定出来。浊点法在对于相容性进行理论研究时，是常用的方法。

5.反相色谱法

将反相色谱法用于研究共混体系的相容性，其方法也是测定共混组分的相分离行为。反相色谱法以某种小分子作为“探针分子”，测定体系的保留体积(V_g)。当共混物发生相分离时，探针分子的保留机制发生变化，使得 $\lg V_g$—$1/T$ 偏离直线。在发生拐点之处，就是共混体系出现相态变化之处。对于一些折光指数相近的共混组分，无法用浊点法测定相分离行为，则可以用反相色谱法进行测定。

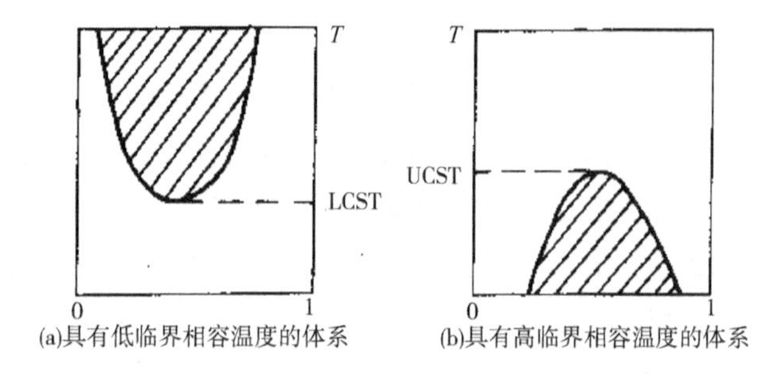

(a)具有低临界相容温度的体系　　(b)具有高临界相容温度的体系

图 3-5　共混体系发生相分离的类型示意图
(图中阴影部分为两相区域)

二、改善聚合物相容性的方法

在制备高聚物共混物时，相容性对共聚物的性能影响很大，如果两种高聚物完全相容，则制得的共混物不会获得特殊的性能，如果两种高聚物相容性很差，则共混物产生宏观的相分离，因此会形成分层或出现剥离现象，降低材料的强度和使用性能。若两种高聚物部分相容，则形成微观或亚微观的相分离结构，两相界面之间存在相互作用，形成过渡层，这时所获得的共混物往往会表现出独特的性能。由此可见，在制备共混物时，形成微观或亚微观相分离是一个关键问题。然而，能够具有良好的相容性并可以直接共混的体系是相当少的。因此，大多数共混体系中都要采取一些措施来改善聚合物共混体系的相容性，也叫相容化，使之形成微观相分离。提高共混体系相容性的方法有：利用聚合物分子链中官能团间的相互作用、改变分子链结构，加入相容剂、形成互穿网络、进行交联和改变共混工艺条件等。

(一)利用聚合物分子链中官能团间的相互作用及改变聚合物分子链结构的方法

如果参加共混的聚合物分子链上含有某种可相互作用的官能团，它们之间的相容性必定好。例如：聚甲基丙烯酸甲酯与聚乙烯醇、聚丙烯酸或聚丙烯酰胺等，由于分子健之间可以形成氢键，具有较好的相容性。又如：聚合物分子链上分别含有酸性和碱性基团，共混时可以产生质子转移，分子链间可生成离子键或配位键。离子键的键能要强于氢键，所以聚合物之间相容性更好。

由于上述原因，在共混改性技术中，常采用向分子链引入极性基团的方法来改善聚合物的相容性，并收到较好的效果。

通过对高分子链的化学改性(如氧化、磺化等)，就可能明显改善共混体系的相容性。如聚乙烯氯化形成氯化聚乙烯，就可以与聚甲基丙烯酸甲酯较好地相容。其次，通过共聚的方法改变聚合物分子链结构，也是一种增加聚合物之间相容性的常用而有效的方法。如聚苯乙烯是极性很弱的聚合物，一般很难与其他聚合物相容，但苯乙烯与丙烯腈的共聚物(SAN)，由于改变了分子中的链结构，就可与聚碳酸酯、聚氯乙烯和聚砜等许多聚合物共混相容。

(二)加入增容剂的方法

增容剂是指在共混体的聚合物组分之间起到增加相容性和强化界面黏结作用的共聚物。因此增容剂也称作相容剂、增混剂、界面活化剂和乳化剂等。增容剂的作用机理是富集在两相界面处,改善两相之间的界面结合情况。此外,增容剂还可以促进分散相组分在共混物中的分散。增容剂可分为高分子增容剂和低分子增容剂。高分子增容剂又可分为非反应型和反应型两种,而低分子增容剂则全部都是反应型的。实践证明,增容剂能卓有成效地解决共混体系中因热力学不相容而导致宏观相分离、两相界面黏合力差、应力传递效率低、力学性能差、甚至综合性能低于单一组分聚合物的性能等问题。增容剂的出现和广泛地应用是当今聚合物共混改性最成功和最活跃的领域之一。

1.非反应型增容剂

所谓非反应型增容剂是指那些本身没有反应基团,在聚合物共混过程中不发生化学反应的增容剂,它们多为两种成分构成的高分子聚合物。从结构上看,大多数为嵌段共聚物和接枝共聚物,它们依靠自身对两种共混聚合物的亲和力、黏结力使原来相容性差的两种聚合物相容,形成具有良好界面作用的聚合物共混物。这类增容剂无副产物,效果好。非反应型增容剂已开发出来四种类型,即 A—B 型、A—C 型(A—B—C 型)、C—D 型和其他型的增容剂,表 3-2 为非反应型增容剂的应用实例。

表 3-2 非反应型增容剂的应用实例

类 型	聚合物 B	聚合物 A	增容剂
AB 型	PS	PB	PS—g—PB
	PP	PA6	PP—g—PA6
AC 型	PE	PS	CPE,SEBS
	PS,PP,LDPE	PVC	CPE
	PP	PE	EPDM
CD 型	PVC	LDPE	氢化 PB—PCL
	PVC	BR	EVA
	PMMA	PP	SEBS

A—B 型增容剂主要是由 A、B 两种聚合物经嵌段或接枝共聚制成。适用于与 A—B 型增容剂同种的 A、B 两种聚合物的共混。它能降低界面张力,增加两相相容性。如乙烯—丙烯嵌段共聚物可作为 PE/PP 共混体系的增容剂。

A—C 型(ABC 型)增容剂是由 A、C(或 A、B、C)两种(或三种)聚合物的单体经接枝或嵌段共聚而成。其中,C 组分与聚合物 B 有良好的相容性。适用于 A、B 两种聚合物的共混。如 PE 与 PS 树脂共混时使用 CPE 或 SEBS 作为增容剂,可以改善 PE 与 PS 的相容性。

C—D 型增容剂是一种新型的增容剂,它的组成成分与共混树脂成分是不同的,但分别能与共混树脂成分相容或反应。如 SEBS(苯乙烯—乙烯—丁烯—苯乙烯嵌段共聚物)可以作为聚丙烯与聚甲基丙烯酸甲酯的增容剂。

其他型的增容剂是由非 A 非 B 的两种单体组成的能与聚合物 A 及聚合物 B 相容或反应的

无规共聚物。

2.反应型增容剂

所谓反应型增容剂是指本身含有反应基团的增容剂,它在聚合物共混时能与其他聚合物含有的基团发生化学反应,生成化学键而使聚合物和增容剂之间产生较强的结合力而达到增容的效果。这类增容剂有马来酸型、丙烯酸型、环氧改性型,表3-3列出了反应型增容剂的应用实例。

表3-3 反应型增容剂的应用实例

聚合物A	聚合物B	增容剂
PP、PE	PA6、PA66	PP—g—MA、PP—g—AA、EVA
PP、PE	PET	PP—g—AA、含羧基PE

马来酸型增容剂是一类用马来酸酐改性、带有羧基的聚合物增容剂,能与多种聚合物反应,而使共混聚合物增容。丙烯酸改性聚合物是另一类含羧基的聚合物增容剂。应用实例有EPDM—g—MAH共聚物作为PA/EPDM共混物的增容剂,PP—g—PAA共聚物作为聚烯烃/PET共混物的增容剂,马来酸酐接枝LLDPE作为聚烯烃/EVOH共混物的增容剂。

此外还有低分子增容剂也属于反应型增容剂,它可以与共混聚合物组分发生反应。其应用见表3-4。

表3-4 低分子型增容剂的应用实例

聚合物A	聚合物B	增容剂
PET	PA6	对甲基苯磺酸
PA6	NR	PF+六亚甲基四胺+交联剂
PMMA	丙烯基聚合物	过氧化物
PVC	PP	双马来酰亚胺或氯化石蜡
PPE	PA66	氨基硅烷、环氧硅烷或含多官能团的环氧化合物等
PBT	MBS、NBR	
PC	芳香族PA	氨基硅烷、环氧硅烷或含多官能团的环氧化合物等
PVC	PE	过氧化物+三嗪三硫酚或TAIC+MgO
PVC	LDPE	多官能化单体+过氧化物
POM	丙烯基聚合物	有机官能化钛酸酯
PBT	EPDM—g—富马酸	聚酰胺
PE	PP	过氧化物
PP、PA6	NBR	二羟甲基酚衍生物
PA6	PA66	亚磷酸三苯酯
PS	EPDM	Lewis酸
EVA、HDPE	EVACO	EVACO交联剂
PP	NR	过氧化物+双马来酰亚胺

反应型增容剂和非反应型增容剂的优缺点见表3-5。

表 3-5　反应型和非反应型增容剂的比较

项　目	反 应 型	非 反 应 型
优点	添加少量即有很大的效果	容易混炼
	对于相容化难控制的共混物效果大	使共混物性能变差的危险性小
缺点	由于副反应等原因可能使共混物的性能变差	需要较大的添加量
	受混炼及成型条件制约	
	价格较高	

3. 原位聚合法(就地形成的相容剂)

原位聚合法中的相容剂不是预先合成的,而是在加工成型过程中产生的。例如,将三元乙丙橡胶(EPDM)与甲基丙烯酸甲酯(MMA)在过氧化物存在的条件下从双螺杆挤出机中挤出,形成 EPDM、PMMA 与 EPDM 接枝 MMA 三种组分的共混物。其中,EPDM 接枝 MMA 在共混物中起相容剂作用。

原位聚合法又称为反应共混,由于具有简便易行的特点,已成为共混改性的新途径。

(三)通过加工工艺改善聚合物之间的相容性

热力学相容性好的共混体系尽管是相容的必要条件,但如果没有很好的加工设备和加工工艺,也不能实现真正的混溶;反之,相容性差的共混体系,如能采用好的加工设备,合理的工艺条件,借助提高温度和强剪切力的作用,增加相间接触面,同样可以改善聚合物之间的相容性,使之形成较好的共混体系。

温度是实现聚合物共混的重要条件,绝大多数情况下,提高加工温度有助于本来不相容的聚合物转化为相容或部分相容。但有时相反,当温度升高到某一温度或降低到某一温度(称为最高临界温度或最低临界温度)时,本来已相容的共混体系会出现相分离。

机械混合时,强烈的剪切力可以强迫两种不相容或相容性不好的聚合物的分子链绕缠在一起,通过扩大相间的接触而增加链段的扩散程度,增加相容性。有时在强烈的剪切力和加热的作用下,共混物的分子链发生部分断裂,生成不同组分之间接枝或嵌段共聚物,该共聚物都是很好的增容剂,可增加组分之间的相容性。这就是所谓的机械力—化学作用。

(四)在共混物组分间发生交联作用以改善相容性

交联可分化学交联和物理交联两种情况。例如,用辐射的方法可使 LDPE/PP 产生化学交联,其相容性得到改善。结晶作用属于物理交联,例如 PET/PP 及 PET/尼龙 66,由于取向纤维组织的结晶,使已形成的共混物形态结构稳定,从而体系相容性增加。

(五)共溶剂法和 IPN 法

两种互不相溶的聚合物常可在共同溶剂中形成真溶液。将溶剂除去后,相界面非常大,以致很弱的聚合物与聚合物相互作用就足以使形成的形态结构稳定。

互穿网络聚合物(IPN)技术是改善共混物相容性的新方法。其原则是将两种聚合物结合成稳定的相互贯穿的网络结构,从而提高其相容性。

三、共混物的形态结构

聚合物共混物的形态，是聚合物改性研究的一个重要内容。关于共混物形态的研究之所以非常重要，是因为共混物的形态与共混物的性能有密切关系，而共混物的形态又受到共混工艺条件和共混组成等的影响。于是，共混物的形态研究就成为研究共混工艺条件和共混物组分配方与共混物性能关系的重要中间环节。

(一)共混物形态的三种基本类型

由于聚合物共混物是由两种或两种以上的聚合物组成的，故其形态结构是多种多样的，但可分为均相体系、海—岛结构和海—海结构三种基本类型。共混物的形态首先划分为均相体系和两相体系，其中，两相体系又进一步划分为海—岛结构与海—海结构。海—岛结构一相为连续相，另一相为分散相，分散相分散在连续相中，就好像海岛分散在大海中一样；海—海结构两相皆为连续相，互相贯穿。

聚合物对之间的相容性，可以通过聚合物共混物的形态反映出来。完全相容的聚合物共混体系，其共混物可形成均相体系。部分相容和不相容的聚合物，它们的共混物均为两相体系。

在共混物的不同形态结构中，具有海—岛结构的两相体系比均相体系更为重要。正如前所述，两相体系在研究与应用中就比均相体系受到更多的关注与重视。工业应用中最常遇到的是应用熔融共混法得到的具有海—岛结构的两相体系。海—岛结构的两相体系的形态，包括两相之中哪一相为连续相，哪一相为分散相；分散相颗粒分散的均匀性、分散相的粒径及粒径分布；以及两相之间的界面结合情况等，都是形态研究中要涉及的重要内容。

(二)共混物形态的研究

共混物形态的研究方法有很多，可分为两大类：其一是直接观测形态的方法，如电子显微镜法；其二是间接测定的方法，如动态力学性能测定法。迄今，电子显微镜法仍是共混物形态研究中最重要的方法。动态力学性能方法测定的共混物的 T_g，为共混物是均相体系或两相体系的重要判据。

(三)分散相分散状况的分析

1.分散相分散状况的分析

聚合物共混物的形态中，海—岛结构两相体系是最常见的聚合物共混物形态之一。在采用显微镜对于共混物形态进行观测和拍照之后，需要对于共混物形态进行进一步的分析和表征。在这里，只讨论海—岛结构两相体系共混物形态的分析与表征。对于海—岛结构两相体系共混物，其形态的表征主要是在于分散相的分散状况，为表征分散相的分散状况，需引入两个术语：均一性与分散度。

均一性是指分散相物料分散的均匀程度，也即分散相浓度的起伏大小，可借助于数理统计的方法进行定量表征。分散度则是指分散相物料的破碎程度，可以用分散相颗粒的平均粒径和粒径分布来表征。图 3-6 所示为两种共混样品均一性与分散度的对比示意图，可直观地表现出均一性与分散度两个概念的区别。其中，图 3-6(a)的分散相粒子的粒径较图3-6(b)中的粒子小，显示出(a)的分散度比(b)细一些。但是从一定的观察尺度来看，(a)的均一性却不如

(b)好。由此可见,分散度细的样品,均一性未必就好,反之亦然。除均一性与分散度之外,分散相粒子的粒径分布对共混物的性能也有重要影响,因而也是共混物形态表征的重要指标。

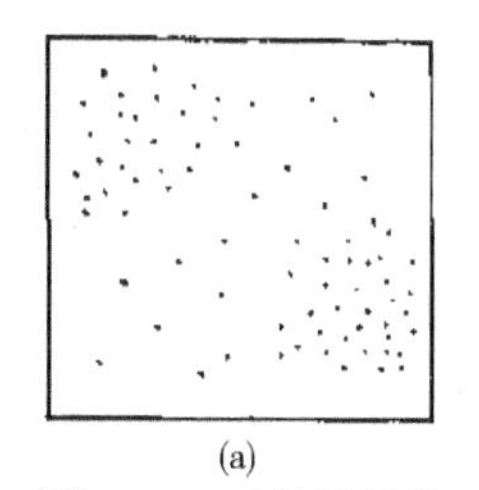
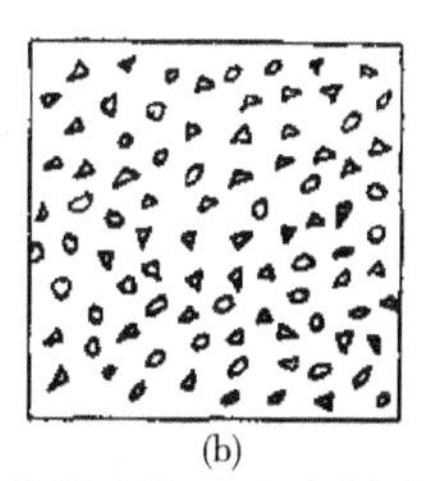

(a) (b)

图 3-6 两种样品均一性与分散度的对比示意图

为使聚合物共混物具有预期的性能,需要共混物分散相组分的分散具有良好的均一性,分散相的平均粒径和粒径分布也应控制在一定范围之内。如何改善分散相组分分散的均一性以及如何控制分散相的平均粒径和粒径分布,将在本章第五节中介绍。

2.共混物对分散相粒径及粒径分布的要求

鉴于共混物的形态与性能之间有着密切的关系,为了制备出具有预期性能的共混物,就要对共混物的形态做出一定的要求。其中,重要的是对于分散相粒径及粒径分布的要求。

大量研究结果表明,为使海—岛结构两相体系共混物具有预期的性能,其分散相的平均粒径应控制在某一最佳值附近。以弹性体增韧塑料体系为例,在该体系中,弹性体为分散相,塑料为连续相,弹性体颗粒过大或过小都对增韧改性不利。如对于聚烯烃热塑性弹性体 POE 增韧 PP 的共混体系,POE 为分散相,其最佳平均粒径应控制在 1μm 左右。当 POE 分散相颗粒以这一最佳平均粒径分散于 PP 连续相之中时,共混物可获得良好的增韧效果。

除了平均粒径之外,粒径分布对共混物性能也有重要影响。还是以弹性体增韧塑料的共混体系为例,在这一体系中若弹性体颗粒的粒径分布过宽,体系中就会存在许多过大或过小的弹性体颗粒,而过小的弹性体颗粒几乎不起增韧作用,过大的弹性体颗粒则会对共混物性能产生有害影响。因此,一般来说,应将分散相粒径分布控制在一个较窄的范围之内。

在实际应用中,在共混物形态方面出现的问题往往是分散相粒径过大以及粒径分布过宽。如何减小分散相粒径以及控制其粒径分布,就成为共混改性中经常面临的重要问题。分散相粒径及粒径分布的调控,与共混组分之间的相容性、共混装置的设计以及混合工艺条件等都有关系。

(四)共混物的相界面

共混物的相界面,是指两相(或多相)共混体系相与相之间的交界面。由于共混物中分散相的粒径很小,通常在微米的数量级,因而使共混物这一分散体系具有胶体的某些特征,如具有巨大的比表面积。共混物的相界面的大小,可以用分散相颗粒的比表面积来表征。共混物的相界面对共混物性能有着极为重要的影响,如界面结合的强度,会直接影响共混物的力学性能。

1.共混物相界面

对于相容的聚合物组分,共混物的相界面上会存在一个两相组分相互渗透的过渡层。由此,可将聚合物共混物相界面的形态划分为两个基本模型,如图 3-7 所示。其中,图 3-7(a)所代表的是不相容体系,或相容性很小的体系。在这类体系中,Ⅰ组分与Ⅱ组分之间没有过渡层。

图 3-7(b)则代表了两相组分之间具有一定相容性的情况,Ⅰ组分与Ⅱ组分之间存在一个过渡层。

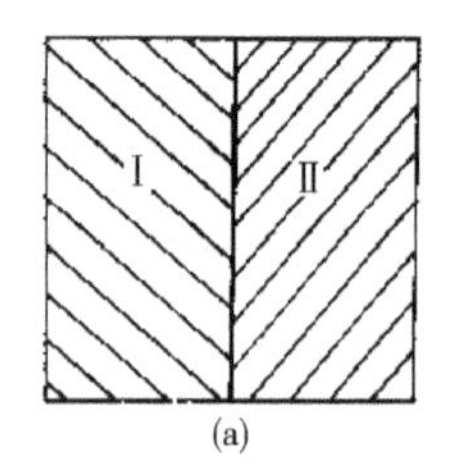

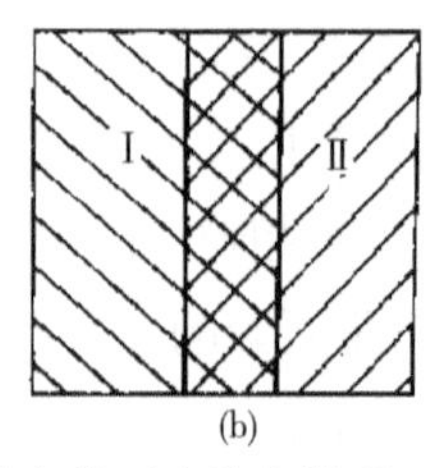

图 3-7 共混物相界面形态的两个基本模型

(λ为过渡层厚度)

图 3-8 过渡层结构示意图

过渡层的结构示意图如图 3-8 所示。从宏观整体来看,过渡层的存在正是体现两相之间有限的相容,或者说是部分相容性。另外,从过渡层这个微观局部来看,又存在相互溶解的状态。因此,过渡层的厚度 λ 主要取决于两聚合物的相容性。相容性差的两聚合物共混时,两相间有非常明显和确定的相界面;两种聚合物相容性好则共混体系中两相的大分子链段的相互扩散程度大,两相过渡层厚度大,相界面较模糊;若两种聚合物完全互溶,则共混体最终形成均相体系,相界面完全消失。

2.相界面效应

在两相共混体系中,由于分散相颗粒的粒径很小(通常为微米数量级),具有很大的比表面积。分散相颗粒的表面,也可看作是两相的相界面。如此量值巨大的相界面,可以产生多种效应。

(1)力的传递效应。在共混材料受到外力作用时,相界面可以起到力的传递效应。如当材料受到外力作用时,作用于连续相的外力会通过相界面传递给分散相;分散相颗粒受力后发生变形,又会通过界面将力传递给连续相。为实现力的传递,要求两相之间具有良好的界面结合。

(2)光学效应。利用两相体系相界面的光学效应,可以制备有特殊光学性能的材料。如将 PS 与 PMMA 共混,可以制备具有珍珠光泽的材料。

(3)诱导效应。相界面还具有诱导效应,如诱导结晶。在某些以结晶高聚物为基体的共混体系中,适当的分散相组分可以通过界面效应产生诱导结晶的作用。通过诱导结晶,可形成微小的晶体,避免形成大的球晶,对提高材料的性能具有重要作用。

相界面的效应还有许多,如声学、电学、热学效应等。

3.界面自由能与共混物过程的动态平衡

在相界面的研究中,界面能是一个重要的参数。众所周知,液体具有收缩表面的倾向,也即具有表面张力。聚合物作为一种固体,其表面虽然不能像液体那样自由地改变形状,但固体表面的分子也处于不饱和的力场之中,因而也具有表面自由能。固体表面对于液体的浸润和对气体的吸附,都是固体表面具有表面自由能的证据。

在两相体系的两组分之间,也具有界面自由能。以熔融共混为例,在共混过程中,分散相组分是在外力作用之下逐渐被分散破碎的。当分散相组分破碎时,其比表面积增大,界面能相应增加。反之,若分散相粒子相互碰撞而凝聚,则可使界面能下降。换言之,分散相组分的破碎过程是需在外力作用下进行的,而分散相粒子的凝聚则是可以自发进行的。因此,在共混过程中,就同时存在着破碎与凝聚这样两个互逆的过程,如图 3-9 所示。

在共混过程初期,破碎过程占主导地位。随着破碎过程的进行,分散相粒子粒径变小,粒子的数量增多,粒子之间相互碰撞而发生凝聚的概率就会增加,导致凝聚过程的速度增加。当凝聚过程与破碎过程的速度相等时,就可以达到一个动态平衡。在达到动态平衡时,分散相粒子的粒径也达到一个平衡值,这一平衡值称为平衡粒径。平衡粒径是共混理论中的一个重要概念。

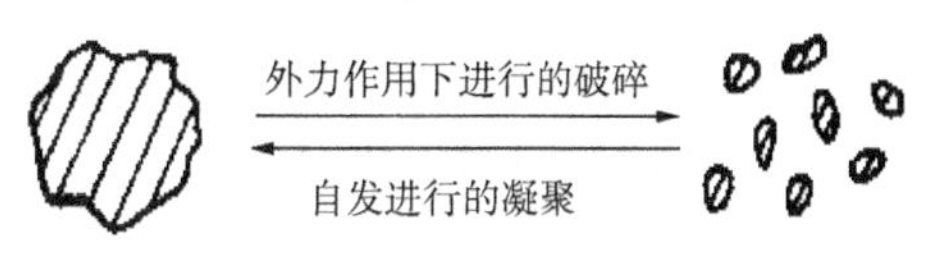

图 3-9　破碎与凝聚过程示意图

共混物两相之间的表面自由能,与共混过程及共混物的形态都有关系。但受到研究方法的制约,直接研究共混物两相之间的界面自由能尚有困难。因而,主要采用研究单一共混组分表面自由能的方法,进行间接的研究。

4.聚合物表面自由能的测定

共混物两相之间的表面自由能,与共混过程及共混物的形态都有关系。但受到研究方法的制约,直接研究共混物两相之间的界面自由能尚有困难。因而,主要采用了研究单一共混组分表面自由能的方法,进行间接的研究。

聚合物的表面自由能与聚合物之间的相容性有一定关系,测定聚合物的表面自由能数据,对研究聚合物之间的相容性具有一定意义。两种聚合物若表面自由能相近时,在共混过程中,两种聚合物熔体之间就易于形成一种类似于相互浸润情况,进而,两种聚合物的链段就会倾向于在界面处相互扩散。这不仅有利于一种聚合物在另一种聚合物中的分散,而且可使共混物具有良好的界面结合。此外,表面自由能的测定在聚合物填充体系、聚合物基复合材料的研究中也有重要作用。在聚合物的黏合与涂覆中,表面自由能也是重要的参数。以黏合为例,良好的黏合的前提是黏合剂要在聚合物表面浸润,这就与聚合物的表面自由能有关。

聚合物表面自由能数据的测定,主要采用接触角法。接触角法是测定固体表面自由能的常用方法,因而也是测定聚合物表面自由能的主要方法。

采用接触法测定聚合物表面自由能,需先将聚合物制成平板状样品,然后采用接触角法测定仪进行测定。基本原理是在样品表面滴上一滴特定的液体,如图 3-10 所示,测定接触角 θ。在图中所示的固相(聚合物)、液相(液滴)和气相(空气),作气液界面切线,此切线与固液交界线的交角,即接触角 θ。

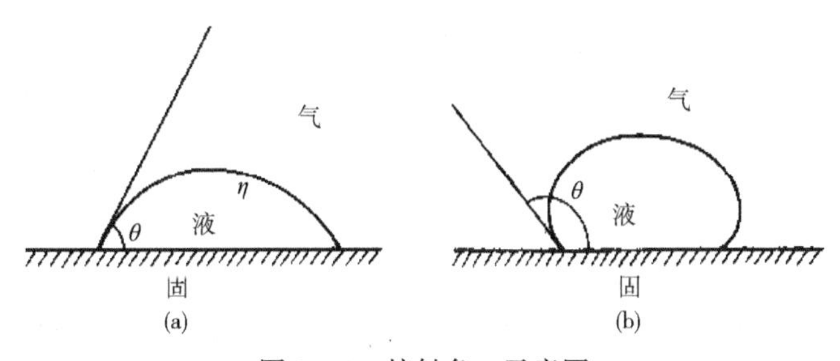

图 3-10　接触角 θ 示意图

接触角 θ 的大小,可反映固体与液体相互浸润的情况。若 $\theta<90°$,如图 3-10(a)所示,则表明浸润良好,或称固体亲液;若 $\theta>90°$,如图 3-10(b)所示,则表明浸润不良,或称固体憎液。

著名的杨(Young)氏公式可反映出接触角 θ 与固体表面自由能的关系:

$$\gamma_l \cos\theta = \gamma_s - \gamma_{sl} \tag{3-4}$$

式中：γ_1 ——所选用液体的表面张力；

γ_s ——固体(聚合物)的表面自由能；

γ_{sl} ——液—固界面张力。

四、影响聚合物共混形态的因素

海—岛结构两相体系共混物的形态，包括两相之中哪一相为连续相，哪一相为分散相；分散相的粒径及粒径分布；两相之间的界面结合等。影响共混物形态的因素很多，主要的影响因素有两相组分的配比、两相组分的黏度以及共混设备及工艺条件(时间、温度、外力)等。

(一)共混组分的配比

在海—岛结构两相体系共混物中，确定哪一相为连续相，哪一相为分散相，是具有重要意义的。一般来说，在两相体系中，连续相主要影响共混材料的模量、弹性；而分散相则主要对冲击性能(在增韧体系中)、光学性能、传热以及抗渗透(在相关体系中)性能产生影响。如在塑料与橡胶的共混体系中，是塑料为连续相，还是橡胶为连续相，对共混物的性能会有重大影响。如果是塑料为连续相，则得到的是橡胶增韧塑料；如果是橡胶为连续相，则得到的是塑料增强橡胶。

共混组分之间的配比，是影响共混物形态的一个重要因素，也是决定哪一相为连续相，哪一相为分散相的重要因素。如图 3-11 所示为采用熔融共混(机械共混)制备的 PVC/PP 共混物中，共混体系的形态随两种组分的体积比变化的示意图。

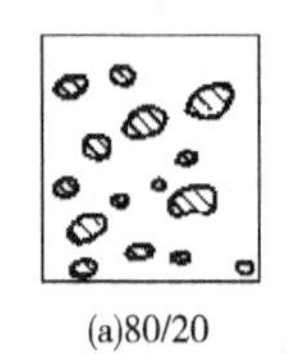
(a)80/20

(b)60/40

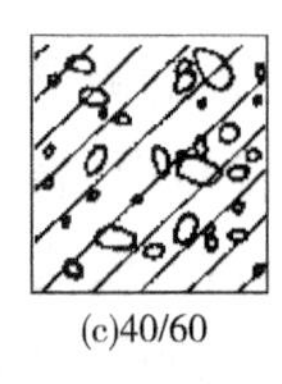
(c)40/60

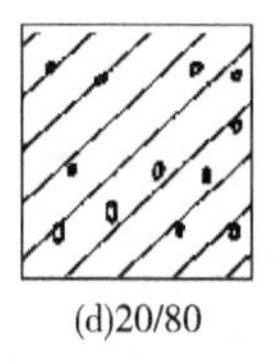
(d)20/80

图 3-11　PVC/PP 共混物形态随体积比变化示意图

从图 3-11 中可以看出，当 PVC/PP 体积比为 80/20 时，共混物形态是组分含量较多的 PVC 为连续相，组分含量较少的 PP 为分散相的海—岛结构两相体系。在体积比为 60/40 时，该共混物形态为两相连续的海—海结构。在 PVC/PP 体积比为 40/60 和 20/80 时，PP 变为连续相，PVC 为分散相。

影响共混物形态的因素是很多的，组分配比只是其中之一。由于影响共混物形态的因素的复杂性，使得在实际共混物中，组分含量多的一相未必就一定是连续相，组分含量少的一相也未必一定是分散相。尽管如此，仍然可以对于组分含量对共混物形态的影响作出一个基本的界定。

通过理论推导，可以求出连续相(或分散相)组分的理论临界含量。假设分散相颗粒是直径相等的球形，并且这些球形颗粒以“紧密填充”的方式排布(图 3-12)，在此情况下，其最大填充分数(体积分数)为 74%。由此可以推论，当两相共混体系中的某一组分含量(体积分数)大于 74%时，这一组分不再是分散相，而将是连续相。同样，当某一组分含量(体积分数)小于

26%时,这一组分不再是连续相,而将是分散相。当组分含量介于26%与74%之间时,哪一组分为连续相,将不仅取决于组分含量之比,而且还要取决于其他因素,主要是两个组分的熔体黏度。

上述理论临界含量是建立在一定假设的基础之上的,因而并非是绝对的界限,在实际应用中仅具有参考的价值。实际共混物的分散相颗粒,一般都并非直径相等的球形;另外,这些颗粒在实际上也不可能达到"紧密填充"的状态。尽管如此,对于大多数共混体系,特别是熔融共混体系,仍然可以用上述理论临界含量对哪一相为分散相,哪一相为连续相作出一个参考性的界定。也有一些例外的情况,如PVC/CPE共混体系,在CPE含量为10%时,CPE仍可为连续网状结构。

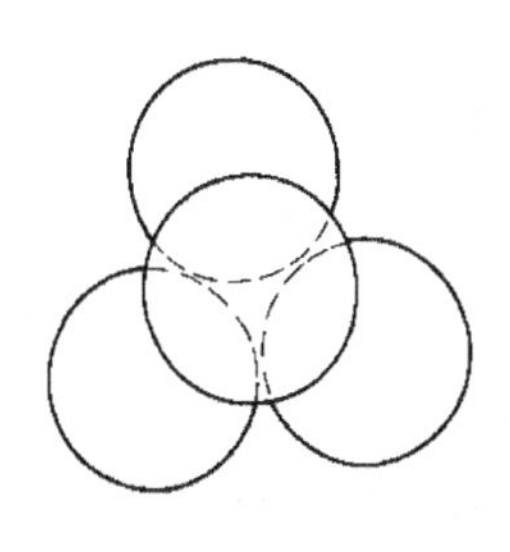

图3-12　紧密填充示意图

如图3-11所示,在熔融共混制备的两相共混体系中,随着组分含量的变化,在某一组分的形态由分散相转变为连续相时,或由连续相转变为分散相时,会出现一个两相连续(海—海结构)的过渡形态。而产生这一海—海结构形态的组分含量,则与共混体系组分的特性有关,并且与共混组分的熔体黏度有关。

(二)熔体黏度

对于熔融共混体系,共混组分的熔体黏度也是影响共混物形态的重要因素。关于共混组分的熔体黏度对共混形态的影响,有一个基本的规律:黏度低的一相总是倾向于生成连续相,而黏度高的一相则总是倾向于生成分散相。这一规律被形象地称为"软包硬"(意为黏度低的一相为软相,黏度高的一相为硬相,软相倾向于包裹硬相)。

需要指出的是,黏度低的一相倾向于生成连续相,并不意味着它就一定能成为连续相;黏度高的一相倾向于生成分散相,也并不意味着它就一定能成为分散相。因为共混物的形态还要受组分配比的制约。

(三)黏度与配比的综合影响

如前所述,共混组分的熔体黏度与配比都会对形态产生影响。共混组分的熔体黏度与配比对于共混物形态的综合影响,可以用图3-13来表示。

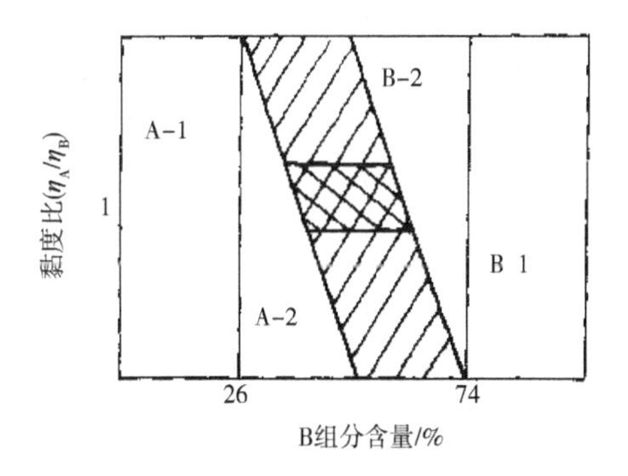

图3-13　共混组分的熔体黏度与配比对形态的综合影响

如图3-13中所示,在某一组分含量(体积分数)大于74%时,这一组分一般来说是连续相(如在A-1区域,A组分含量大于74%,A组分为连续相);当组分含量小于26%时,这一组分一般来说是分散相。在组分含量介于26%~74%之间时,哪一组分为连续相,哪一组分为分散相,将取决于配比与熔体黏度的综合影响。由于受熔体黏度的影响,根据"软包硬"的规律,在A-2区域,当组分A的黏度小于组分B时,尽管B组分的含量接近甚至超过A组分,A组分仍然可以成为连续相。在B-2区域,也有类似的情况。

在由 A 组分为连续相向 B 组分为连续相转变时,会有一个相转变区存在(如图 3-13 所示中的阴影部分)。从理论上讲,在这样一个相转变区内,都会有两相连续的海—海结构出现。但是,在 A 组分与 B 组分熔体黏度接近于相等的区域内,可以较为容易地得到具有海—海结构的共混物。A 组分与 B 组分熔体黏度相等的这一点,称为等黏点。等黏点在聚合物共混改性中极具重要性。

(四)黏度比、剪切应力及界面张力的综合影响

共混过程中共混体系所受到的外力作用(通常是剪切力、机械搅拌),也是影响共混物形态的重要因素。此外,两相之间界面张力(大的比表面)也会对分散相物料的分散过程产生影响,进而影响共混物的形态。为了更全面地探讨影响共混物形态(主要是分散相粒径)的因素,可引入两个参数,λ 和 k:

$$\lambda = \eta_2/\eta_1 \tag{3-5}$$

$$k = \tau d/\sigma \tag{3-6}$$

式中:η_1——连续相的黏度;

η_2——分散相的黏度;

τ——剪切应力;

σ——两相间界面张力;

d——分散相粒径。

令 $\tau = \eta_1\dot{\gamma}$,则有:

$$k = \eta_1\dot{\gamma}d/\sigma \tag{3-7}$$

式中:$\dot{\gamma}$——剪切速率。

以上参数是以稀乳液为模型体系提出的,也被应用于聚合物共混体系。这两个参数本身并不复杂,却可以用来反映影响聚合物共混物形态(主要是分散相粒径)的错综复杂的因素之间的关系。

图 3-14 是 k 值与 λ 值的关系曲线(共混体系为聚酯/乙丙橡胶、尼龙/乙丙橡胶)。

1. 黏度比 λ 与分散相粒径之间的关系

许多研究者研究了黏度比 λ 与参数 k 的关系,取得了很有价值的研究结果。当共混物形态为海—岛结构,且分散相粒子接近球形时,可以发现黏度比 λ 与参数 k 的关系呈现一定的规律性,并可由此进一步探讨黏度比 λ 与分散相粒径的关系。有研究者曾采用双螺杆挤出机,对聚酯/乙丙橡胶、尼龙/乙丙橡胶等进行研究,并探讨了共混体系物料的熔体黏度比 λ 与参数 k($k=\eta_1\dot{\gamma}d/\sigma$)的关系,其结果表明;当 λ 值接近于 1 时,即当分散相黏度与连续相黏度接近于相等时,k 值可达到一极小值,如图 3-14 所示。若 η_1、$\dot{\gamma}$、σ 都保持不变,则图 3-14 所求实验结果表明:在 λ 值接近于 1 时,即当分散相黏度与连续相黏度接近于相等时,分散相颗粒的粒径(d)可达到一个最小值。

如前所述,在由 A 组分为连续相向 B 组分为连续相转变时,即在相转变区内,当 A 组分与 B 组分熔体黏度接近于相等时,可以较为容易地得到具有海—海结构的共混物。实验结果则表明,当共混物形态为海—岛结构,且分散相粒子为接近于球形时,若分散相黏度与连续相黏度接

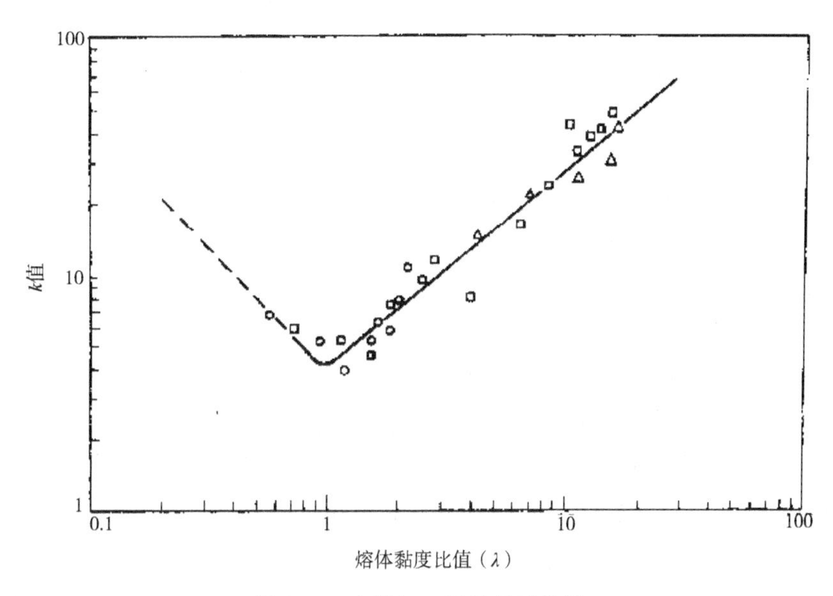

图 3-14　k 值与 λ 值的关系曲线

近于相等,则分散相颗粒的粒径可达到一个最小值。以上结果都表明“等粘点”在聚合物共混改性中的重要性。

2.剪切应力及界面张力的影响

以上讨论了 η_1、$\dot{\gamma}$、σ 保持不变的情况下,黏度比 λ 与分散相粒径的关系。若 η_1、$\dot{\gamma}$、σ 发生变化,则图 3-14 所示实验结果可反映出 η_1、$\dot{\gamma}$、σ 与分散相颗粒的粒径(d)之间相互影响的关系。例如,当剪切应力($\tau=\eta_1\dot{\gamma}$)增加时,分散相颗粒的粒径(d)也会变小。这就表明,增大剪切应力也是降低分散相粒径的途径之一。共混体系在共混过程中所受到的外力作用(主要是剪切应力)是由共混设备提供的。由图 3-14 所示结果还可以看出,若界面张力(σ)降低,也可使分散相颗粒粒径(d)变小。

(五)其他因素的影响

如前所述,共混组分的熔体黏度及两相间的黏度比对共混物的形态有重要影响。而聚合物的熔体黏度是受到熔融温度的影响的,这就使得共混过程中的加工温度(熔融温度)可以通过影响熔体黏度,进而影响聚合物共混物的形态。

共混物的形态还与共混组分之间的相容性密切相关。完全相容的聚合物对,可形成均相共混体系;部分相容的聚合物对,则可形成两相体系。对于部分相容聚合物形成的两相体系,共混物的形态也受到组分之间相容性的直接影响。相容性较好的聚合物对,易于形成分散相较好的共混物。因此,改善共混组分之间的相容性,也可有效地改善共混物的形态。对于相容性不甚好的聚合物对,则可以采取措施使之相容化。此外,聚合物的表面自由能,可影响聚合物之间的相容性,因而也可对共混物形态产生影响。

第三节　聚合物共混物的性能

聚合物共混物的性能，包括流变性能、力学性能、光学及电学性能、阻隔及抗渗透性能等。在具体介绍聚合物共混物的性能之前，先根据影响共混物性能的因素，介绍共混物性能与单组分性能的一些关系式。

一、聚合物共混物性能与单组分性能的关系式

影响共混物性能的因素，首先是各共混物组分的性能。共混物的性能与单一组分的性能之间，都存在某种关联。以双组分共混体系为例，若设共混物性能为 P，如密度、电性能、黏度、热性能、力学性能、玻璃态转变温度等；组分 1 性能为 P_1，组分 2 性能为 P_2，则可建立 P 与 P_1、P_2之间的关系式。

共混物的性能还与共混物的形态密切相关。对于不同形态的共混物之间的关系式也是不大相同的。

(一)简单关系式

对于共混物性能 P 与单一组分性能 P_1、P_2之间的关系，若不考虑共混物形态的因素，则可以建立一些较为简单的关系式，最常用的有如下两个关系式：

$$P=\varphi_1 P_1+\varphi_2 P_2 \tag{3-8}$$

$$\frac{1}{P}=\frac{\varphi_1}{P_1}+\frac{\varphi_2}{P_2} \tag{3-9}$$

式中：φ_1、φ_2为组分 1 与组分 2 的体积分数。在式中共混物性能只是组分 1 与组分 2 性能的算术加和。

采用以上两式表征共混物性能 P 与单一组分性能 P_1、P_2之间的关系，由于未考虑共混物的形态因素，因而与实际共混物的性能会有较大的偏差。为了更好地反映共混物性能与单一组分性能之间的关系，应根据不同的共混物形态，分别建立相应的关系式。

(二)均相共混体系

均相体系共混物性能与单一组分性能之间的关系式，可在上式的基础上加以改进而获得。对于大多数共混物而言，各组分之间通常是有相互作用的。因而，均相体系共混物性能可以用下式表征：

$$P=\varphi_1 P_1+\varphi_2 P_2+IP_1P_2 \tag{3-10}$$

式中：I 是两组分之间的相互作用参数，根据两组分之间相互作用的具体情况，可取正值或负值。若 I 值为 0，则与式(3-8)相同。

(三)海—岛结构两相体系

影响海—岛结构两相体系性能的因素，较之均相体系要复杂得多。Nielsen 提出了海—岛结构两相体系性能与单一组分性能及结构形态因素的关系式。由于海—岛结构两相体系在形

态上的复杂性,这些关系式也远较均相体系的关系式复杂。按 Nielsen 的混合法则,若两相体系中的分散相为硬组分,而连续相为软组分(这一设定主要适用于填充体系,或塑料增强橡胶的体系),则两相体系性能与单一组分性能及结构形态因素的关系如式(3-11)所示:

$$\frac{P}{P_1}=\frac{1-AB\varphi_2}{1+B\psi\varphi_2} \tag{3-11}$$

式中:P——共混物的性能;

P_1——两相体系中连续相的性能;

φ_2——分散相体系的体积分数;

A、B、ψ——均为参数。

其中:

$$A=K_E-1 \tag{3-12}$$

式中:K_E为爱因斯坦系数,是一个与分散相颗粒的形状、取向、界面结合等因素有关的系数。对于共混物的不同性能,有不同的爱因斯坦系数(如力学性能的爱因斯坦系数、电学性能的爱因斯坦系数)。在某些情况下(如分散相粒子的形状较为规整时),K_E可由理论计算得到;而在另一些情况下,K_E值需根据实验数据推得。某些体系的力学性能的爱因斯坦系数 K_E 如表 3-6 所示。

表 3-6　力学性能的爱因斯坦系数 K_E

分散相粒子的类型	取向情况	界面结合情况	应力类型	K_E
球形		无滑动		2.5
球形		有滑动		1.0
立方体	无规			3.1
短纤维	单轴取向		拉伸应力,垂直于纤维取向	1.5
短纤维	单轴取向		拉伸应力,平行于纤维取向	$2L/D$①

①L/D 为纤维长径比。

B 是取决于各组分性能及 K_E(体现在 A 值中)的参数:

$$B=\frac{\dfrac{P_2}{P_1}-1}{\dfrac{P_2}{P_1}+A} \tag{3-13}$$

式中:P_2——分散相的性能。

ψ 为对比浓度,是最大堆砌密度 φ_m的函数:

$$\psi=1+\left(\frac{1-\varphi_m}{\varphi_m^2}\right)\varphi_2 \tag{3-14}$$

$$\varphi_m=\frac{分散相粒子的真体积}{分散相粒子的堆砌体积} \tag{3-15}$$

引入这个 φ_m 因子的前提,是假想将分散相粒子以某种形式“堆砌”起来,“堆砌”的形式取决于分散相粒子在共混物中的具体情况,与分散相粒子的形状、粒子的排布方式(有规、无规、是否聚结)、粒子的粒径分布等有关。换言之,φ_m 是分散相粒子在某一种特定的存在状况下可能达到的最大相对密度。因此,将 φ_m 命名为最大堆砌密度。φ_m 这一因子所反映的正是分散相粒子的某一种特定的存在状况的空间特征。若干种不同“存在状况”的分散相粒子的 φ_m 值见表3-7。

表 3-7　最大堆砌密度 φ_m

分散相粒子形状	“堆砌”的形式	φ_m(近似值)
球形	六方紧密堆砌	0.74
球形	简单立方堆砌	0.52
棒形(L/D=4)	三维无规堆砌	0.62
棒形(L/D=8)	三维无规堆砌	0.18
棒形(L/D=8)	三维无规堆砌	0.30

式(3-11)中所反映的是分散相为“硬组分”,而连续相为“软组分”时,共混物性能与纯组分性能的关系。如果分散相为“软组分”,而连续相为“硬组分”,譬如橡胶增韧塑料体系,则式(3-11)应改为:

$$\frac{P_1}{P}=\frac{1+A_iB_i\varphi_2}{1-B_i\psi\varphi_2} \tag{3-16}$$

式中:

$$A_i=\frac{1}{A} \tag{3-17}$$

$$B_i=\frac{\dfrac{P_1}{P_2}-1}{\dfrac{P_1}{P_2}+A_i} \tag{3-18}$$

其余符号的含义与式(3-11)相同。

(四)海—海结构两相体系

采用机械共混法,也可在一定条件下获得具有两相连续的海—海结构的两相体系。海—海结构两相体系,包括聚合物互穿网络(IPN)、许多嵌段共聚物等。对于海—海结构两相体系,共混物性能与单组分性能之间,可以有如下关系式:

$$P^n=P_1^n\varphi_1+P_2^n\varphi_2 \tag{3-19}$$

式中:φ_1——组分1的体积分数;

φ_2——组分2的体积分数;

n——与体系有关的参数($-1<n<1$)。

以结晶聚合物为例,结晶聚合物可以看作是晶相与非晶相的两相体系,且两相都是连续的。

一些结晶聚合物(如 PE、PP、尼龙)的剪切模量可满足下式(取 $n=0.2$):

$$G^{1/5} = G_1^{1/5}\varphi_1 + G_2^{1/5}\varphi_2 \tag{3-20}$$

式中：G——结晶聚合物样品的剪切模量;

G_1——晶相的剪切模量;

G_2——非晶相的剪切模量;

φ_1,φ_2——分别为晶相与非晶相的体积分数。

以上分别介绍了均相体系、海—岛结构两相体系及海—海结构两相体系的性能与纯组分性能的若干关系式。这些关系式对于探讨共混物的性能具有一定的指导意义。对于具体的共混体系,可以根据体系的特点,建立相应的关系式。

二、聚合物共混物熔体的流变性能

熔融共混法是最重要的共混方法之一,也是最具工业应用价值的共混方法之一。研究熔融共混,不可避免地要涉及共混物熔体的流变性能,包括共混物熔体的流变曲线、熔体黏度、熔体的黏弹性等。与单一组分的聚合物相比,共混物熔体的流变行为无疑要复杂得多。

聚合物共混物熔体的流变性能主要有两个特征:其一,聚合物熔体为假塑性非牛顿流体;其二,聚合物熔体流动时有明显的弹性效应。研究聚合物共混物熔体的流变性能,对于共混过程的设计和工艺条件的选择和优化都具有重要的意义。然而,由于共混物熔体流变行为的复杂性,其普遍性的规律尚未完全弄清。本节仅就已有的研究成果作简单介绍。

(一)共混物熔体黏度与剪切速率的关系

诸多研究结果表明,与一般共聚物熔体一样,聚合物共混物熔体也是假塑性非牛顿流体,共混物熔体的剪切应力与剪切速率之间的关系符合指数定律,有如下关系式:

$$\tau = K\dot{\gamma}^n \tag{3-21}$$

式中:τ——剪切应力;

$\dot{\gamma}$——剪切速率;

n——非牛顿指数;

K——稠度系数。

相应地,共混物熔体黏度 η 可表示为:

$$\eta = K\dot{\gamma}^{n-1} \tag{3-22}$$

但是,由于聚合物共混物结构形态的复杂性,使得其流变行为颇为复杂。特别是对于在实际应用中占绝大多数的两相共混体系,其熔体的流变行为会随共混组成(成分、配比)、两相形态及界面作用以及加工温度等因素的变化,而发生相当复杂的变化。

共混物熔体的 $\ln\eta$—$\ln\dot{\gamma}$ 关系曲线可以有三种基本类型,如图 3-15 所示。其中图 3-15(a)所示为共混物熔体黏度介于单一组分黏度之间,聚丙烯与 EPR、EPDM、POE 等橡胶或热塑性弹性体的共混物多数属于此类,图 3-15(b)所示为共混物熔体黏度比两种单一组分黏度都高,图 3-15(c)所示为共混物熔体黏度比两种单一组分黏度都低。

图 3-15 所示只是共混物流变曲线的基本类型,实际共混体系的流变行为可能会复杂得多。

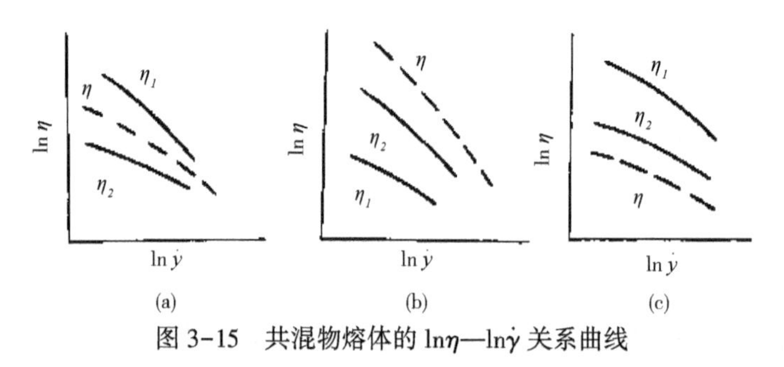

图 3-15 共混物熔体的 $\ln\eta$—$\ln\dot{\gamma}$ 关系曲线

同一种共混物，由于配比的变化或熔融温度的变化，可能会表现出两种，甚至两种以上不同的流变类型。还有可能出现一些特殊的流变类型。

钟启清等对抗静电聚丙烯纤维 PP/PSUE 共混体系的流变行为进行了研究。结果表明，PP/PSUE 共混材料熔体与纯 PP 熔体的流变行为相同，为典型的假塑性流体，η 随 g 的增加而减小，即出现所谓的“切力变稀”现象。在相同温度和剪切速率下 η 随 PSUE 加入量的增加而降低，这表明 PSUE 的加入使共混材料熔体流动性增加。其非牛顿指数 $\eta<1$，并随着 PSUE 加入量的增加而增大，流体的非牛顿性减弱，且 n 值增大的趋势随着 PSUE 用量的增大而趋缓。这是因为 PSUE 虽然是高聚物，但分子量比 PP 小得多，分子结构中既有类似聚酰胺，又有类似聚酯的链节，流动活化能低，流动性好。PSUE 的加入使共混材料结构规整度降低，缠结点减少，弹性效应下降；众多的苯环又使得 PSUE 分子刚性比 PP 大，随着 PSUE 加入量的增加，因分子链解缠而导致的“切力变稀”现象减弱。所以表现为 n 值增大，非牛顿性减弱，n 值增大的趋势随着 PSUE 用量的增大而趋缓。

(二)共混物熔体黏度与温度的关系

共混物的熔体黏度随温度的升高而降低。在一定的温度范围内，对于许多共混物，其熔体黏度与温度的关系可以用类似于 Arrehnius 方程的公式来表示：

$$\ln\eta = \ln A + \frac{E_\eta}{RT} \tag{3-23}$$

式中：η ——共混物的熔体黏度；

A——常数；

E_η ——共混物的黏流活化能；

R——气体常数；

T——热力学温度(绝对温度)。

当共混物熔体黏度与温度的关系服从 Arrehnius 方程的关系式，因此可以求出不同剪切速率下共混物的黏流活化能，对聚合物共混改性具有实际的指导意义。实验测定 PP/EPDM(质量比为 80/100)共混体系在切变速率依次为 20 s^{-1}、200 s^{-1}、1000 s^{-1}时的黏流活化能，分别是 12.5 kJ/mol、12.5 kJ/mol 和 11.2 kJ/mol。可以看出共混体系的黏流活化能较小，共混物的黏度对温度变化不敏感，且切变速率对黏流活化能的影响也不大。通过研究聚碳酸酯(PC)与聚乙烯(PE)的共混体系（质量比为 95/5)，测定这一共混体系在不同温度、不同剪切应力下的表观黏度(η_a)。结果表明，这一 PC/PE 共混体系熔体的 $\ln\eta_a$ 与 $1/T$ 关系在一定温度范围内呈直线。根据实测数据计算出 PC/PE 共混物的黏流活化能 E_η 为 51.0 kJ/mol。纯 PC 的黏流活化能为 64.9kJ/mol。由此可见，PE 的加入可以改变 PC 的熔体黏度对温度的依赖关系，从而改善 PC 的加工流动性。通过加入某种流动性较好的聚合物来改善流动性较差的聚合物的加工流动性，这一做法在共混改性中是常用的办法。

对于另一些共混体系，共混物的黏流活化能可高于纯组分。譬如，PC/PBT 共混物（质量比为95/5）的黏流活化能为76.46 kJ/mol，高于纯 PC 的黏流活化能（64.9 kJ/mol）。对于这样的共混体系，需在较高的温度下加工成型。

（三）共混物熔体黏度与共混组成的关系

共混物熔体黏度与共混组成的关系也是很复杂的。特别是对于两相体系，黏度与共混组成的关系就更为复杂。

影响海—岛结构两相体系熔体黏度的因素是很复杂的，除了连续相黏度、分散相黏度以及两相的配比之外，还应包括两相体系的形态、界面相互作用等因素。此外，剪切应力的大小对于组分含量与熔体黏度的关系也有很大的影响。因而，实测数据表现出，在共混体系组分含量与熔体黏度之间存在着很复杂的关系。

已研究的共混体系组分含量与熔体黏度的关系，包括如图 3-16 所示的类型。

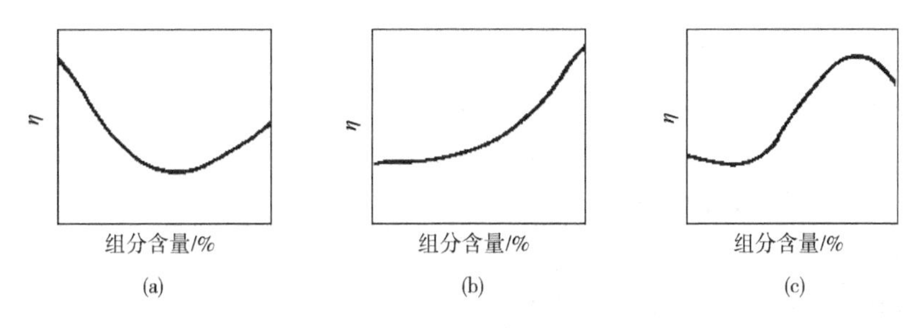

图 3-16　共混体系组分含量与熔体黏度的关系的类型示意图

如图 3-16（a）所示的类型，共混物的熔体黏度比两种纯组分的黏度都小。且在某一组分中少量加入第二组分后，熔体黏度就明显下降。熔体黏度—组分含量曲线有一极小值。这样的情况在两相共混体系中颇为普遍。例如，PP/PS 共混物就属这一类型。PMMA/PS 共混体系熔体黏度与组分含量的关系，在较高剪切速率（剪切速率 $\dot{\gamma}>100s^{-1}$）条件下，也符合如图 3-16（a）所示的类型。

对于在某一聚合物中少量加入第二组分后使熔体黏度明显下降这一现象，目前尚无一致的解释。有学者认为，这是由于第二组分的加入改变主体聚合物熔体的超分子结构所致。

如图 3-16（b）所示的类型，在低黏度组分含量较高时，共混物的熔体黏度与低黏度组分的黏度接近；而在高黏度组分含量较高时，共混物的熔体黏度随高黏度组分含量明显上升。符合如图 3-17（b）所示的类型的共混体系也是较多的。例如，PMMA/PS 共混体系熔体黏度与组分含量的关系，在低剪切速率（剪切速率 $\dot{\gamma}<10s^{-1}$）条件下，就符合如图 3-16（b）所示的类型。PP/EPDM、PP/PUE、PP/EPR 共混体系在剪切速率为 1000 s^{-1}左右时也基本符合如图 3-16（b）所示的类型。

如图 3-16（b）所示类型体现了连续相黏度对于共混物黏度的贡献。如图 3-17（b）所示，在高黏度组分为连续相的情况下，与低黏度组分为连续相的情况，连续相组分对于黏度的贡献就明显不同。在低黏度组分为连续相的情况下,共混物黏度大体上体现了连续相的贡献;而在低黏度组分为分散相的情况下,有对高黏度组分产生明显的"降黏"作用。

如图 3-16(c)所示的类型,共混物熔体黏度在某一配比范围内会高于单一组分的黏度,且有一极大值。PE/PS 共混体系熔体黏度与组成的关系符合如图 3-16(c)所示的类型,共混物熔体黏度有一极大值。熔体黏度出现极大值的原因,据分析是由于共混物熔体为互锁状的交织结构所致。互锁结构增加了流动阻力,使共混物熔体黏度增大。

(四)共混物熔体的黏弹性

共混物熔体与聚合物熔体一样,具有黏弹性。聚合物熔体受到外力作用后,大分子会发生构象的变化,这一变化引起共混物熔体的弹性形变,使聚合物熔体具有黏弹性。在研究共混物熔体流变行为时,都应考虑其黏弹性。

研究聚合物共混物熔体的黏弹性,可采用出口压力法(测定出口压力)或挤出胀大法(测定出口膨胀比 $B=\frac{d_i}{D}$,d_i为流出物直径,D 为模口直径),也可采用第一法向应力差($\tau_{11}-\tau_{22}$)来表征。对于常见的橡胶增韧塑料体系,如 HIPS、ABS 等,其熔体的弹性效应(体现为出口膨胀比),都比相应的均聚物要小。但对于某些特殊体系,弹性效应会出现极大值或极小值,并且弹性的极大值常与黏度的极小值相对应,弹性的极小值与黏度的极大值相对应。共混物 PE/PS 就是这种情况。共混物熔体的弹性效应还与剪切应力的大小有关,见图 3-17。

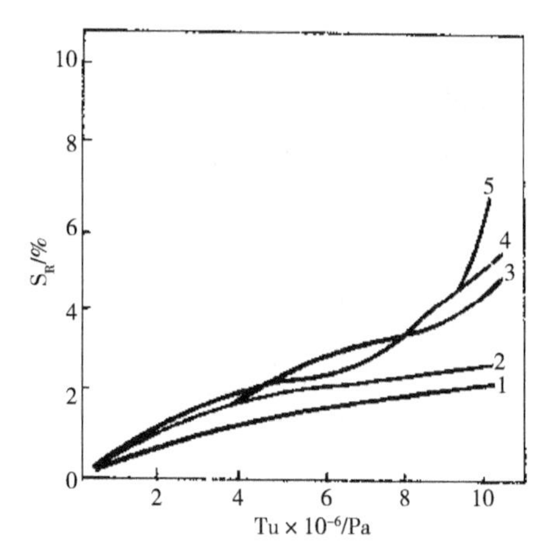

图 3-17 恢复性剪切形变 S_R与剪切应力 τ 的关系

1—75/25,PE/PS 2—PE 3—PS 4—50/50, PE/PS 5—25/75,PE/PS

C.D. Han 采用毛细管流变仪研究了 PS/PE 共混体系挤出胀大比与共混组成的关系,如图 3-18 所示。从图 3-18 中可以看出,挤出胀大比在 PS/PE 配比为 80/20 时,出现一极大值。在这一配比下 PS/PE 熔体的弹性效应出现极大值。

需要强调的是:黏性和弹性是聚合物对外界条件响应的两种方式。在适合于弹性发展的条件下,聚合物主要表现为弹性;在适合于黏性发展的条件下,则主要表现为黏性。黏性和弹性所占的比例取决于外界条件的情况及聚合物本身的结构。例如,升高温度、延长作用时间、减小分子量等,有利于黏性的发展;反之,降低温度、增大分子量、缩短作用时间等,则会使弹性的比例提高。

三、聚合物共混物的力学性能

共混物的力学性能,包括其热—机械性能(如玻璃化温度)、力学强度以及力学松弛等。其中,共混物的玻璃化温度已作为相容性的重要表征手段,在前文中已作过介绍。

提高聚合物的力学性能,是共混改性的最重要的目的之一。其中,提高塑料的抗冲击性,即塑料的抗冲击改性,又称为增韧改性,在塑料共混改性中占有举足轻重的地位。因此,本章对于共混物的力学性能,将重点介绍塑料的增韧改性。

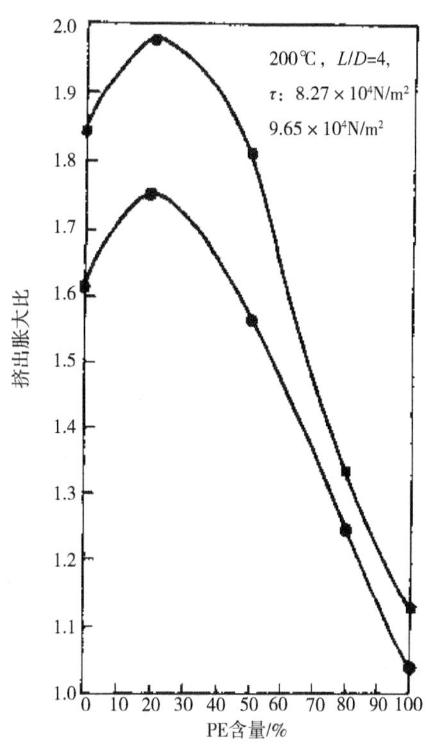

图 3-18 PS/PE 共混体系挤出胀大比与组成的关系

(一)弹性体增韧塑料体系

弹性体增韧塑料体系,是以弹性体为分散相,以塑料为连续相的两相共混体系。塑料连续相又称为塑料基体。弹性体可以是橡胶,也可以是热塑性弹性体,如 EPR、EPDM、BR、POE、SBS 等。早期的塑料增韧体系主要采用橡胶作为增韧剂,故称为橡胶增韧塑料体系。20 世纪 80 年代以来,除继续采用橡胶作为增韧剂外,以各种热塑性弹性体作为增韧剂的塑料增韧体系也已获得广泛的应用。此外,非弹性体增韧塑料体系也已发展起来。

1.塑料基体的变形

塑料的增韧改性与塑料自身的形变及其机理密切相关。因此,在讨论塑料的增韧改性之前,应先了解塑料基体的形变特性及其机理。

塑料材料在受到外力作用时,会发生形变。以拉伸作用为例,当塑料样品受到拉伸作用时,其应力—应变曲线如图 3-19 所示。

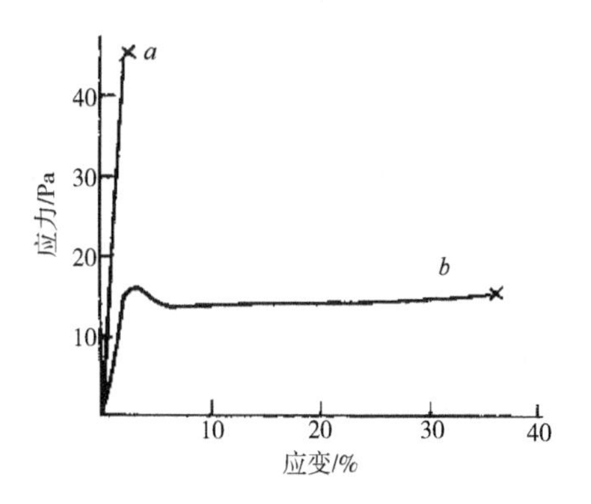

图 3-19 塑料拉伸过程的应力—应变曲线

a—脆性塑料 *b*—有一定韧性的塑料

图中曲线 *a* 所示为脆性塑料的应力—应变曲线,样品在形变量很小时就会发生脆断。图中 *b* 所示为具有一定韧性的塑料的应力—应变曲线,该应力—应变曲线的初始阶段为直线,这时试样被均匀拉伸,达到一个极大值后,试样出现屈服现象。此后,试样发生较大形变,直至断裂。

图 3-19 所示的曲线不仅可适用于塑料的拉伸过程,而且适用于各种处于玻璃态的聚合物。图 3-19 所示只是两种较为典型的情况。具体聚合物的应力—应变曲线可能会表现出自身的特殊性。

在塑料的增韧改性中,不仅要涉及对脆性塑料的增韧,而且要涉及对已具有一定韧性的塑料材料的增韧,使之具有更高的韧性。而已具有一定韧性的塑料材料的屈服及大形变的机理,对进一步探讨增韧机理颇为重要。

塑料的大形变的形变机理,包含两种可能的过程,其一是剪切形变过程,其二是银纹化过程。

(1)剪切形变。高分子材料样品在受到拉伸力的作用时,会发生剪切形变,这是因为拉伸力可分解出剪切力分量。剪切力的最大值出现在与正应力呈45°的斜面上。因此,在与正应力大约呈45°的斜面上,可产生剪切屈服,发生剪切屈服形变。对于塑料样品,在发生剪切形变时,可观察到局部的剪切形变带,称为“剪切带”。

塑料样品发生剪切屈服后,即产生细颈现象,并发生大形变,形成如图3-19中所示的应力—应变曲线 b。塑料样品发生剪切屈服的特征是产生细颈,在发生剪切屈服时,样品的密度基本不变。剪切带的形成,可以使外部作用于样品的能量在一定程度上被耗散掉,因而赋予塑料材料一定的韧性。对于未经共混改性的塑料,其剪切带的形成主要是由于内部结构的不均一性或某种缺陷,也有可能是外部几何尺寸上的缺陷。而通过塑料与橡胶或弹性体共混改性,使得剪切带能够被橡胶或弹性体颗粒的弹性形变所诱发,并耗散外力作用于样品的能量,使样品抵抗外力的能力增加,这正是橡胶或弹性体能对塑料进行增韧改性的一个重要因素。

(2)银纹化。银纹化过程是塑料材料发生屈服及大形变的另一个可能的过程。银纹是塑料(或其他玻璃态聚合物)在受到应力作用时产生的。银纹的方向是与外加应力的方向垂直的;银纹内部有聚合物受到拉伸后形成的“细丝”,也有空洞。这点与剪切带不同。

塑料材料产生银纹时,会出现应力发白现象。由于产生银纹时,材料内部会出现大量空洞,因而,银纹化过程会导致样品密度的降低。应力发白现象与密度的下降是银纹化过程的特征。

在塑料样品因银纹化而发生屈服时,银纹区域内的大分子会产生很大的塑性形变及黏弹性变,形成“细丝”,这就可以使外力作用于样品的能量被耗散掉。因而,通过塑料与橡胶的共混改性而诱发银纹,就成为塑料增韧改性的又一途径。

银纹化过程,包括银纹的引发、增长和终止三个阶段。银纹的引发,主要是由于塑料基体内部结构的不均一性,造成应力集中,从而引发银纹。在塑料基体中通过共混改性形成弹性体分散相,正是可以造成应力集中点,进而引发银纹。

银纹发展到一定程度后,应能及时被终止。如不能及时被终止,就有可能发展成破坏性裂纹,导致材料的破坏。诸多因素可使银纹终止,包括剪切带与银纹的相互作用、银纹尖端应力集中因子的下降以及银纹的支化等。共混物中分散相的粒径大小及粒径分布等形态结构因素与银纹的引发与终止有直接关系,所以在共混组成基本相同的情况下,通过共混工艺控制共混物的形态结构是十分重要的。

2. 塑料基体的分类

根据塑料基体材料,在受到外力作用时能量吸收的能力与吸收能量的方式的不同,塑料基体可分为两大类:一类是脆性基体,以PS、PMMA为代表;另一类是韧性基体,以PC、PA为代表。这里,“韧性基体”是指具有一定韧性的基体,其韧性可通过增韧改性而进一步得到提高。

通常采用冲击试验来测定样品的韧性,故韧性又被称为抗冲击性能。冲击试验的样条分为有缺口和无缺口两种,相应的测试结果被称为“缺口冲击强度”和“无缺口冲击强度”。在无缺口的样条经冲击试验而破裂时,破裂能量主要消耗在裂缝的引发上;而当有缺口的样条破裂时,破裂能主要消耗在裂缝的增长扩大上。

实验结果表明,脆性基体(如PS、PMMA)具有低的无缺口冲击强度和低的有缺口冲击强度,表明这类基体具有低的裂缝引发能和低的裂缝增长能。而韧性基体则具有高的无缺口冲击强度和低的有缺口冲击强度,表明这类基体具有高的裂缝引发能和低的裂缝增长能。

关于被增韧的塑料基体的分类,对塑料增韧改性具有重要意义。在对不同类型(脆性或韧性)基体进行增韧改性时,即使同为采用弹性体增韧,其增韧机理也会有巨大差异。

3.弹性体增韧塑料的机理

关于弹性体增韧塑料机理的研究,早在20世纪50年代就已开始。在早期增韧理论的基础上,增韧理论研究不断取得进展。这里主要介绍目前普通接受的银纹—剪切带理论。此外,还要介绍银纹支化理论。

(1)银纹—剪切带理论。在橡胶(或其他弹性体)增韧塑料的两相体系中,橡胶是分散相,塑料是连续相。橡胶颗粒在增韧塑料中发挥两个重要作用:其一,作为应力集中中心诱发大量银纹和剪切带;其二,控制银纹的发展并使银纹及时终止而不致发展成破坏性的裂纹。银纹末端的应力场可以诱发剪切带而使银纹终止,银纹扩展遇到已有的剪切带也可阻止银纹的进一步发展。大量银纹和/或剪切带的产生和发展,要消耗大量能量,因而可显著提高增韧塑料的韧性。进一步的研究表明,银纹和剪切带所占比例与形变速率有关,形变速率越大,银纹化所占比例越高。同时也与基体性质有关,基体的韧性越高,剪切带所占比例越大。即对于脆性基体,橡胶颗粒主要是在塑料基体中诱发银纹;而对于有一定韧性的基体,橡胶颗粒主要是诱发剪切带。除了终止银纹之外,橡胶颗粒和剪切带还能阻滞、转向并终止已经存在的小裂纹的发展。

这个理论的特点是,既考虑了橡胶颗粒的作用,又考虑了树脂连续相性能的影响;既考虑了橡胶颗粒引发银纹和剪切带的作用,又考虑到它终止银纹的效能;考虑了银纹和剪切带的相互作用在终止银纹发展方面的意义;还明确了银纹的双重功能,即银纹的产生和发展消耗大量能量,从而提高了增韧塑料的破裂能,另外,银纹又是产生裂纹并导致增韧塑料破坏的先导。由于能成功地解释系列实验事实,因而被广泛接受。

在橡胶增韧塑料体系中,橡胶颗粒的粒径及粒径分布对增韧效果是至关重要的。对于不同的增韧体系,橡胶颗粒的粒径都有相应的最佳尺度。确定橡胶粒径的合适尺度,要考虑多方面的因素。第一,要保证增韧体系中橡胶颗粒有足够多的数量,以诱发大量的小银纹或剪切带;而在橡胶增韧塑料体系中,橡胶的总用量是有限度的,超过限度就会明显降低材料的刚性。这就要求橡胶颗粒的粒径不能太大,以保证体系中有足够数量的橡胶颗粒。第二,从诱发银纹或剪切带考虑,较小粒径的橡胶颗粒对诱发剪切带有利,而较大粒径的橡胶颗粒对于诱发银纹有利。第三,从终止银纹的角度考虑,对于脆性基体,由于橡胶颗粒还要起到终止银纹的作用,要求其粒径与银纹的尺度相当,这一点非常重要。因为,太小的橡胶粒子会被银纹"淹没",起不到终止银纹的作用。而对于有一定韧性的基体,可以靠剪切带的生成来终止银纹,而不需要依靠橡胶颗粒来终止银纹,橡胶颗粒的粒径就可以小一些。

综上所述,对于脆性基体,橡胶颗粒要引发银纹,又要终止银纹,其粒径要略大一些。如热塑性弹性体SBS增韧PP体系,PS是脆性体,SBS颗粒的粒径以1μm左右为宜。对于韧性基体,橡胶颗粒主要引发剪切带,又不需要其终止银纹,橡胶颗粒的粒径就要小一些。如三元乙丙橡胶(EPDM)增韧尼龙(PA)体系,PA是韧性基体,EPDM的粒径可为0.1~1.0μm。

一般来说，在橡胶增韧塑料体系中，橡胶颗粒的粒径分布宜窄不宜宽。这是因为过小的橡胶粒不能发挥增韧作用；而过大的橡胶粒不仅影响体系中的橡胶颗粒总数，而且会对力学性能产生不良影响。也有一些特殊情况，对于基体的增韧要兼顾引发银纹和引发剪切带，橡胶颗粒的粒径分布就要适当宽一些。

（2）银纹支化理论。Bragaw 在 20 世纪 60 年代提出的银纹支化理论，是对于银纹—剪切带理论的重要补充。

Bragaw 将 Yoff 和 Griffith 的裂纹动力学理论应用于银纹，并指出对于橡胶增韧塑料的两相体系，塑料基体受到外力作用时产生的银纹的扩展速度会迅速增加，在达到最大速度之前若遇到橡胶粒子，会产生显著的减速作用，进而使银纹在橡胶粒子与基体的界面上发生强烈的支化。银纹支化的结果，一方面大大增加了银纹的数目，从而增加了能量的吸收；另一方面，由于基体内的应力分散到众多银纹上，使每条银纹的前沿受到的应力减小，而有利于银纹的终止。

银纹支化的发生，其先决条件是银纹在塑料基体中的扩展要达到一定速度。而要达到这样的速度，只需在塑料基体连续相中有 2～5μm 的加速距离。为使银纹支化能够发生，应控制橡胶颗粒的密度，使橡胶颗粒之间的距离能够满足这一加速距离。此外，要使橡胶颗粒有效地发挥支化作用，其粒径不宜过小。若橡胶颗粒的粒径小于银纹的厚度，就会被埋在银纹中，而不能发生支化。

（二）非弹性体增韧

早期的塑料增韧体系，是弹性体增韧体系，增韧的对象是脆性塑料基体。以弹性体增韧塑料，在提高抗冲击性能的同时，也产生一些不利影响。随着弹性体用量的增大，抗冲击性能提高，刚性却会下降。此外，橡胶的加工流动性一般较差，用量过大，也会使共混体系的加工流动性变差。

进入 20 世纪 80 年代以来，国外出现了非弹件体增韧的新思想，提出以刚性有机填料（Rigid Organic Filler，缩写为 ROF）粒子来对韧性塑料基体进行增韧的方法。这一新思想的实施，使塑料的共混改性进入一个新纪元。近年来，非弹性体增韧已在塑料合金的制备中获得广泛的应用。

1.非弹性体增韧机理

这里所说的非弹性体，主要是指脆性塑料。广义的非弹性体增韧还应包括无机填料粒子对塑料基体的增韧。

以非弹性体对塑料进行改性，是将脆性塑料（如 PS 等）与有一定韧性的塑料进行共混，形成以脆性塑料为分散相、韧性塑料为连续相的海—岛结构两相体系。

非弹性体增韧的对象，必须是有一定韧性的塑料基体，如尼龙、聚碳酸酯等。对于脆性基体，则需要用弹性体对其进行增韧，变成有一定韧性的基体，然后再用非弹性体对其进行进一步的增韧改性。采用脆性塑料对韧性基体进行增韧的机理，与弹性体增韧塑料的机理是不同的。脆性塑料对韧性塑料基体的增韧机理，可参见图 3-20。

如图 3-20 所示，当韧性基体受到外界拉伸应力时，会在垂直于拉伸应力的方向上对脆性塑料粒子施以压应力。脆性粒子在强大的静压力作用下会发生塑料变形，从而将外界作用的能量耗散掉。

2.非弹性体增韧与弹性体增韧的比较

非弹性体增韧与弹性体增韧在增韧改性剂、增韧对象、对性能的影响等方面,都有明显的不同。

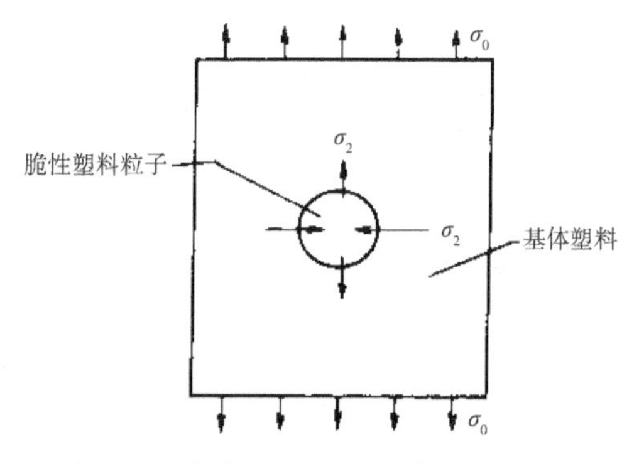

图 3-20　脆性塑料对韧性基体的增韧机理

(1)增韧改性剂。非弹性体增韧的增韧改性剂是脆性塑料(广义的非弹性体增韧还包括无机填料粒子),而弹性体增韧的增韧改性剂是橡胶或热塑性弹性体。

(2)增韧对象。非弹性体增韧的对象,是有一定韧性的基体;而弹性体增韧的对象,可以是韧性基体,也可以是脆性基体。

(3)增韧机理。从增韧机理来看,弹性体增韧的机理主要是由橡胶分散相引发银纹或剪切带,橡胶颗粒本身并不消耗多少能量;而非弹性体增韧则是依赖脆性塑料的塑性形变,将外界作用的能量耗散掉。

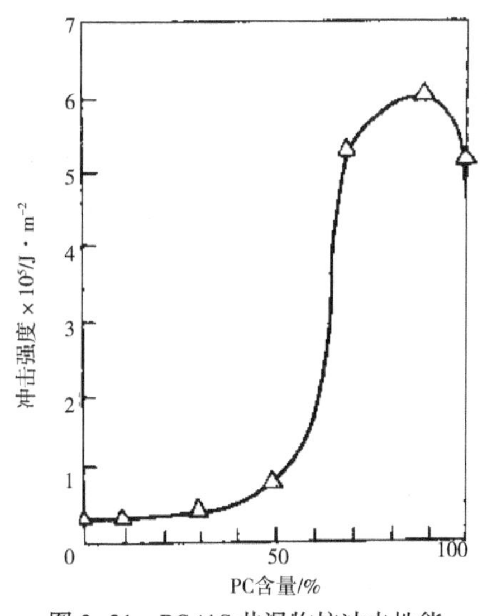

图 3-21　PC/AS 共混物抗冲击性能

(4)增韧剂用量。从增韧剂的用量来看,弹性体增韧与非弹性体增韧也是明显不同的。对弹性体增韧体系,共混物的抗冲击性能会随弹性体用量增大而增加;而对于非弹性体增韧,脆性塑料的用量却有一个范围。在此范围内,可获得良好的抗冲改性效果,超过此范围,抗冲击性能却会急剧下降。例如,PC/AS 共混体系的抗冲击性能(图 3-21),在 AS 用量为 10%~20%(质量分数)时,达到较高的数值;而在 AS 用量超过 30%后,就急剧下降。

(5)性能影响。以非弹性体(脆性塑料)对塑料基体进行增韧的最大优越性,就在于脆性塑料在提高材料抗冲击性能的同时,并不会降低材料的刚性。而弹性体增韧体系,却会随着弹性体用量的增大而使材料的刚性下降。

(6)加工流动性的影响。脆性塑料一般具有良好的加工流动性。因而,非弹性体增韧体系也可使加工流动性获得改善。而弹性体增韧的体系,其加工流动性往往要受到橡胶加工流动性差的影响。

非弹性体增韧与弹性体增韧也有相同之处,两者都要求增韧改性剂与基体有良好的相容性,有较好的界面结合。其中,非弹性体增韧对界面结合的要求更高一些。

(三)共混物的其他力学性能

共混物的其他力学性能,包括拉伸强度、伸长率、拉伸模量、弯曲强度、弯曲模量、硬度等以及表征耐磨性的磨耗,对弹性体还应包括定伸应力、拉伸永久变形、压缩永久变形、回弹性等。

在对塑料基体进行弹性体增韧时，在冲击强度提高的同时，拉伸强度、弯曲强度等常会下降。例如，PVC/MBS共混体系拉伸强度、弯曲强度与MBS含量的关系如图3-22、图3-23所示。可以看出，两者都随MBS用量增大而呈下降之势。非弹性体增韧则可使冲击强度与拉伸强度在一定的改性剂用量范围内同时增高，或者在冲击强度提高时，使拉伸强度及杨氏模量保持基本不变(表3-8)。

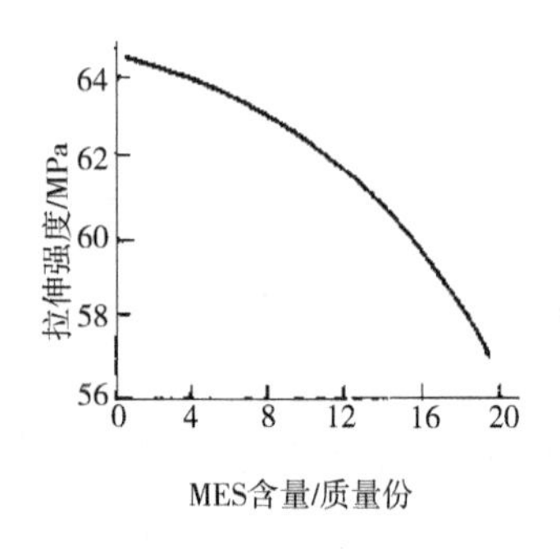

图3-22 PVC/MBS共混物拉伸强度与MBS含量的关系

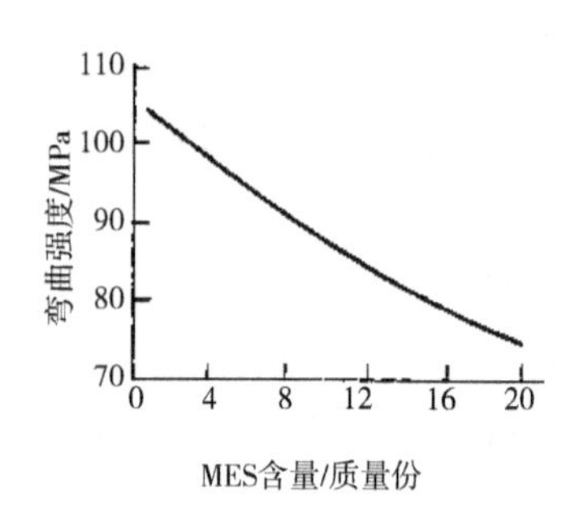

图3-23 PVC/MBS共混物弯曲强度与MBS含量的关系

表3-8 PVC共混体系的力学性能

项目	PVC	PVC/MRS	PVC/CPE	PVC/MBS/PS	PVC/CPE/PS
冲击强度/kJ · m^{-2}	2.5	8.4	16.2	20.6	69.5
拉伸强度/MPa	58.4	47.5	41.0	47.1	43.7
杨氏模量/MPa	14.1	9.8	11.1	9.8	12.1

注 CPE、MBS用量为10质量份，PS用量为3质量份。

四、聚合物共混物的其他性能

聚合物共混物的性能，还有电学及光学性能、阻隔及渗透性能、热性能等。

(一)电性能

聚合物的电性能，包括体积电阻率、表面电阻率、介电损耗等。

聚合物共混物的电性能与组成及温度等因素有关。例如，丁基橡胶(IIR)与PE的共混体系，丁基橡胶在20℃时的体积电阻率为$3\times10^{15}\Omega\cdot cm$，PE的体积电阻率大于$10^{16}\Omega\cdot cm$。IIR/PE共混物体积电阻率与组成、温度的关系如图3-24所示。

在IIR/PE配比为90/10时，体积电阻率为$8\times10^{16}\Omega\cdot cm$，比纯IIR增大了一个数量级，继续增加PE用量，体积电阻率呈下降之势。随温度上升，电阻率也呈下降之势。

某些用途的聚合物，要求表面有抗静电性能，可通过共混改性，添加抗静电剂来解决，抗静电剂包括一些表面活性剂及炭黑等填充剂。

(二)光学性能

聚合物共混物的两相体系，大多数是不透明的或半透明的。制备透明的聚合物共混物，首先基体材料要采用透明的聚合物。其次，各种添加剂也要不妨碍材料的透明性。

当两种聚合物的折射率相近时，不论形态结构如何，共混物两相体系总是具有良好的透明性，例如MBS树脂（它是苯乙烯—丁二烯共聚物与甲基丙烯酸甲酯—苯乙烯—丁二烯三元共聚物共混而得）的透明性就很好，透明PVC塑料已为人们所注目，用MBS改性的抗冲PVC具有很好的透明性。若两相体系的两种聚合物折射率相差较大时，则会具有珍珠般的光泽。例如，PC/PMMA共混物就是有珍珠光泽的共混材料。

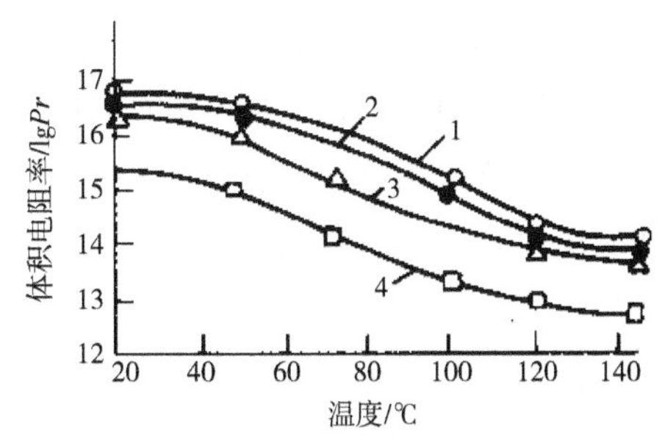

图 3-24 IIR/PE 共混物的体积电阻率与组成及温度的关系

（IIR/PE 质量比：1—90/10 2—70/30 3—50/50 4—100/0）

由于两相体系的两种聚合物折射率的温度系数不同，共混物的透明性与温度有关，常在某一温度范围透明度达极到大值，这对应于两种聚合物折射率最接近的温度范围。

（三）阻隔性能

阻隔性能是指聚合物材料防止气体或化学药品、化学溶剂渗透的能力。某些聚合物，如尼龙，具有优越的阻隔性能，但价格较为昂贵。将尼龙与PE共混，可以制成具有优良阻隔性能而且成本又较为低廉的材料。

（四）透气性

气体对于高分子膜的选择透过性，是一个颇具应用意义的研究领域，可应用于果蔬保鲜、废气处理等诸多方面。气体在高分子膜中的透过性，决定于气体自身的特性和共聚物的自由体积。通过选用不同聚合物共混，可以调节聚合物的自由体积，进而实现对不同气体的选择性透过。HDPE/SBS共混体系，就是一种适用于保鲜膜的共混物。

（五）热性能

共混物的热性能包括热容、热传导、热膨胀、耐热性和熔化等。

对于共混物的耐热性，则取决于所选用的聚合物组分及助剂。如采用增塑剂增韧的聚合物，会因增塑剂的加入使体系的耐热性下降较大，若采用共混增韧也会使耐热性有所降低，但其影响不如增塑剂明显，如橡胶增韧的环氧树脂，通过对橡胶的类型和含量的优化，可以在大幅度提高韧性的同时，维持其耐热性的要求，如果选用一些高性能的热塑性塑料如聚砜、聚醚醚酮、聚苯醚增韧，对其耐热性的影响更小。

第四节 聚合物共混工艺

在聚合物的共混改性中，共混的工艺条件与共混设备是影响共混改性效果的重要因素。为了能够合理地选择共混工艺与设备，应先对共混过程进行探讨。

一、简单混合与分散混合

从总体上讲,可将混合分为简单混合与分散混合两大类。

简单混合是指分散相粒径大小不变,只增加分散相在空间分布的随机性的混合过程。在聚合物共混中,采用高速捏合机对聚合物的粉末状原料进行混合,无机填料的表面处理等就属于简单混合。

分散混合是指既增加分散相分布的随机性,又减小粒径,改变分散相粒径分布的过程。在聚合物共混中,在开炼机、密炼机、挤出机中进行的熔融共混过程,就是分散混合的过程。

简单混合可以作为分散混合的预备过程,可以在分散混合的初期,赋予物料一个较为均匀的初始分布,这对于进一步的分散混合是较为有力的。分散混合则是聚合物共混改性不可缺少的过程,也是影响共混物性能的重要因素。

在共混过程中,物料分别受到如下的作用。

(1)剪切作用:在剪切力的作用下,分散相产生形变,以致破裂,分散相粒子的粒径变小,分布也发生变化;剪切作用是产生分散混合的条件。

(2)对流作用:可见于简单混合中,物料通过对流而增加分布的随机性。

(3)扩散作用:主要发生在两相界面处,产生相互扩散的过渡层。

在上述作用中,剪切作用对分散混合尤为重要,也是共混过程的重要参数。

二、分散相的分散过程与集聚过程

在聚合物共混过程中,同时存在分散过程与集聚过程这一对互逆的过程。

共混体系中的分散相物料在剪切力作用下发生破碎,由大颗粒经破碎逐渐变为小粒子。由于在共混过程的初始阶段,分散相物料的颗粒尺度通常是较大的,即使是粉末状原料,其粒径也远远大于所需的分散相粒径,所以这一破碎过程是必不可少的。

在共混的初始阶段,由于分散相粒径较大,而分散相粒子数目较少,所以破碎过程占主要地位。但是,在破碎过程进行的同时,分散相粒子互相之间会发生碰撞,并有机会重新集聚成较大的粒子。这就是与破碎过程逆向进行的集聚过程。破碎过程与集聚过程的示意图如图 3-10 所示。

本章第三节已介绍过,破碎过程是界面能增大的过程,需在外力的作用下才能完成。而集聚过程则是界面能降低的过程,是可以自发进行的。

影响破碎过程的因素,主要来自两个方面,一方面是外界作用于共混体系的剪切能,对于简单的剪切流变场而言,单位体积的剪切能可由下式表示:

$$\dot{E} = \tau\dot{\gamma} = \eta\dot{\gamma}^2 \tag{3-24}$$

式中:$\dot{E}$——单位体积的剪切能;

τ——剪切应力;

η——共混体系的黏度;

$\dot{\gamma}$——剪切速率。

影响破碎过程的另一方面的因素，是来自分散相物料自身的破碎能。分散相物料的破碎能可由下式表示：

$$E_{Db} = E_{Dk} + E_{Df} \tag{3-25}$$

式中：E_{Db}——分散相物料的破碎能；

E_{Dk}——分散相物料的宏观破碎能；

E_{Df}——分散相物料的表面能。

其中，表面能 E_{Df} 与界面张力 σ 和分散相的粒径都有关系。宏观破碎能则取决于分散相物料的黏滞力，包括其熔体黏度、黏弹性等。

很显然，增大剪切能 $\dot{E}$ 可使破碎过程加速进行，可采用的手段包括增大剪切应力 t 或增大共混体系的黏度。而降低分散相物料的破碎能（包括降低宏观破碎能 E_{Dk}，或降低分散相物料的表面能），也可使破碎过程加速。

作为破碎过程逆过程的集聚过程，是因分散相粒子的相互碰撞而实现的。因此，集聚过程的速度就取决于碰撞次数和碰撞的有效率。所谓碰撞的有效率，就是分散相粒子相互碰撞而导致集聚成大粒子的概率。而碰撞次数则取决于分散相的体积分数、分散相粒子总数以及剪切速率等因素。

Tokita 根据上述关于破碎过程与集聚过程的影响因素，提出一个关于分散相平衡粒径与共混体系黏度、剪切速率、界面张力、分散体积分数、分散相物料宏观破碎能、有效碰撞概率的关系式：

$$R^* = \frac{\frac{12}{\pi}P\sigma\varphi_D}{\eta\dot{\gamma} - \frac{4}{\pi}P\varphi_D E_{Dk}} \tag{3-26}$$

式中：R^*——分散相平衡粒径；

P——有效碰撞概率；

σ——两相间的界面张力；

φ_D——分散相的体积分数；

η——共混物的熔体黏度；

$\dot{\gamma}$——剪切速率；

E_{Dk}——分散相物料的宏观破碎能。

Tokita 提出这一关系式，为进一步探讨降低分散相粒径的途径，创造了有利的条件。

三、控制分散相粒径的方法

在实际共混过程中，得到的共混物的分散相粒径时常比最佳粒径大。因此，通常受到关注的是如何降低分散相的粒径以及如何使粒径分布趋于均匀。可从共混时间、物料黏度等方面加以调节，以降低分散相粒径。

（一）共混时间的影响

在共混过程中，分散相粒子破碎的难易与粒子的大小有关。大粒子易于破碎，而小粒子较难破碎。因此,共混过程就伴随分散相粒径的减小和粒径的自动均匀化过程。因而,为达到降低分散相粒径和使粒径均化的目的,应该保证有足够的共混时间。

对于同一共混体系,同样的共混设备,分散相粒径会随共混时间延长而降低,粒径分布也会随之均化,直至达到破碎与集聚的动态平衡。

当然,共混时间也不可过长。因为达到或接近平衡粒径后,继续进行共混已无降低分散相粒径的效果,而且会导致高聚物的降解。

此外,通过改变共混设备的结构,提高共混设备的分散效率,可以大大降低所需的共混时间。改善共混组分之间的相容性,也有助于缩短共混时间。

(二)共混组分熔体黏度的影响

共混组分的熔体黏度,对于混合过程及分散相的粒径大小有重要影响,是共混工艺中需考虑的重要因素。

1.分散相黏度与连续相黏度的影响

由式(3-26)中可以看出,分散相物料的宏观破碎能 E_{Dk} 减小,可以使分散相平衡粒径降低。宏观破碎能 E_{Dk} 取决于分散相物料的熔体黏度,以及其黏弹性。降低分散相物料的熔体黏度,可以使宏观破碎能 E_{Dk} 降低,进而可以使分散相粒子易于被破碎分散。换言之,降低分散相物料的熔体黏度,将有助于降低分散相粒径。

另外,外界作用于分散相颗粒的剪切力,是通过连续相传递给分散相的。因而,提高连续相的黏度,有助于降低分散相粒径。

综上所述,提高连续相黏度或降低分散相黏度,都可以使分散相粒径降低。但是,连续相黏度的提高与分散相黏度的降低,都是有一定限度的,是要受到一定制约的。"软包硬"规律就是制约黏度变化的一个重要规律。

2."软包硬"规律

在聚合物共混改性中,可将两相体系中熔体黏度较低的一相称为"软相",而将熔体黏度较高的一相称为"硬相"。理论研究和应用实践都表明,在共混过程中,熔体黏度较低的一相总是倾向于成为连续相,而熔体黏度较高的一相总是倾向于成为分散相。这一规律被形象地称为"软包硬"规律。

需要指出的是,"软包硬"规律涉及的只是一种倾向。倾向于成为连续相的物料组分并不一定就能够成为连续相,对分散相也是一样。这是因为熔体黏度并不是影响共混过程的唯一因素,共混过程还要受许多其他因素的影响,如共混物组成的配比。尽管如此,"软包硬"规律仍然是共混过程中发挥重要作用的因素。

3.等黏点的作用

综合考虑分散相黏度与连续相黏度对分散相粒径的影响以及"软包硬"规律,就不难看出,分散相黏度的降低是有限度的,通常不能低于连续相黏度,因为如果分散相黏度低于连续相黏度,就会变为"软相",按"软包硬"的规律,就会倾向于成为连续相,而不再成为分散相。同样的,连续相黏度的提高,通常也不高于分散相黏度。

根据上述分析,可以得到一个推论:在两相黏度接近于相等的情况下,最有利于获得良好的分散结果。两相熔体黏度相等的一点，被称为等黏点。在本章第三节中，已介绍了等黏点的概念。同时还介绍了国外学者的研究结果，在两相黏度相等的情况下，若其他因素不变，可获得最小的分散相粒径。这一试验结果恰是对等黏点理论的验证。

等黏点理论具有重要的应用意义。以橡胶—塑料共混体系为例，如图 3-25 所示，橡胶的熔体黏度对温度的变化较为不敏感，而塑料的熔体黏度对温度的变化则较为敏感。

相应地，在橡胶与塑料的熔体黏度—温度曲线上，就会有一个交汇点。这个交汇点就是等黏点。相交的温度 T^* 为等黏点温度，即两相黏度达到相等的温度。在适当的配比范围之内，将橡胶—塑料共混体系在高于等黏点温度的温度下共混，这时橡胶黏度较高，是"硬相"，而塑料黏度较低，是"软相"。根据"软包硬"规律，塑料易于成为连续相。若所制备的产品需要以塑料为连续相，则适宜在高于等黏点温度的条件下的共混。反之，在低于 T^* 的条件下，橡胶相是"软相"，而塑料相是"硬相"，适合于制备以橡胶为连续相的共混物。

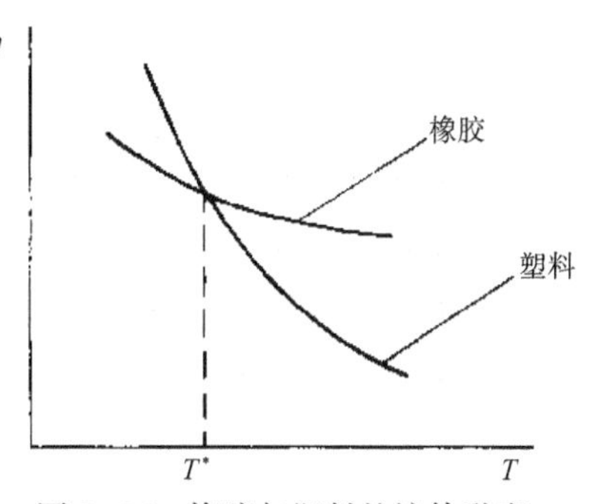

图 3-25 橡胶与塑料的熔体黏度温度曲线(示意图)

此外，考虑到在接近等黏点的条件下，可获得较小的分散相粒径，所以，宜在略高于或略低于等黏点的条件下共混。

以上讨论的共混方法，是在"一步法"条件下采用的。所谓"一步法"，是指共混过程一步完成的方法。在下面将要讨论的"两阶共混"方法中，对于等黏点的利用与"一步法"又有着不同之处。

4.调控熔体黏度的方法

从以上讨论中可以看出，熔体黏度对共混过程及分散相粒径有重要影响。因而，对熔体黏度进行调控，就成为共混过程中需要考虑的重要因素。

(1)用温度调节。温度调节是对熔体黏度进行调控的最有效的方法。利用不同物料对温度变化的敏感性不同，常可以找到接近于两相等粘点的温度。

(2)用助剂进行调节。许多助剂，如填充剂、软化剂等，可以调节物料的熔体黏度。如在橡胶中加入炭黑，可以使熔体黏度升高；给橡胶充油，则可以使熔体黏度降低。

(3)通过改变分子量调节。聚合物的分子量也是影响熔体黏度的重要因素。在其他性能许可的条件下，适当调节共混组成的分子量，将有助熔体黏度的调控。

(三)界面张力与相容剂的影响

在式(3-26)中，若降低界面张力 σ，也可以使分散相粒径变小。通过添加相容剂的方法，可以改善两相间的界面结合，使界面张力降低，从而使分散相粒径变小。例如，在聚丙烯与聚酰胺的共混体系中，加入聚丙烯—马来酸酐接枝共聚物作为相容剂，与未加相容剂的共混物相比，加入相容剂的共混的分散相粒径明显变小。利用相容剂来控制分散相粒径的方法，已获得广泛应用。

除了以上讨论的共混时间、熔体黏度以及相容剂可影响分散相粒径之外,设备因素也是影响分散相粒径的重要因素。关于共混设备因素对分散相粒径的影响,将在本节后面讨论。

四、两阶共混分散历程

共混改性中的分散历程,有些类似高分子聚合中的反应历程。通过对于共混分散历程的设计,可以有效地提高共混产品的质量。除了较为简单的"一步法"共混以外,目前较为成熟的分散历程是两阶共混分散历程。

两阶共混分散历程是我国科技工作者提出的。两阶共混的方法,是将两种共混组分中用量较多的组分的一部分,与另一部分的全部先进行第一阶段共混。在第一阶段共混中,要尽可能使两相熔体黏度相等,且使两组分物料用量也大体相等,在这样的条件下,制备出具有海—海结构的两相连续中间产物。

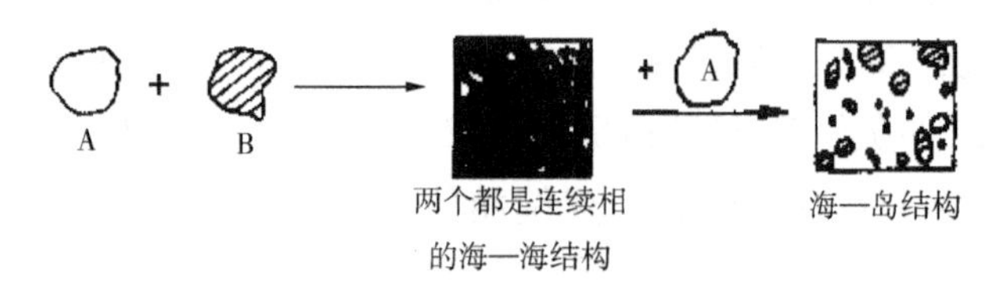

图 3-26　两阶共混分散历程示意图

在两阶共混的第二阶段,将组分含量较多的物料的剩余部分,加入海—海结构的中间产物中,将海—海结构分散,可制成具有较小分散相粒径,且分散相粒径分布较为均匀的海—岛结构两相体系,如图 3-26 所示。

采用两阶共混分散历程,可以解决降低分散相粒径和使分散相粒径分布较窄的问题。两阶共混历程的关键,是制备具有海—海结构的中间产物,这是两阶共混分散历程不同于母粒共混的特征所在。在聚合物共混改性中,母粒共混也是一种常用的共混方法,如预先制备的填充母粒、色母粒等。但由于母粒共混并不要求制备海—海结构中间产物,所以,与两阶共混分散历程并不相同。

两阶共混分散历程,是建立在等黏点理论以及共混分散过程的一系列理论的基础之上的。这一分散历程,已成功地应用于 PP/SBS、PS/SBS 等共混体系中。在 PP/SBS 与 PS/SBS 共混体系中,SBS 为分散相,对 PP、PS 起增韧改性的作用。通过采用两阶共混分散历程,制成了 SBS 分散相粒径约为 1mm,且粒径分布较窄的共混材料,使 PP(或 PS)的冲击强度显著提高。

两阶共混分散历程也可应用于以橡胶为主体、用塑料改性橡胶的共混体系。例如,在 NR/PE 共混体系中,采用一步共混法,与采用两阶共混法的性能数据对比见表 3-9,可以看出,两阶共混法制备的 NR/PE 共混物的拉伸强度明显高于一步共混法。两阶共混法产物的其他力学性能也较一步法为优。

表 3-9　不同共混方法制备的 NR/PE 共混物性能对比

性能 \ 共混方法	一步法共混	两阶共混
拉伸强度/MPa	21.9	33.0
扯断伸长率/%	803	872
300%定伸应力/MPa	5.1	6.5
永久变形/%	38	36

五、剪切应力对分散过程的影响

在共混过程中，共混设备对共混物料施加剪切应力。在外部剪切应力的作用下，分散相物料发生破碎，分散成小粒子。分散相物料在外部剪切应力作用下破碎的过程是一个很复杂的过程。如图 3-27 所示，分散相颗粒在外界剪切应力的作用下，首先会发生变形，由近似于球形变为棒形，与此同时，粒子发生转动。如果粒子的变形足够大，就会发生破碎，分散为小粒子。但也有一些粒子，其变形尚不足以发生破碎，粒子就已转动到与剪切应力平行的方位。如果作用于物料的剪切应力场是单一方向的，那么，转动到与剪切应力方向平行取向的粒子，就难以进一步破碎。

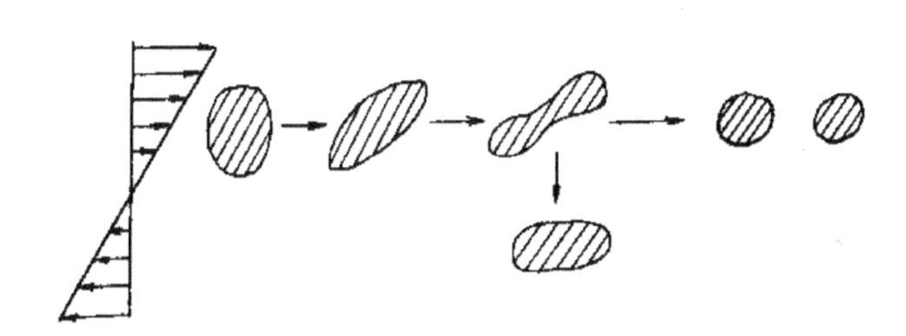

图 3-27　分散相颗粒在外界剪切力作用下运动、变形乃至破碎的变化示意图

为了使共混设备能够有效地对分散相粒子进行破碎，首先应该保证设备能够向物料施加足够的剪切应力。在式(3-26)中，随着剪切应力 τ($\tau=\eta\dot{\gamma}$)的增大，分散相粒径 R^* 就会降低。因此，剪切应力是降低分散相粒径的又一重要因素。

此外，剪切应力的作用方向也很重要。如果剪切应力是单一方向的，那么，沿剪切应力方向取向的分散相粒径就难以被进一步分散破碎。为解决这一问题，共混设备的设计中，应使混合部件能够向共混物料提供不断的或周期性改变方向的剪切应力，使料流方向不断地或周期性地变化。这样，处于不同方位的粒子就都有机会被分散、破碎，共混设备的混合效率就可以得到提高。

思考题

1. 什么是聚合物共混改性？共混目的是什么？
2. 什么是共混物的形态结构？有几种类型？
3. 什么是热力学相容性和工艺相容性？为什么工艺相容性比热力学相容性应用更普遍？
4. 相容性的判据是什么？如何判定？
5. 提高相容性的主要方法有哪些？
6. 什么是相界面和过渡层？过渡层厚度与两聚合物相容性关系如何？
7. 影响聚合物共混物的形态结构因素是什么？简述这些因素是如何影响共混物形态结构的？
8. 什么是两阶段共混分散历程？
9. 控制分散相粒径的主要方法是什么？
10. 什么是简单混合与分散混合？
11. 剪切力是如何影响分散过程的？
12. 什么是银纹—剪切带理论？
13. 什么是等黏点？其作用是什么？
14. 如何划分弹性体增韧体系和非弹性体增韧体系？并比较它们。

参考文献

[1]王琛，严玉蓉. 高分子材料改性技术[M].北京：中国纺织出版社,2007.
[2]吴培熙，张留城.聚合物共混改性［M］. 3版.北京：中国轻工业出版社,2017.
[3]王国全，王秀芬.聚合物改性[M].北京：中国轻工业出版社,2000.
[4]赵敏，高俊刚，邓奎林，等.改性聚丙烯新材料[M].北京：化学工业出版社,2002.
[5]高俊刚，杨丽庭，李燕芳.改性聚氯乙烯新材料[M].北京：化学工业出版社,2002.
[6]王经武. 高分子材料改性[M].北京：化学工业出版社,2004.
[7]戚亚光，薛叙明. 高分子材料改性[M].北京：化学工业出版社,2005.
[8] 郭静，徐德增，陈延明.高分子材料改性.[M].北京：中国纺织出版社,2009.

第四章　聚合物表面改性

本章知识点

1. 了解聚合物改性方法及其特点；
2. 掌握聚合物的改性用偶联剂的种类及其改性原理；
3. 掌握聚合物表面改性剂的优势及其局限性；
4. 掌握如何简单表征高分子表面改性效果的优劣；
5. 掌握聚合物表面化学改性的原理、方法及其优缺点；
6. 了解等离子体的定义、分类及特点；
7. 掌握等离子体改性的影响因素；
8. 了解辐射改性的原理及其特点；
9. 了解高分子材料表面不同接枝改性方法之间的异同；
10. 掌握生物酶表面改性的原理及其影响因素；
11. 掌握生物抛光的原理及其影响因素；
12. 掌握牛仔服酶洗的原理及其影响因素。

聚合物表面性质由聚合物本身的化学组成所决定。对于人们通常所使用的大部分聚合物材料而言，由于其表面能低、化学惰性及存在弱边界层等原因，聚合物材料表面常呈现表面惰性和憎水性。这就导致在聚合物的使用过程中，其表面难以与其他物质，如粘接剂、印刷油墨、涂料以及生物大分子如蛋白质的黏附。在复合材料的使用过程中，疏水聚合物弱的表面极性也常导致复合界面的劣化。因此，聚合物表面改性技术所涉及的改善聚合物与其他物质的表面相互作用关系，成为聚合物实际使用中的重要环节。聚合物表面改性主要包括改善聚合物表面的亲水性、疏水性、生物相容性、导电性、抗雾性、表面硬度、表面粗糙度、抗污性、黏结性、润滑性、抗静电性、光泽等方面。而常用的改性方法如化学改性、表面改性剂改性、辐照改性、等离子体改性以及生物酶表面改性等。这些方法一般只引起聚合物表面 $10\sim10^5$nm 厚度内物质的表面层物理或化学性质变化。

第一节 表面改性剂改性

一、改性原理及方法

表面改性剂改性操作简便,它可以直接在材料成型的过程中通过共混加入,随着剪切混炼作用而分布到改性界面。这种添加型表面改性剂在聚合物基体中的迁移扩散并在聚合物表面富集是其改性效果体现的关键。

表面富集是指所研究的聚合物多相复合体系中,某一种组分在聚合物表面聚集,导致其在表面层中的浓度高于其基体浓度的现象。而具有表面活性的表面改性剂所产生的表面富集现象更为明显,成为有效改善聚合物表面性质的重要助剂。

目前,所使用的表面改性剂根据分子量大小的不同可以分为低分子表面改性剂和高分子表面改性剂,而不同种类表面改性剂的选择需要根据改性材料的性能和改性目的共同决定。

二、偶联剂表面改性

偶联剂主要用作高分子共混、复合材料改性的助剂。其分子两端含有化学性质不同的两类基团:一是亲水基团,与极性物质具有良好的相容性或直接参与化学反应;另一是亲油基团,能与非极性物质例如大多合成树脂或其他聚合物发生相互缠结或生成氢键。因此偶联剂被称作分子桥,成为极性—非极性界面的过渡层。

偶联剂的种类繁多,主要有硅烷偶联剂、钛酸酯偶联剂、铝酸酯偶联剂、双金属偶联剂、磷酸酯偶联剂、硼酸酯偶联剂、铬络合物及其他高级脂肪酸、醇、酯的偶联剂等,目前应用范围最广的是硅烷偶联剂和钛酸酯偶联剂。

(一)硅烷偶联剂

硅烷偶联剂是人们研究最早、应用最早的偶联剂之一。1945 年,美国联碳(UC)和道康宁(Dow Corning)等公司开发和公布系列具有典型结构的硅烷偶联剂,如今系列产品不断涌出,如改性氨基硅烷偶联剂,含过氧基硅烷偶联剂和叠氮基硅烷偶联剂。

硅烷偶联剂的通式为:R_nSiX_{4-n},其中:R 为非水解的,可与有机基体进行反应的活性官能团,如乙烯基、环氧基、甲基丙烯酸酯基、巯基等;X 为能够水解的基团,遇水溶液、空气中的水分或无机物表面吸附的水分均可引起分解,与无机物表面有较好的反应性。典型的 X 基团如甲氧基、乙氧基、卤基等。最常用的则是甲氧基和乙氧基,它们在偶联反应中可分别生成甲醇和乙醇副产物。此外,X 也可为过氧化基(—O—O—R),多硫原子基团(—S—S—R)。硅烷偶联剂的选用需要参考改性材料的化学结构,不同材料选用偶联剂的分类如表 4-1所示。

表 4-1　不同材料所选用的硅烷偶联剂

材　料		硅烷偶联剂
热固性材料	邻苯二甲酸二丙烯酯	链烯基、氨烃基、丙烯酰氧烃基、异氰酸烃基
	环氧树脂	链烯基、氯烃基、氨烃基、环氧烃基、多硫烃基
	聚酯	链烯基、氯烃基、氨烃基、环氧烃基、多硫烃基、丙烯酰氧烃基、阳离子烃基
	聚氨酯	氨烃基、烷氧烃基、多硫烃基、异氰酸烃基
	多硫化物	氨烃基、环氧烃基
热塑性树脂	纤维素	氨烃基、异氰酸烃基
	聚缩醛	氨烃基、丙烯酰氧烃基、阳离子烃基
	聚丙烯酸酯	氨烃基、丙烯酰氧烃基
	聚酰胺	氨烃基
	聚碳酸酯	氨烃基
	聚乙烯	链烯基、氯烃基、氨烃基、丙烯酰氧烃基、阳离子烃基、过氧化烃基
	聚丙烯	链烯基、丙烯酰氧烃基、阳离子烃基、过氧化烃基
	聚苯乙烯	氯烃基、环氧烃基、丙烯酰氧烃基
	聚氯乙烯	氨烃基、环氧烃基、多硫烃基
橡胶	IIR	氨烃基、环氧烃基
	EPR	氨烃基、环氧烃基、丙烯酰氧烃基、多硫烃基
	SBR	环氧烃基、多硫烃基
	聚硫橡胶	多硫烃基、氨烃基
	NBR	丙烯酰氧烃基、多硫烃基
	氟橡胶	氨烃基、阳离子烃基
	硅橡胶	氯烃基、氨烃基

硅烷偶联剂一般要用水和乙醇配成很稀的溶液(质量分数为 0.5%~2%)使用,也可单独用水溶解,但要先配成质量分数为 0.1%的醋酸水溶液,以改善溶解性和促进水解;还可配成非水溶液使用,如配成甲醇、乙醇、丙醇或苯的溶液;也可直接使用。

近年来,相对分子质量较大和具有特种官能团的硅烷偶联剂发展很快。如辛烯基、十二烷基、含过氧基、脲基、羰烷氧基和阳离子烃基硅烷偶联剂等。硅烷偶联剂除常用于粉体表面改性外,对于纤维增强复合材料中纤维表面改性的作用不容忽略。

Lawrence 等利用硅烷偶联剂对碳纤维表面进行处理,偶联剂中的甲基硅烷氧端基水解生成的硅羟基与碳纤维表面的羟基官能团进行键合,可使复合材料的拉伸强度和模量提高,空气孔隙率下降。美国歇尔兄弟化工公司生产的“杜拉纤维”即是聚丙烯单丝用硅烷偶联剂进行表面处理后获得的改性纤维产品,其与水泥基材料的结合力大大增加,极大地提高了水泥基材料的抗渗、抗震、抗冲击性。

(二) 钛酸酯偶联剂

钛酸酯偶联剂是美国 Kenrich 石油化学公司在 20 世纪 70 年代开发的一种新型偶联剂,至今已有几十个品种,是无机填料和颜料等广泛应用的表面活性剂。钛酸酯偶联剂的分子结构可按下式划分为六个功能区,每个功能区都有其特点,在偶联剂改性中发挥各自的作用。

$$\overset{1}{(RO)_M} - \overset{2}{Ti} - (\overset{3}{OX} - \overset{4}{R'} - \overset{5}{Y})_{\overset{6}{N}}$$

式中：1≤*M*≤4，*M*+*N*≤6；R 为短碳链烷基；*X* 为 C、N、P、S 等元素；Y 为羟基、氨基、环氧基、双键等基团。

(1)功能区 1。$(RO)_M$——与被改性材料发生偶联作用的基团。

(2)功能区 2。Ti — O…——酯基转移和交联功能。由此可使钛酸酯偶联剂与聚合物及改性材料产生交联，同时还可与环氧树脂中的羟基发生酯化反应。

(3)功能区 3。X——连接钛中心带有功能性的基团，或称黏合基团，它决定着钛酸酯偶联剂的特性。这些基团有烷氧基、羧基、硫酰氧基、磷氧基、亚磷酰氧基等。

(4)功能区 4。R′——长链的纠缠基团(适用于热塑性树脂)。主要是保证与聚合物分子的缠结作用和混溶性，提高材料的冲击强度，对于填料填充体系而言，可降低填料的表面能，使体系的黏度显著降低，并具有良好的润滑性和流变性能。

(5)功能区 5。Y——固化反应基团(适用于热塑性树脂)。包括不饱和双键基团、氨基、羟基等。

(6)功能区 6。N——非水解基团数。

根据其化学结构的不同，钛酸酯偶联剂的分类如表 4-2 所示。

表 4-2　不同钛酸酯偶联剂类型

类型	代　表	适应范围
单烷氧基型	三异硬脂酰基钛酸异丙酯 TTS	不含游离水，只含化学键合水或物理键合水的干燥填料，一般使用有机溶剂
单烷氧基焦磷酸酯	异丙基三(二辛基焦磷酰氧基)钛 TTOPP-38S	可用于含湿较高的填料
螯合型	二官能氧代醋酸酯型/二官能 A，B 亚乙基钛酸酯 100/200	可用于高含湿及全水等高湿体系
配位型	2-氨基-2-甲基丙醇 AMP-95	多种体系

钛酸酯偶联剂有时可以与硅烷偶联剂并用以产生协同效果。

如果将钛酸酯偶联剂用于胶乳体系，需首先将钛酸酯偶联剂加入水相中。部分钛酸酯偶联剂不溶于水，需通过采用季碱反应、乳化反应、机械分散等方法使其溶于水。

大多数钛酸酯偶联剂特别是非配位型钛酸酯偶联剂，能与酯类增塑剂和聚酯树脂进行不同程度的酯交换反应，因此增塑剂需待偶联处理后方可加入。

(三)铝酸酯偶联剂

铝酸酯偶联剂是继硅烷类及钛酸酯类之后发展较快的偶联剂之一。它是由福建师范大学研制出的一种新型偶联剂，其结构与钛酸酯偶联剂类似。其特点为合成原料无腐蚀性或腐蚀性小，易通过改变相应的酸而得到不同结构和性能的酯。二核型铝酸酯对碳酸钙有好的改性作用，可以在粉体表面形成有效的单分子层覆盖，所需用量受偶联剂分子中支链空间位阻的影响。

位阻越大，所需用量越小。铝酸酯偶联剂在改善制品的物理性能，如提高冲击强度和热变形温度方面，可与钛酸酯偶联剂相媲美；其成本较低，价格仅为钛酸酯偶联剂的一半，且具有色浅、无毒、使用方便等特点，热稳定性能优于钛酸酯偶联剂。

(四)双金属偶联剂

双金属偶联剂，如铝—锆酸酯偶联剂、铝-钛复合偶联剂等，它是在两个无机骨架上引入有机官能团，因此它具有其他偶联剂所没有的性能。例如：加工温度低，室温和常温下即可与填料相互作用；偶联反应速度快；分散性好，可使改性后的无机填料与聚合物易于混合，能增大无机填料在聚合物中的填充量；价格低廉，约为硅烷偶联剂的一半。它能显著降低填充体系的黏度，根据桥联配位基选取的不同铝-锆酸酯偶联剂可分别适应于聚烯烃、聚酯、环氧树脂、尼龙、聚丙烯酸、聚氨酯等高分子材料。

铝-钛复合偶联剂适应于 $CaCO_3$、陶土、滑石粉等，与之复合的聚合物包括橡胶、天然橡胶、聚氯乙烯和聚丙烯等。它可使 PP/滑石粉体系具有优异的加工性能，特别是具有低扭矩和较高的熔体流动指数。在力学性能方面，与钛酸酯 TCS、铝酸酯 DL-411 体系相比，有较高的拉伸强度和冲击强度。

(五)木质素偶联剂

木质素是一类以苯丙烷单体为骨架，具有网状结构的无定形粉末，它是含有羟基、羧基、甲氧基等活性基团的大分子有机物。由于木质素化学结构的特殊性，它不但具有能够水解的烷氧基，同时还具有反应活性的有机基团，可在橡胶与无机填料之间同样起着“桥梁”作用，导致改性体系的拉伸强度提高。

三、高分子表面改性剂

将小分子偶联剂添加到聚合物中与其共混时，虽然可以比较明显地改善聚合物的表面、界面性能，但小分子添加剂与基体的混合性较差，改性后的聚合物暴露在湿空气中或受到摩擦时，表面活性剂很容易脱落，因此改性效果不能持久，另外，低分子表面活性剂耐热性差，在热加工时容易分解。上述缺陷使低分子表面活性剂达不到表面长期改性的目的。而高分子表面改性剂则克服了这些缺点。

高分子表面改性剂一般是嵌段或接枝共聚物，在加入量很低的情况下就能起到明显的表面改性作用，且不影响材料的本体性能；当其受到冲洗或摩擦时，与低分子表面活性剂相比，这些添加物较难被冲掉，可以达到长期表面改性的效果。

高分子表面改性剂使用简单，在聚合物加工时可直接共混加入，或是利用螺杆剪切作用和引发剂的引发就地生成。这类高分子表面改性剂，通常也是两亲性物质，其改性示意图如图 4-1所示。

在加工过程中，基体聚合物和改性剂均处于黏流态，通常所用模具材料(如钢材)的表面能很高，它与基体聚合物的表面能相差较大，为了减小张力，改性剂向制品表面迁移、富集，且疏水端向内取向与本体聚合物相容，亲水基团朝模具取向。成型后取出制品时，表面改性剂的这种构象基本保留下来，即疏水端被锚固于基体，亲水端朝外取向。

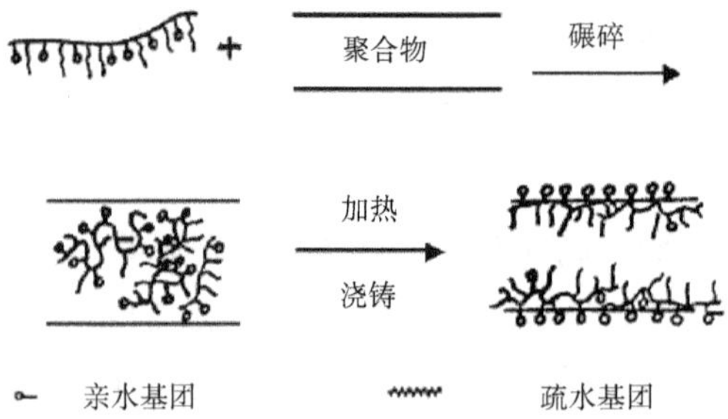

聚合物　碾碎

加热　浇铸

亲水基团　疏水基团

图 4-1　表面改性微观模型

聚烯烃中常用的高分子表面改性剂是各种组成的甲基丙烯酸烷基酯(SMA)与甲基丙烯酸带有羟基、氨基的酯类(DM)或马来酸酐等极性单体共聚生成的两性聚合物,这种共聚物既有亲水链段(DM)又有疏水链段(SMA),共聚物中的亲水链段在制品成型时明显富集在制品表面,疏水链段与聚烯烃缠结起到锚固作用。加入少量这种两性聚合物,就能使基材的接触角下降,与其他材料的剥离强度明显增加。例如,在 PP 共混物中,改性剂无规聚丙烯—甲基丙烯酸接枝共聚物(APP—g—MAA)和聚丙烯蜡—甲基丙烯酸接枝共聚物(PPw—g—MAA)的疏水端与 PP 相容性好,使改性剂链锚固于基体,同时,亲水端在表面朝外取向,从而改变聚丙烯表面的疏水性。

成型过程中,PP 共混物中具有高表面能的高分子表面改性剂迁移到 PP 表面,且其分子中的疏水端向内朝本体 PP 取向,而改性剂中的亲水基团朝模具取向,形成亲水性表面,导致共混体系的接触角降低。而随着改性 PP 所处于介质环境的极性增大,PP 共混物表面接触角降低幅度越大,如图 4-2 所示。

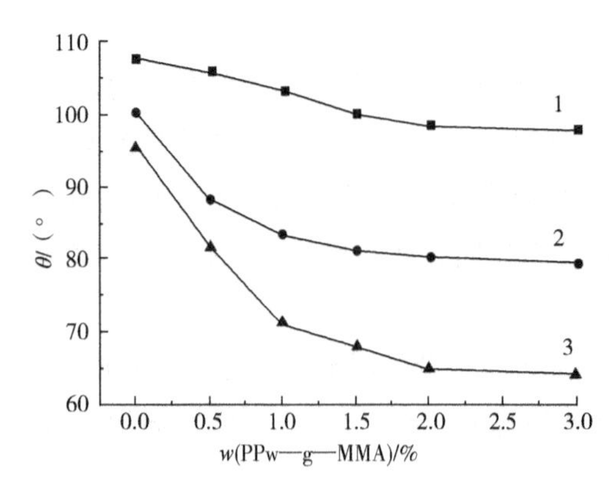

图 4-2　不同介质环境对 PP 共聚物接触角的影响

1—正己烷　2—空气　3—水

优秀的表面改性剂在其加入量很少的情况下便可赋予聚合物表面良好的润湿性,同时在制品存放过程中,极性基团内取向和内迁移趋势小,表面改性效果持久,并不产生弱黏合层而导致聚集破坏。另外,加入的表面改性剂不影响基体本身的物理力学性能。

高分子表面改性剂的改性效果取决于共混体系中改性剂分子的形态。而分子形态又与改性剂的两亲性化学结构、组成、分子量及共聚方式等因素密切相关,因此做高分子表面改性剂分子设计时要考虑以下几个方面:改性剂中亲基体基团和疏基体基团的选择,亲基体基团和疏基体基团的分布形式,改性剂分子量的大小等。

但是,在空气中的高分子材料极性表面,为了降低表面张力,亲水基团有朝基体取向的趋势,另外高分子表面改性剂还可能向基体内部迁移,从而使部分表面能损失。因此,对高分子表面改性剂进行有效的分子设计就显得格外重要。

第二节　化学改性

一、改性原理及方法

化学改性是最简单的聚合物表面改性方法之一，它是指采用一定的化学试剂处理聚合物表面，使其表面形成一定的粗糙结构，或是在其表面产生羟基、羧基、氨基、磺酸基或不饱和基团，或是在聚合物表面接枝一定的改性链段，从而活化聚合物的表面，提高其与其他物质的粘接能力，或是赋予聚合物材料一定的表面特性的一种聚合物表面改性方法。所采用的化学改性剂包括强酸、碱、过氧化物等。

二、化学表面氧化

表面化学氧化处理是通过氧化性化学试剂或气体对聚合物材料表面进行氧化处理，以改变聚合物表面的粗糙程度和表面极性基团含量的一种改性方法。

（一）酸氧化法

在化学氧化法中，酸氧化法是最为常见的一种表面处理方法。常用的强酸性氧化处理液如无水铬酸—四氯乙烷体系、铬酸-醋酸体系、氯酸-硫酸体系以及重铬酸盐-硫酸体系等。酸氧化是利用处理液的强氧化作用使聚合物表面分子被氧化，在材料表面层生成羟基、羰基、羧基、磺酸基和/或不饱和键等基团。这些基团的生成，可使聚合物表面活化，达到提高聚合物表面张力的目的。同时在氧化过程中，聚合物表层部分分子链断裂，形成一定的凹陷结构，从而增加聚合物表面的粗糙度。如采用硫酸处理聚砜表面，在表面酸氧化处理后，聚合物界面层中非结晶相受到明显的影响（图 4-3）。

高性能纤维聚对亚苯基苯并二噁唑（PBO）纤维具有超高的耐热性能和超强的力学性能，用其制备的复合材料在航天、航空和国防等高新技术领域有重要的应用前景。但由于 PBO 纤维表面缺少强极性基团，在复合材料中极易在复合界面形成弱点，从而限制了 PBO 树脂基复合材料的应用。强质子酸如甲基磺酸、多聚磷酸等可使 PBO 分子链中的杂原子质子化，降低分子间的相互吸引力，减少分子间的相互作用能，通过化学氧化溶解刻蚀 PBO 纤维皮层，甚至使其暴露出内部微纤结构，可实现增加纤维表面粗糙程度，达到改善纤维与树脂间界面结合的目的。但在采用强酸强氧化剂处理的同时，纤维的力学强度也在一定程度上随之降低。因此在提高纤维与树脂间界面强度的同时，减少纤维本身力学性能的下降是化学法处理的关键。

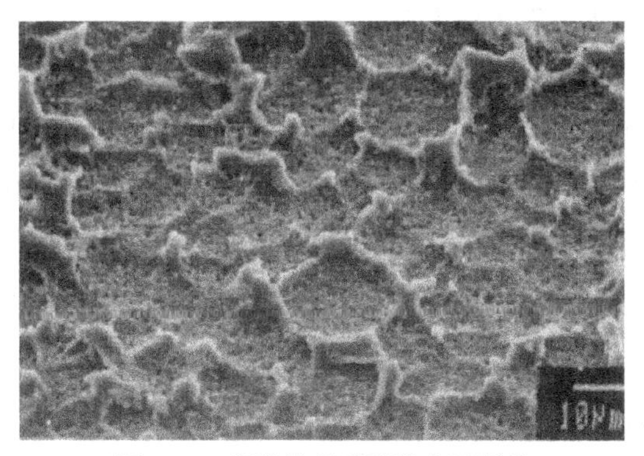

图 4-3　硫酸处理后聚砜表面形貌

化学镀金属前处理是塑料表面金属化的主要方法之一。化学镀是利用强还原剂(如强酸等)在非金属表面进行氧化—还原反应,使金属离子沉积在非金属镀件上的过程。化学镀的前处理工艺中的粗化过程是为了提高高分子材料表面的亲水性和形成适当的粗糙度。例如,采用硫酸与铬酸混合溶液处理 ABS,利用 ABS 中的丁二烯溶解形成表面 0.2~2μm 的凹痕,可使镀层金属机械黏附,同时 C—C 键被氧化为不饱和键,从而增强了金属与 ABS 基体的化学键合。

塑料经金属化后,再利用化学镀或电镀进行二次加工,可得到耐磨性、耐热性、热稳定性、抗蚀能力均较强以及特殊功能的塑料制品,从而达到耐磨、防腐、装饰和功能化等目的。塑料的表面处理是化学镀金属技术中的重要步骤。其主要作用是除去高分子材料表面的油性物质和提高其表面的极性成分,从而提高塑料表面对金属离子和金属镀层的附着力。

酸氧化处理效果明显,且无特殊设备要求,但酸氧化对材料表面存在一定的破坏作用,尤其当材料内部混有不耐酸或易被氧化的添加剂时情况更为严重。经过表面酸氧化后的材料必须充分洗净,以免残留酸液对材料的进一步腐蚀。另外,在酸氧化处理过程中会产生大量废液,对人体和环境存在一定的危害,不利于大规模生产,这就在一定程度上限制了它的应用。

(二)过氧化物氧化法

1. 臭氧氧化法

由于臭氧的氧化能力较强,制取方法简单,使用后的臭氧可简单地通过加热的方法还原为氧气,其本身不产生任何环境污染,且臭氧发生器价格低廉,无须特殊的设备投资,因此利用臭氧氧化法对聚合物表面进行改性就引起了人们的广泛关注。

经研究发现,在对聚丙烯及乙烯—丙烯共聚物表面进行氧化处理时,氧化反应主要发生在材料表面非晶态中的叔碳原子的氢上。经臭氧氧化处理后,聚丙烯的表面接触角由 97°下降到 67°,临界表面张力由 29.5×10^{-5} N/cm 增加到 36.0×10^{-5} N/cm。

2.过氧化物氧化

在蛋白质类纤维材料中,双氧水的表面处理常作为碱处理或酶处理的先导。例如对于兔毛纤维而言,所用蛋白酶的分子较大,不易进入兔毛纤维鳞片层的内部,或存在酶处理不均匀的弊端,故需进行预处理,使纤维表面鳞片疏松、膨胀、软化。相对于还原剂、氧化剂等预处理剂,双氧水对兔毛蛋白质的氧化比较缓和,且无污染。由于双氧水氧化主要集中于含硫氨基酸残基部分,即主要发生在富含胱氨酸的鳞片层外,促使胱氨酸尽可能多地转化为半胱氨酸,使后继的酶处理均匀有效。

竹浆纤维是一种纤维素纤维,具有吸湿、透气、凉爽等优良特性。但它的干、湿断裂强度不高,湿态下断裂伸长增加较多,这给染整湿加工带来一定困难。邓桦等研究了在中性、弱酸性条件下用过氧乙酸对竹浆纤维织物进行漂白的工艺,以避免采用双氧水漂白时高温、强碱对织物性能的影响。与双氧水漂白工艺相比,竹浆纤维织物采用过氧乙酸漂白后的白度和顶破强力值均比双氧水漂白处理所得结果高,对纤维损伤小。此外,过氧乙酸漂白温度低于双氧水漂白,漂后织物可保持柔软、滑爽的手感。

(三)络合物化学处理

在聚四氟乙烯(PTFE)膜的表面改性中,利用高反应活性的钠—萘溶液(一种钠、萘在四氢呋喃、乙二醇二甲醚等活性醚中溶解或络合而成的试剂），破坏 C—F 键，脱去 PTFE 表面上的部分氟原子，并在 PTFE 表面留下碳化层和 C ═O、C ═C、—COOH 等极性基团。这些基团能使 PTFE 膜的表面能增加，接触角减小，润湿性提高。经过钠-萘溶液处理后，采用氯丁—酚醛胶黏剂黏结，180°剥离强度可达 32.0 MPa；用环氧-聚酰胺胶粘接处理的粘接强度为 13.2MPa。

（四）碱处理法

采用碱液改变天然纤维、合成纤维表面性能是一个常用的方法。例如在棉纤维的丝光处理、菠萝叶复合材料的纤维表面改性等过程中，由于小分子的碱液能较容易地深入纤维结晶的链片间隙，引起片间氢键破裂，还能去除部分半纤维素和木质素，改变纤维的粘连状态，从而将其分散成直径较小的纤维。经碱液处理后，其他反应试剂更容易接触纤维表面的羟基，并与之发生反应。所以碱处理是其他化学改性的基础。例如在室温下用 10 %的 NaOH 液浸泡 Kevlar 或水煮 50 min，就可使纤维表面的酰胺键水解，所生成的羟基和氨基的化学活性比苯环和酰胺键高，可进一步发生新的化学反应。

对于合成纤维方面，碱处理也常用于聚酯纤维的表面刻蚀。最初涤纶仿真丝的研究即利用一定的碱液处理纤维表面，使表面形成一定的凹坑结构，从而改善纤维的吸湿、染色性能。碱溶性聚酯的开发使其在碱处理下更易水解去除，这为制备高吸湿排汗、中空、超细差别化纤维提供可能。

三、化学法表面接枝

聚合物的表面接枝异于传统的聚合物接枝。它是一类非均相反应。接枝改性的材料是固体，接枝单体则多是气相或液相。接枝反应仅发生在固体高分子材料表面，材料本体仍保持原状。所以表面发生接枝的产物，不能称为接枝共聚物，只能称为表面接枝改性聚合物。聚合物通过表面接枝，表面上生长出一层新的有特殊性能的接枝聚合物层，从而达到显著的表面改性效果，而基质聚合物的本体性能不受影响。

芳纶具有高比强度、高比模量及良好的抗冲击性、耐热性，但芳纶表面光滑，缺少化学活性基团，表面浸润性差，致使将其用于芳纶增强复合材料中纤维与基体聚合物间界面黏结较弱。另外，芳纶具有独特的皮—芯结构，芯部由许多靠氢键连接的棒状分子构成，表皮由结晶程度更高的刚性分子链沿纤维轴向排列而成。由于芳纶分子结构中存在大量芳香族环，而使分子链间氢键很弱，横向强度大约只有纵向强度的 20%。尤其当纤维表皮受到破坏时，整个纤维力学性能下降得很快，严重影响其复合材料的力学性能。因此必须对芳纶进行有效的表面改性，在纤维表面引入所需的化学活性基因，改善纤维表面的浸润性。袁海根等采用二甲基亚硫酰钠（SMSC）的二甲基亚砜溶液在湿态下对 Kevlar 纤维进行化学接枝改性研究，在其表面接枝 CH_2═CH—R—基团，从而改变纤维表面化学结构。反应过程如下所示：

$$H_3C-\overset{\overset{\displaystyle O}{\|}}{S}-CH_3 + NaH \longrightarrow Na^+\ H_2C^- -\overset{\overset{\displaystyle O}{\|}}{S}- CH_3 + H_2\uparrow$$

$$2Na^+H_2C^- -\overset{\overset{\displaystyle O}{\|}}{S}-CH_3 + \left[NH-C_6H_4-NH-\overset{\overset{\displaystyle O}{\|}}{C}-C_6H_4-\overset{\overset{\displaystyle O}{\|}}{C}\right]$$

$$\longrightarrow \left[\overset{Na^+}{N^-}-C_6H_4-\overset{Na^+}{N^-}-\overset{\overset{\displaystyle O}{\|}}{C}-C_6H_4-\overset{\overset{\displaystyle O}{\|}}{C}\right] + 2H_3C-\overset{\overset{\displaystyle O}{\|}}{S}-CH_3$$

反应方程式Ⅰ纤维表面活化反应

$$\left[\overset{Na^+}{N^-}-C_6H_4-\overset{Na^+}{N^-}-\overset{\overset{\displaystyle O}{\|}}{C}-C_6H_4-\overset{\overset{\displaystyle O}{\|}}{C}\right] + 2RX \longrightarrow$$

$$\left[\overset{\overset{\displaystyle R}{|}}{N}-C_6H_4-\underset{\underset{\displaystyle R}{|}}{N}-\overset{\overset{\displaystyle O}{\|}}{C}-C_6H_4-\overset{\overset{\displaystyle O}{\|}}{C}\right] + 2NaX$$

反应方程式Ⅱ纤维表面接枝反应

同样在聚丙烯纤维增强混凝土的纤维表面改性中，可采用强氧化剂氧化，在纤维表面形成接枝活性点，再与带活性官能团的单体发生接枝反应，从而提高纤维的表面亲水性。所采用的引发剂包括过氧化二苯甲酰（BPO）、高锰酸钾/硫酸体系，接枝单体包括丙烯酸单体、不饱和羧酸等。

化学接枝在新型膜材的改性和制备方面也有重要的应用。例如 Tomonari Ogata 采用过硫酸钾作引发剂，二甲基亚砜为溶剂，将 *N*-异丙基丙烯酰胺（NIPAAm）接枝到聚乙烯醇（PVA）上，然后制成凝胶膜，实现对氯化锂和碱性亚甲蓝的渗透具有开关控制作用的功能化改性。Wang Yi-Chieh 以过氧化苯甲酰（BPO）为引发剂，环己烷作溶剂，将甲基丙烯酸缩水甘油酯接枝到聚-4-甲基-1-戊烯上，然后浇铸制膜，用作醇/水的渗透汽化分离膜。

第三节　等离子体表面改性

1929 年，Tonks 和 Langmuir 提出了等离子体的概念。等离子体是部分离子化的气体，是由电子、任一极性的离子、以基态的或任何激发态形式高能态气态原子、分子以及光量子组成的气态复合体，其中带正电荷和带负电的物质的浓度大致相同，呈电中性。从理论上讲，等离子体被称为第四物质状态，其特征在于系统内的平均电子温度和电荷密度，与中性条件相比，电离气体系统显示出显著不同的物理和化学性质。

等离子体一般可分为热等离子体（平衡）和冷等离子体（低温，非平衡）等离子体。低温等离子体通常用于材料改性。在低温等离子体中，电子温度比气体温度高 10～100 倍。但由于电子的密度非常低,热容量非常小,电子的高温并不意味着等离子体为高温。

在高分子化学领域所利用的等离子体是通过辉光放电或电晕放电方式生成的,因为所产生的离子、自由基、中性原子或分子等粒子的温度接近或略高于室温,所以称这种等离子体为低温等离子体。

一、等离子体的产生

等离子体是在特定条件下使气(汽)体部分电离而产生的非凝聚体系。人造等离子体的产生包括:电能(放电)、核能(裂变、聚变)、热能(火焰,即剧烈的氧化还原反应)、机械能(振动波)、辐射能(电磁辐射、高能粒子辐射)等。实验室中获得等离子体的方法有热电离法、激波法、光电离法、射线辐照法以及直流、低频、射频、微波气体放电法等。

以氧气作为实例,等离子体物质的产生如下所示:

离子和电子的形成 $e+O_2 \longrightarrow O_2^+ +2e$

原子和自由基的形成 $e+O_2 \longrightarrow O+O$

热和光的形成

$$e+O_2 \longrightarrow O^*$$

$$O_2^* \longrightarrow h\nu$$

$$e+O \longrightarrow O^*$$

$O^* \longrightarrow$hv 以热或光的形式

此处,O_2^* 和 O^* 分别为 O_2 和 O 的激发态;h 为 Planck 常数;ν 为电磁射线的频率。

在等离子体中,每个形成步骤都存在形成和损失之间的平衡,而这个平衡过程决定了每一个过程所产生物种的稳定浓度。对于等离子体中的带电物质,这些形成和损失过程可以分为以下几类:

1.电离和分离

电离反应是离子和电子的主要来源,反应简式为:

$$e+M \longrightarrow A^+ +2e(+B)$$

其中:M 是分子(AB)或原子。如果分子在该过程中解离以产生中性片段 B,则称其为解离电离。当物质 M 是负离子时,该过程称为分离,因为当首先形成负离子时,带负电的电子被附着。分离过程 $e+A^- \longrightarrow A+2e$ 不仅是电离,而且类似会产生自由电子。不太常见的是,另一个称为 Penning 电离的过程可以做出重要贡献。在 Penning 电离中,通过电子碰撞 $e+C \longrightarrow C^* +e$ 形成激发的亚稳态,且该亚稳态的激发能足以通过 $C^* +M \longrightarrow C+M^+ +e$ 电离第二种物质,或(其中 M=AB)$C^* +AB \longrightarrow C+A^+ +B+e$ 或 $C^* +M \longrightarrow CM^+ +e$。已经发现 Penning 电离在 C 稀少的气体混合物(例如氖)中是明显存在,其中亚稳态激发能量恰好高于 M 的电离能。

2.重组,分离和扩散

一系列损失过程平衡了前面概述的形成步骤。这些机制中一些最重要的损失变化包括电子—离子重组,$e+M^+ \longrightarrow A+B$;伴随 $e+M \longrightarrow A^- +B$;离子和电子扩散到反应容器的壁上。这些反应以各种方式发生,取决于所涉及的物种。在氧等离子体的情况下,离解重组将是最快速的离子-电子重组过程，$e+O_{2+}\longrightarrow O+O$；在纯氩放电中，则仅有简单的电子—离子重组是可能的，$e+A^{+}\longrightarrow A$。

在明显的放热反应中，通常有利于形成具有相当质量的两个或更多个产物碎片的反应通道，因为该类反应更容易保存能量和动量。在等离子体中，通过电离、碎裂和激发产生反应性物质（正离子和负离子、原子、中性，亚稳态和自由基）。这些物质导致等离子体与基板表面之间的化学和物理相互作用，而这些都取决于等离子体产生的条件，如气体种类、功率、压力、频率和暴露时间。然而，相互作用和改性的深度与气体类型无关，并且仅限于材料表面 5mm 之内。

二、等离子产生的方法

在技术上常用放电产生冷等离子体，如电晕放电、辉光放电和射流放电。

1. 电晕放电

电晕放电即低频放电，是指在等于或接近大气压条件下，以空气为介质，由高电压弱电流所引起的放电，产生的是一种低离子密度的低温等离子体。产生等离子体的电磁场处于高压（>15kV），频率在 20~40kHz 范围内，适用于大多数实际应用。例如在纺织织物等离子体表面改性时，可通过在两个电极施加一高电压时产生电晕放电。两电极间的电火花被绝缘体阻断，为了引起电晕放电，就必须在其中的一个电极保持高电场，而电子在高电场、高电压的作用下，沿绝缘板方向加速，绝缘板直接安装在被处理的材料（例如纤维纺织物）的下方，在处理的过程中，电子与空气分子中的猛烈撞击，生成各种各样的活性因子，进而产生等离子体状态。

2. 辉光放电

辉光放电是在 0.1~10MPa 范围内的气体压力下产生的，其中电磁场处于较低电压范围（0.4~8.0kV）和非常宽的频率范围（0~2.45GHz），包括低气压辉光放电（LPGD）和常压辉光放电（APGD）。低气压辉光放电是低于大气压（1.33~66.7kPa）的条件下的高频放电，它要比低频放电（电晕放电）在更广泛的多种条件下提供冷等离子体环境。辉光放电中压力显著地低于大气压，能减少等离子体之间相互碰撞，这样辉光放电中电子的能量更高，因此辉光放电产生的活性因子（电子）的渗透性较电晕放电强，对被处理的表面改性更加强烈。

APGD 是近年来发展起来的一种崭新的等离子体产生技术。其中平行板电极是大家最常采用的获得常压辉光放电等离子体（APGDP）的装置之一。常压下平行板电极可以获得两种放电形式，一是细丝介质阻挡放电，二是辉光介质阻挡放电。APGD 无须真空系统，设备投资少，能耗低，适合于对工件表面在线加工处理；与常压弧光放电相比，能耗远小于弧光放电，到达工件表面的能量密度不足以破坏被加工材料；另外它还比电晕或丝状放电提供更多的活性成分和活性浓度。

气体的压力、种类以及被处理物质的表面性能都会对辉光放电产生很大的影响。采用辉光放电进行低温等离子体处理时，需要首先根据具体情况选择合适的气体，其次要根据被处理物质的性质和所需改善的功能，特别是低气压辉光放电产生等离子体时，选择控制好等离子体内的气体的压力或真空度也是改性效果的关键所在。

3.射流放电

射流放电是在极低的压力下(<13.33Pa)产生的等离子体。辉光放电中于真空中采用直流电场放电产生的等离子体处理,也叫射流刻蚀。

此外,微波低温等离子体技术成为近年来发展的热点。与常规射频放电产生的等离子体相比,微波低温等离子体除具有节省能源,有利于环保等特点外,它还具有电子密度高,能量大,更易于发生或引发相关物理、化学反应的特点。因而对于微波低温等离子体技术应用的研发是今后高新技术发展的趋势。例如,利用丙烯酸微波低温等离子体对聚酯膜进行表面改性,可以改善其染色、亲水、抗静电等性能。

等离子体处理的优点是效果显著,工艺简单,无污染,可通过改变不同的处理条件获得不同的表面性能,应用范围广泛。更为重要的是,处理效果只局限于表面而不影响材料本体性能。其缺点是处理效果随时间衰退,影响处理效果因素的多样性使其重复性和可靠性较差。

三、等离子改性基本原理

带负电荷的自由电子和带正电荷的离子由于静电作用存在弹性碰撞和非弹性碰撞。在非弹性碰撞过程中,由于碰撞过程中粒子内能,粒子状态的变化,将会产生如激发、电离、复合、电荷的交换、电子附着以及核反应等过程。这也是利用等离子体的基础。

等离子体是由电子、等电荷离子、分子和原子组成的气体混合物,许多反应在等离子体系统中同时发生,而这些反应过程常具有相反的效果:加法反应:例如由于材料的沉积,或随之发生聚合物形成(等离子体聚合);减法反应:通过溅蚀、烧蚀,导致材料表面部分结构的去除。除了能量密度等放电条件外,等离子气体主要决定两种工艺中的哪一种占主导地位。例如,当等离子体气体中含有高比例的碳和氢原子,如甲烷、乙烯和乙醇,则等离子体聚合将是主要的反应。这层新形成的等离子体聚合物膜通常无针孔,高度交联且不溶,且很容易获得非常薄的薄膜。通过等离子体剥蚀材料可以通过两个主要过程实现:物理溅射和化学蚀刻。通过化学非反应性等离子体(例如氩气等离子体)溅射材料是物理溅射的典型示例。化学蚀刻发生在化学反应类型的等离子体中。这种类型的等离子气体包括无机和有机分子气体,例如 O_2、N_2 和 CF_4。当用等离子体处理固体材料表面时,几乎所有情况下,等离子体剥蚀都与等离子聚合形成竞争。固相和等离子体相之间的相互作用方案如图 4-4 所示。

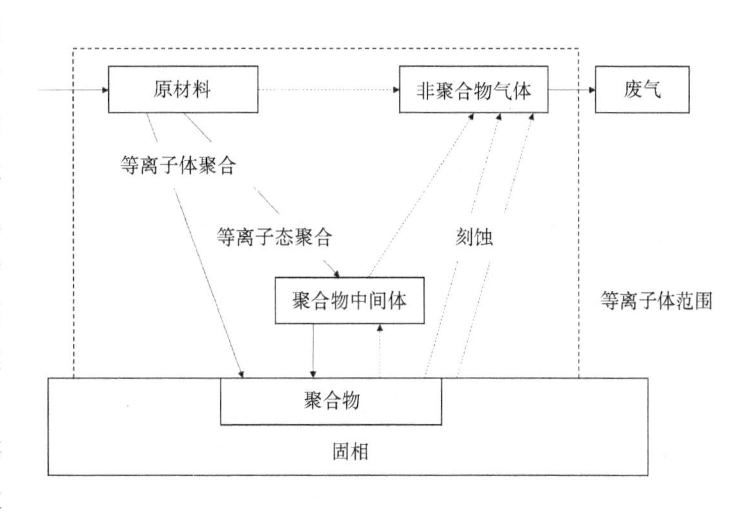

图 4-4 等离子体处理过程中的聚合—剥蚀竞争反应

被处理的材料表面在等离子体处理之后仍然存在大量自由基,这些自由基形成纤维和基质之间化学键合的重要基础。但如果这些自由基暴露于大气，特别是氧气时也会迅速熄灭，因此，等离子体处理和复合材料制造之间的时间间隔应尽可能缩短。

1.等离子体聚合

等离子体聚合是通过沉积薄聚合物膜来改性聚合物和其他材料表面的独特技术。表4-3为聚合物表面改性采用等离子体聚合实例。

表4-3　聚合物表面改性采用等离子聚合的实例

应用	基材	单体	参考
黏结剂	聚酰胺	烯丙胺 环氧丙烷六甲基二硅氮烷	Wertheimer and Schreiber (1981)
黏结剂	聚乙烯、聚氟乙烯、聚四氟乙烯、聚氯乙烯	乙炔	Moshonov and Avny (1980)
黏结剂	聚乙烯、聚碳酸酯 聚甲基丙烯酸甲酯、聚四氟乙烯、聚丙烯、ABS树脂	四甲基硅烷、四甲基锡	Inagaki, Itami and Katsuura (1982)
黏结剂	聚乙烯、聚碳酸酯、聚四氟乙烯	四甲基硅烷+O_2、四甲氧基硅烷	Chen, Inagaki and Katsuura (1982)
表面硬化	聚乙烯	四甲基硅烷	Inagaki, Ohnishi and Chen (1983)
摩擦学	硅橡胶	甲烷十七氟十氢萘	Cho and Yasuda (1988)
水蒸气屏障	硅橡胶	甲烷	Ho and Yasuda (1990)
控制渗透性	硅橡胶	六甲基二硅氮烷和甲基丙烯酸的混合气体	Urrutia, Schreiber and Wertheimer (1988)
隐形眼镜涂层	硅橡胶	甲烷	Ho and Yasuda (1988)
血液相容性	聚对苯二甲酸乙二醇酯	丙酮、氧化乙烯、甲醇、戊二醛、甲酸、烯丙基醇	Ertel, Ratner and Horbett (1990)
血液相容性	硅橡胶	四氟乙烯、六氟乙烷、六氟乙烷+H_2、甲烷	Yeh et al. (1988)
扩散屏障	聚氯乙烯	甲烷、乙炔	Iriyama and Yasuda (1988)

等离子体聚合的优势：

(1)可以容易地制备厚度为几百埃至一微米的表面处理层。

(2)可以制备具有独特物理和化学性质的薄膜层。这种高度交联且无针孔的薄膜层可用作非常有效的屏障层结构。

(3)薄膜几乎可以在任何种类的基材上形成，包括聚合物、金属、玻璃和陶瓷。一般而言，可以容易地实现膜和基板之间的良好黏合。

等离子体聚合是一个非常复杂的过程。所得到的薄膜层结构复杂，取决于许多因素，如反应器设计、功率水平、被处理材料表面温度、频率、单体结构和单体压力、单体流速等。两种类型的聚合反应可以同时发生，即等离子体诱导的聚合和聚合物状态下的聚合。在前一种情况下，等离子体引发液体或固体单体在被处理材料表面发生聚合。为此，单体必须含有可聚合结构，例如双键、三键或环状结构。在后一种情况下,聚合发生在等离子体中,其中电子和其他活性物质具有足够的能量来破坏任何键。有机化合物,即使是那些不含普通聚合反应所需的特征官能团结构,也可用等离子态聚合。无论单体结构如何,单体聚合的速率都相对相似。

2.等离子体剥蚀

在辉光放电的情况下,可以产生具有不同电离程度的等离子体。产生的活性等离子体物质携带高动能(1eV 至几电子伏)。这种能量不仅可以引发饱和有机物的反应,也可引发不饱和的化合物反应。当这些高能物质与聚合物材料相互作用,等离子体中的活性物质将失去其能量,渗透到聚合物材料表面以下超过 100nm,但材料的内部仅受到轻微影响。因此,这种等离子体处理可以被认为是表面处理,包括溅射、化学蚀刻、离子增强的高能蚀刻和离子增强的保护蚀刻。携带高动能的等离子体物质轰击聚合物,在表面产生溅射或蚀刻效应。因此,这种轰击改变聚合物材料的表面特性。

在等离子体溅射中,穿过鞘层加速的离子以高能量轰击表面。突然的能量脉冲可以立即激发表面原子向外溅射,或者通过台球状的碰撞,甚至可以刺激表层以下的原子的溅射。但是,如果要去除是单一的物质,则从表面溅射的分子不得返回。这需要低气压(<50 mTorr),或等效地其与容器尺寸相当平均自由路径。如果平均自由路径太短,则气相中的碰撞将反射并使得溅射物质重新沉积。作为机械过程,溅射缺乏选择性,该过程仅对结合力和表面结构的大小敏感,而对被处理材料的化学性质不敏感,即完全不同的材料可以以相似的速率溅射。

在化学蚀刻中,气相物质与表面仅根据基本的化学原理与表面反应。例如采用氟原子对硅材料的蚀刻。该方法的唯一关键点是形成挥发性反应产物。在 Si/ F 原子蚀刻中,F 原子与基板之间自发反应形成气体 SiF_4。化学蚀刻中等离子体的唯一目的是制造反应性蚀刻剂,例如 F 原子。蚀刻剂物质通过高能自由电子和气体分子之间的碰撞形成,主要是激发进料气体的离解和反应,这些等离子体处理气体,例如 F_2,NF_3 和 CF_4/O_2 等都会产生 F 原子。化学蚀刻是最具选择性的工艺之一,因为它本身对键的差异和被处理基材的化学一致性敏感。然而,该过程通常是各向同性的或非定向的,这有时是不利的。使用各向同性蚀刻,垂直和水平材料的表面处理速度相同,不可能获得细线状处理表面(在通常的接近 1μm 厚的薄膜中小于约 3μm)。

离子增强能量蚀刻遵从直接定向刻蚀机理,撞击离子破坏材料表面并增加其可反应性,该过程是通过离子将能量传递到表面,并形成冲击区域并保留其周围环境更具反应活性。在这种情况下,材料表面的破坏可以指表面化合物的部分离解。

离子增强防护性刻蚀为需要包括蚀刻剂和抑制剂的一类反应。如果缺乏抑制剂,则处理过程中被处理材料基质和蚀刻剂将自发反应并各向同性地蚀刻。抑制剂可在待处理表面形成薄层,减少或者避免离子轰击,因此该过程具有各向异性。

(1)等离子体处理的优势包括以下几点:

第一,改性过程仅限制在表面层而不改变聚合物的整体性质,一般改性深度仅限于几百埃。

第二,等离子体中的激发物质可以改变所有聚合物的表面,而不管其结构和化学反应性如何。

第三,等离子体处理载体气体具有可选择性,因此可以实现聚合物表面的所需类型的化学改性。

第四,等离子体的使用可以避免在湿化学处理中遇到的问题,例如流出物中的残余化学物质和被处理材料的溶胀。

第五,可实现表面均匀的改性。

(2)等离子体处理的不足包括以下几点:

第一,等离子体处理通常在真空中进行,常压等离子体可行,但是成本高。

第二,等离子处理过程中所涉及的参数高度依赖于系统,不可进行直接复制。

第三,将实验装置扩大到大型生产反应并不是一个简单的过程。

第四,等离子体工艺非常复杂,难以很好地理解等离子体与表面之间的相互作用,以便良好地控制等离子体参数,如功率水平、气体流速、气体成分、气体压力和样品温度。

第五,精确控制样品表面上形成的特定官能团的量非常困难。

四、聚合物低温等离子体表面改性应用

聚合物材料等离子体表面改性中需通过选择适当的等离子体气体、等离子体产生条件,实现对高分子表面层的化学结构或物理结构进行有目的的改性,如表面刻蚀、交联改性、化学改性、接枝聚合等。

(一)表面刻蚀

等离子体表面刻蚀即通过等离子体处理,使高分子材料表面发生氧化分解反应,从而改善材料的黏合、染色、吸湿、反射光线、摩擦、手感、防污、抗静电等性能。

在纺织行业中,利用等离子体的表面刻蚀工艺,可以有效地去除天然纤维上的杂质,同时改善纤维的染色、吸湿性能,或者改善纤维的织造性能。例如采用氧气等离子体对棉纤维进行精练和漂白处理,使附着在棉纤维表面的棉蜡分解成二氧化碳和水,以达到去除棉蜡的目的。采用氧气等离子体处理30~60s,就可获得与氢氧化钠进行100℃×30min汽蒸处理相同的效果,同时该法避免了常规棉湿法处理的废液污染问题,因此被称为绿色洁净生产工艺。麻纤维可利用低温等离子体处理,使纤维表面的胶质分解,纤维表面亲水性提高,粗糙度增加,从而显著地增加纤维表面的润湿性。在羊毛纤维的防缩整理中,利用等离子体可打掉羊毛表面的部分鳞片,从而提高羊毛的染色、吸湿和防缩性能。

等离子体也常用于合成纤维,如涤纶、丙纶染色、吸湿和抗静电性能的改善。经低温等离子体处理后,不仅可在纤维表面形成一定的微坑和微细裂纹,增强纤维间的抱合力,同时可提高纤维表面的润湿性、上染率、染深性和染色牢度。

通过等离子体处理可在聚合物材料表面引入极性基团或活性点,形成与被黏合材料、复合基体树脂间的化学键合,或增加与被黏合材料、基体树脂间的范德瓦尔斯力,达到改善粘接或复合界面的目的。例如将热塑性聚合物如PC、ABS用含氟气体(如CF_4等)等离子体处理,可提高其与铝板之间的粘接强度。也有利用氧化性的气体等离子体(如O_2、H_2O等)处理PP,并将其在真空下热压到低碳钢板上,从而大大提高热压样品的剪切强度。

在高性能纤维复合材料中,所采用的高性能增强纤维,如碳纤维、芳纶、聚苯并双噁唑

(PBO)纤维等与复合基体聚合物如环氧、酚醛等材料的界面黏结性能差,极易形成复合界面弱层结构,利用等离子体可使纤维表面形成微坑和微细裂纹,从而有效地改善、增强其与基体料的黏结力。黄玉东等利用空气冷等离子体处理PBO纤维,在对比研究处理功率和处理时间对复合材料界面剪切强度(IFSS)的研究时发现,处理时间对等离子体处理效果影响更为明显,对界面剪切强度作用更显著。当空气冷等离子体处理功率为170W,处理时间为10min时,复合材料界面剪切强度可提高64.7%左右。通过原子力显微(AFM)分析观测,此时纤维表面最为粗糙,纤维表面氧元素含量最高,因此,等离子体在该条件下的物理刻蚀作用最为有效。

刘际伟等用纯氧等离子体处理PTFE,可使PTFE与水的接触角下降近30°,压剪强度提高1倍以上。微观结构分析表明,等离子体处理使PTFE表面明显粗糙化,即等离子体对表面有刻蚀作用。

(二)交联改性

交联改性即利用低温等离子体中活性粒子的撞击作用,使纤维材料分子中的氢原子等被放出,从而形成自由基,再通过自由基的相互结合,形成分子链间的交联。部分有机气体单体(甲烷、乙烯、苯等)可在等离子状态下直接在基板上形成聚合物薄膜,这也称为等离子体镀层。与其他聚合物镀层方法相比,采用等离子体所得聚合物镀层薄膜与基板表面黏附性好、均匀、热稳定性好,且基板表面在镀层前被等离子体照射,使镀层在清洁的表面进行。所得薄膜的厚度从一分子层到数微米级不等,而被镀层的基板可为金属、陶瓷、塑料等材料。

利用低温等离子体技术在毛织物表面形成薄膜镀层,与现行的常规涂层膜相比,具有均匀性好、针孔少、耐溶剂性能优、热稳定性高,在服装加工中与衬里黏合性好等优异性能。在织物染色时可提高上染率和染色牢度,并可取得有效的防缩效果。这是因为织物经低温等离子体处理后,使羊毛表皮外表中的胱氨酸受到氧化导致二硫键断裂,并形成更多的亲水性基团,因而染料容易扩散进入纤维内部,使上染速度和饱和吸附量均有所提高。

在有机玻璃(PMMA)抗静电改性研究中,在PMMA上先涂上$MeSi(OMe)_3$溶液,然后通过电晕放电处理后再涂上*N*-(三甲氧基硅烷基)丙基乙二胺溶液,最后在70℃时干燥得到处理后的PMMA,与未经任何处理的PMMA(静电半衰期为7min)相比,经过处理的PMMA静电半衰期为0.5s。其反应机理是有机抗静电剂分子与PMMA分子通过自由基而相互交联,从而达到有机抗静电剂在PMMA表面的固定化,具体反应机理如图4-5所示。

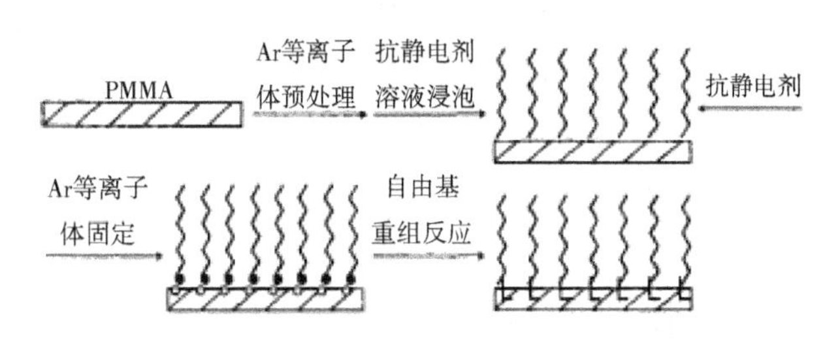

图4-5　PMMA等离子体表面接枝反应机理

(三)化学改性

化学改性是利用等离子体作用在材料表面产生一定的可反应化学作用基团,并在一定的条件下发生化学反应,从而改变材料表面的化学组成,引发其表面化学性质发生变化,同时引起其表面产生某些机械物理性质的相应变化。

高分子材料经NH_3、O_2、CO、Ar、N_2、H_2等气体等离子体处理后接触空气,会在表面引入

—COOH,—C═O, —NH_2,—OH 等基团,增加其亲水性。处理时间越长,被处理高分子材料表面与水接触角越低。如采用氧等离子体处理,可使纺织纤维表面分子链中引入含氧的基团(羰基、醛基、羟基等),从而使织物表面极性和亲水性增强,最终导致黏合、染色、吸湿等性能的增强。采用 O_2、I_2、NH_3等离子体处理聚酯、聚酰亚胺、聚丙烯薄膜,可将薄膜的表面电阻率降低2~4 个数量级,将这种技术应用于微电子技术领域,可使电子元件的连接线路体积大大缩小。采用 Ar、N_2或空气低温等离子体处理,可在棉纤维表面形成羰基、羟基过氧基团和自由基团,从而提高棉纤维吸附水和油的速度。将牛腱中提取的胶原蛋白制成薄膜试样,通过 O_2和 Ar 等离子体表面处理后,与水和二碘甲烷的接触角明显小于未处理样品。原因是等离子体改性使胶原表面的极性基团增加,并出现不同程度的结晶。采用空气/Cl_2电晕放电低温等离子体处理棉纤维,可在纤维上接枝氯原子,从而提高棉纤维的吸水性、润湿性,并获得一定的阻燃性。

利用等离子体对聚合物表面疏水化处理也是一个重要的方面。例如用 CF_4等离子体处理可获得氟化表面或类似聚四氟乙烯的表面;表面引入的含氟基团又可以用 Ar 等离子体可控地去除,由此可获得一系列不同湿润性的表面,适用于特定场合的生物医用材料。用全氟烃等离子体处理 PET 膜,发现处理后膜吸附白蛋白的保留时间延长,增加了其抗凝血性。采用等离子处理医用 PVC 膜时,也会提高其抗凝血性。利用氟碳等离子体处理棉、丙纶、锦纶、涤纶等,可在纤维表面引入氟元素,使织物表面张力大大降低,接近聚四氟乙烯的表面张力,提高改性纤维疏水性,织物具有很好的拒水性。

李岩等在改性废橡胶胶粉的 PVC 复合材料中,采用氧等离子体处理胶粉,在其表面引入极性基团,从而提高胶粉表面的亲水性和与 PVC 基体的粘接强度,但等离子体的处理时间应适当,过长的处理时间反而导致胶粉/PVC 复合材料力学性能的降低。

低温等离子技术在材料表面处理技术方面的研究应用,也为皮革涂饰技术和功能皮革的开发,提供良好的应用前景。在制革涂饰方面,利用等离子体产生刻蚀、交换、接枝及共聚反应与沉积作用,可提高涂饰材料与皮纤维的交联能力、黏附性能以及增加它们之间的相容性,提高涂层的防水、防油、防污和抗静电性能。例如在鞣制化学方面,选择不同的等离子气体改性胶原材料,有选择性地改变胶原纤维表面化学组成、表面电荷,引入大量的活化基团如羰基、羧基、羟基、氨基等,增加胶原蛋白质分子上的反应活性点和活化自由能,从而大大提高金属离子与胶原蛋白质分子的结合能力和交联鞣制作用。

(四)接枝聚合反应

接枝聚合反应是通过激发分子、原子、自由基等活性离子与有机物分子发生相互作用而导致聚合或接枝,最终达到改性的目的。这种改性方法对于改变材料表面整体性能具有独特的优势。如采用氖等离子体处理高分子物质,使之形成自由基,随之再与自由基可引发的某些单体接触,发生接枝聚合反应,从而实现对高分子材料表面改性的目的。用非聚合性气体(如 Ar 等)低温等离子体对涤纶等合成纤维进行短时间处理,表面生成自由基,在这些自由基活性状态下与丙烯酸及其衍生物等聚合性单体接触,能够引发材料表面的接枝共聚反应。

聚四氟乙烯是一种高度对称的非极性线型高分子材料,它具有优良的化学稳定性、自润滑性、不燃性、耐大气老化性和高低温适应性等性能,且具有较高的机械强度,是一种综合性能优异的军民两用工程塑料。但它表面具有高度的憎水性,因此难以进行粘接、涂装等加工,对生物相容性差。利用高纯度 Ar 等离子引发对 PTFE 膜进行表面接枝丙烯酸处理,空气中的氧气或水蒸气能与膜表面的活性自由基发生反应,在样品膜表面引入羟基或羧基等基团,并进一步使丙烯酸在其表面形成聚丙烯酸薄膜,从而显著改善膜表面的亲水性和表面稳定性。而 PTFE 膜表面亲水性与其表面的丙烯酸接枝率具有一定的线性关系。等离子体改性膜表面亲水性越好,其表面丙烯酸接枝率越高。X. P. Zhou 等先用 H_2等离子处理 PTFE 膜,并将甲基丙烯酸缩水甘油酯(GMA)在改性后的表面进行等离子聚合,实现 PTRE 膜表面接枝共聚。表面改性后 PTFE 与铜的 180°剥离强度可以达到 5N/cm,其破坏类型是 PTFE 的内聚破坏。

利用等离子体对高分子材料表面接枝改性,是制备生物用高分子材料的一个重要方面。等离子体表面处理使肝素接枝在材料表面,赋予聚合物材料表面优良的血液相容性。为了防止凝血,可在输血或透析用的聚氯乙烯人造血管上进行接枝肝素。氮等离子体处理过的材料,其凝血速度减小,效果为未处理材料的 20%~30%。

第四节　辐射改性

一、辐射化学定义

辐射化学由 M. Burton 在 1942 年正式提出,它是化学分支学科之一,主要研究电离辐射与物质相互作用所产生的化学效应。现在已知的辐射诱导化学变化主要有:辐射聚合、辐射合成、辐射分解、辐射降解等。对于聚合物表面改性而言,主要涉及辐照接枝表面改性,即聚合物利用电离辐射(直接或间接地导致分子的激发和电离)来诱发一些物理化学变化,从而达到改性的目的。

通常能产生高能射线的物质和装置统称为辐射源,包括能量高于 50eV 的电磁波(如 X 射线和 γ 射线)、高能荷电粒子(如被加速的电子、质子、氦核等)和裂变中子。

在辐射化学中,所谓的辐射化学产额是表示一种粒子每吸收 100eV 的辐射能量,该粒子的变化个数,国际单位为 (mol/J),习惯单位是(分子/100eV),两者的换算关系是:

$$1\ 分子/100\text{eV} = 1.036\times10^{-7}\text{mol/J}$$

而通常所说的吸收剂量是指单位质量介质吸收的辐射能,即:

$$D = \mathrm{d}E/\mathrm{d}m$$

式中:D 为吸收剂量;dE 和 dm 分别为小体积元中介质的质量和所吸收的能量。吸收剂量是一个平均值,而剂量率是单位时间内的吸收剂量,即:

$$D' = \mathrm{d}D/\mathrm{d}t$$

吸收剂量和剂量率的 SI 单位分别为 Gy[戈(瑞)]和 Gy/s,习惯常用单位为 rad(拉德)和 rad/s。两者之间的换算关系为:

$$1\text{Gy} = 100\text{rad}$$

二、辐射接枝改性原理及方法

辐射接枝是高分子材料表面改性的一个重要方法，与传统接枝方法相比具有它自身的特点。不同表面接枝改性方法比较如表 4-4 所示。

表 4-4 各种接枝方法的比较

项目	辐射法	紫外光法	等离子体法	化学引发剂法
生成自由基的机理	辐射分解	光引发剂的分解	等离子体中的电子	化学引发剂分解
主干聚合物种类	种类任选	有限定	种类任选	有限定
基材形状	任何形状	平膜	有限定	有限定
基材表面接枝	可以	可以	可以	不能
基材内部接枝	可以	不可以	不可以	可以
单体种类	任选	任选	任选	限定
工业化大量生产	可以	尚无	尚无	可以
装置的价格	大	小	中	小

(1)相对于化学法接枝，辐射引发的接枝反应更为均匀有效。这是因为采用化学法对固态纤维进行接枝改性时，在其表面很难形成均匀的引发点，而利用电离辐射，特别是能量高、穿透力强的 γ 辐射，可以在整个纤维中均匀地形成自由基，便于接枝反应的进行。

(2)相对于紫外引发接枝，电离辐射可被物质非选择性吸收，因此可应用于任何一对聚合物-单体体系的接枝共聚体系。

(3)辐射接枝操作简单，室温甚至低温下已可完成。同时，可以通过调整剂量、剂量率、单体浓度等方法来控制反应，从而得到所需的接枝速度、接枝率和接枝深度(表面或本体接枝)。而紫外线与等离子体只引发基材表面附近的反应，难以在聚合物内部引发接枝反应。

(4)辐射接枝反应无须外界引入引发剂，所以得到的接枝共聚物绝对纯净。

常用的辐射接枝法按照辐射与接枝程序的不同可分为共辐射接枝法和预辐射接枝法两种。

1. 共辐射接枝法

共辐射接枝法也可称作直接辐照或同时辐照接枝，是指将待接枝的聚合物 A 和乙烯基单体 B 共存的条件下辐照，易生成均聚物。单体 B 可以是气态、液态或溶液状态，便于和聚合物基体 A 保持良好的接触。辐照会在聚合物 A 和单体 S 同时产生活性粒子，相邻的两个自由基成键，这时单体发生接枝聚合反应。但是由于所产生的大量自由基的非选择性，不可避免地存在单体 B 均聚物的生成。共辐射接枝聚合示意图如图 4-6 所示。

共辐射接枝的优点是操作简便，辐照与接枝过程可以在辐射场内同时进行；聚合物经过辐照产生的自由基可以马上利用，引发接枝反应，能充分利用辐射能源，对聚合物自由基的利用率最高(可达 100%)，所以共辐射接枝要求剂量较低；另外，单体 B 对聚合物 A 有一定的保护作用，尤其对辐射稳定性较差的聚合物，这样可以降低聚合物 A 的辐照裂解程度。其缺点是体系发生接枝反应的同时，单体 B 发生均聚反应，当单体浓度较高时，这一现象更为严重，不仅降低了接枝效率，而且生成的均聚物常附着在聚合物基材上，增加了去除均聚物的难度。

2. 预辐射接枝法

预辐射接枝法是将聚合物A在有氧或真空条件下辐照，然后在无氧条件下放入单体B中进行接枝聚合。这种方法的特点为辐照与接枝是分步进行的，优点为最大限度地减小了产生均聚物的可能性，并且在无辐照源的地方人们也可以从事一些辐射接枝的研究和生产；缺点是由于产生的自由基存活时间不长，接枝时的自由基利用率降低，对于接枝率和接枝效率都有负面的影响。预辐照接枝机理如图4-7所示。

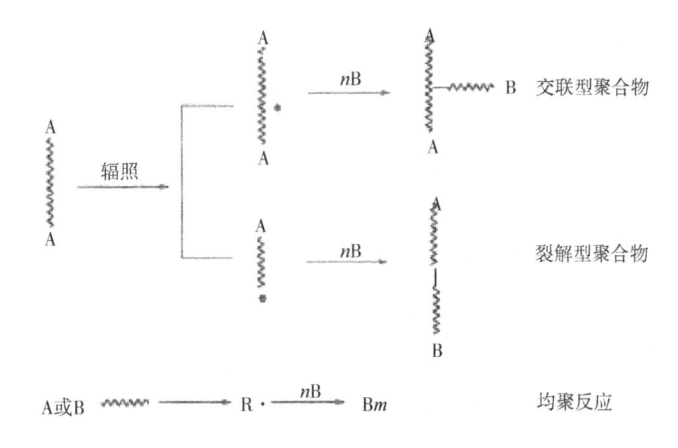

图4-6　共辐射接枝聚合过程示意图

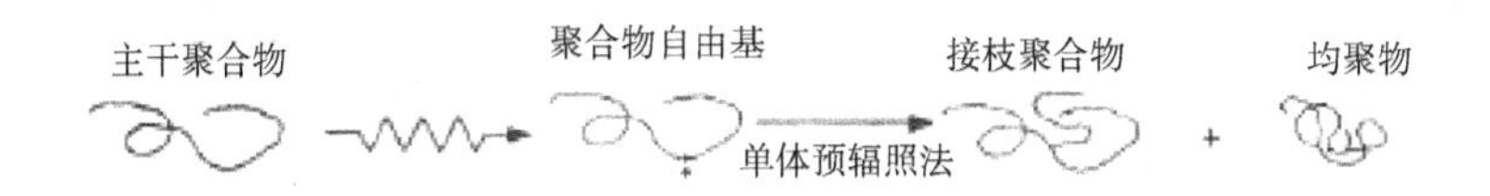

图4-7　预辐照接枝机理

三、共辐照接枝的应用

1.聚合物表面性能的改进

利用辐射可以在聚合物表面接枝一些单体或低聚物，从而达到改性的目的。通过辐射接枝可以改善聚合物的亲水性、耐油性、染色能力、抗静电性、可印刷性、防霉、抗溶剂性、导电性、生物相容性等。例如将丙烯酸接枝在聚苯乙烯上可以增加基材的粘接性；将丙烯腈接枝到聚氯乙烯纤维上可以防止热收缩；接枝丁二烯能改善其耐冲击性；PP辐照接枝氯甲基苯乙烯可提高其染色性；利用共辐射技术在涤纶织物上接枝丙烯酸可以明显改善其亲水性、释污性、抗静电性、可染性等方面的缺点。

对超滤膜进行改性，可以改善膜表面的亲水性，有利于提高膜的抗污染性能。将乙烯基单体接枝在聚偏氟乙烯超滤膜，再进行磺化，使聚偏氟乙烯成为具有磺酸基团的聚偏氟乙烯。随辐照剂量的增加，接枝反应时间的延长，接枝率提高，适当提高磺化反应温度和延长磺化反应时间，可增加膜的交换容量。改性后的聚偏氟乙烯超滤膜的截留率提高，污染度下降，亲水性增强。

选择适当的反应条件和接枝单体（如丙烯酸）可对低密度聚乙烯和聚四氟乙烯膜进行辐照表面改性。研究发现，丙烯酸接枝不仅发生在膜的表面，同时也发生在聚合物的基材上。由于接枝单体上羧酸基团的存在，可进一步得到离子型聚合物或金属丙烯酸络合物，从而改善了膜表面的亲水性、导电性和机械性能。

以丙烯酸乙酯和甲基丙烯酸甲酯(5∶1)的混合物为辐射接枝改性单体,在 N_2 的条件下,采用 γ 射线辐照,可解决酸性古书纸劣化的难题,还可提高纸的强度。

中空纤维膜是用聚合物制备的,纤维中心是空的,而壁上有微细的小孔。家庭用水的净化器、人工肾脏、发电站循环水的过滤装置、工业废水处理、氮气发生装置等上面都会用到它。在中空纤维膜内壁引入功能性基团,就可以选择地除去金属离子和蛋白质。在中空纤维的内壁进行接枝聚合反应是等离子体与紫外光法难以实现的,因此中空纤维内表面的改性是辐射接枝聚合反应的独特优势所在。由于中空纤维的微细结构,用预辐照气相聚合法比较合适。

2. 共混体系相容性的改善

超高分子量聚乙烯(UHMWPE)是一类性能优异的热塑性工程塑料,但它与其他聚合物缺乏界面亲和性以及不能与无机填料良好地粘接等缺陷,限制了它在塑料合金及聚合物基复合材料等领域的应用。通过在大分子链上接枝极性基团后,再与其他聚合物等进行共混,可明显地改善组分间的相容性,使产品的性能显著提高。分析结果表明:辐照剂量对 UHMWPE 的接枝反应影响显著,因此在接枝反应中应严格控制其辐照剂量,适当调整单体的加入量。事实上,MAH 作为一种非常容易均聚的单体比较容易在 UHMWPE 的大分子链自由基上进行接枝反应,辐照剂量的增加会在 UHMWPE 表面上引发较多的过氧化基团,随 MAH 单体用量的增加,参与接枝反应的机会增多,从而使得接枝率有所提高,但是辐照剂量过高,会引起 UHMWPE 分子的交联,从而对接枝过程产生不利影响。

3. 复合材料复合界面的改善

聚四氟乙烯具有优良的介电性能,耐大气老化、耐化学腐蚀、优异的润滑性,可广泛用于军工、化工、机械等部门。但由于它表面能低,难与其他材料粘接,在很大程度上限制了它的使用。利用 $^{60}Co-\gamma$ 射线辐照使聚四氟乙烯与某些特定的单体进行接枝共聚,从而改变其表面性能,大大提高材料的可黏性。

为改善碳纤维表面的光滑程度,化学惰性导致其与树脂基体浸润性差,复合材料界面容易形成应力弱点的不足,采用 $^{60}Co-\gamma$ 射线共辐射技术(吸收剂量 30kGy,剂量率 4.8kGy/h),在酚醛/乙醇溶液中对碳纤维表面进行处理后,碳纤维表面的 AFM 照片如图 4-8 所示。

可见,未处理的碳纤维表面比较光滑,有平行于碳纤维轴向分布的较规则的沟槽,沟槽较浅;而辐照处理后的碳纤维表面与未处理的明显不同,平行于纤维轴方向沟槽变深,并且有颗粒状突起。经过辐照处理后,碳纤维的表面粗糙度从 13.5nm 增加

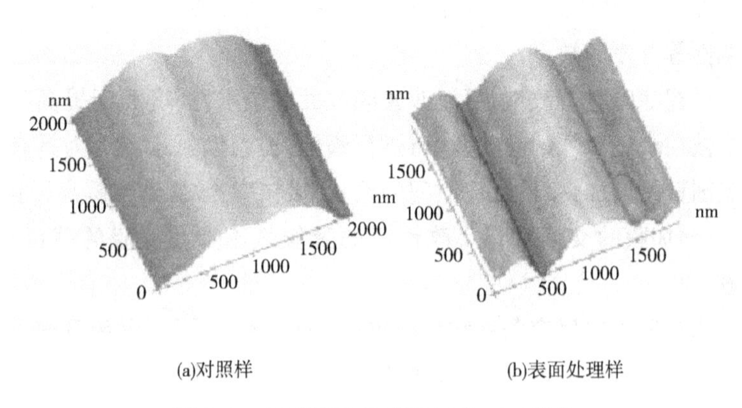

(a)对照样　(b)表面处理样

图 4-8　辐照前后碳纤维表面 AFM 照片

到 27.2nm。这种表面粗糙度的提高，表面突起结构的深化，增强了纤维与树脂之间的锚固效应，也增大了纤维与树脂之间的接触面积。同时较深的沟槽和凸凹不平的表面有利于液体的润湿，使纤维与树脂的物理粘接作用也得到加强。而在将碳纤维浸润在环氧树脂/丙酮接枝液中，经^{60}Co-γ 射线辐照改性研究中发现，在适当的辐照剂量下，可明显提高其复合材料的层间剪切性能，比未处理时提高 21%，而纤维的本体强度却没有损伤；通过 XPS 对碳纤维表面化学组成分析发现纤维表面含氧官能团增加，这有利于纤维与树脂表面形成化学键合，从而使界面黏结性能大大提高。

相比较而言，采用 γ 射线辐照相对于化学交联和等离子处理 PBO 纤维与环氧树脂复合材料界面性能的改善程度最好，可使 PBO 纤维与环氧基体的 NOL 环层间剪切强度（ILSS）从 10. 2MPa 提高到 23.1MPa。除辐照导致纤维表面粗糙度提高，增加纤维与基体树脂的接触面积外，还由于 γ 射线能量高，穿透力强，不但可以激活纤维皮层聚合物，同时还激活接枝体化合物，产生各种能级的活性中间体。部分活性中间体接枝到纤维表面，形成接枝体分子与纤维表面存在明显的化学键合。

4. 功能改性材料的制备

有人利用电子束预辐照，以丙烯酸为单体，与等规聚丙烯粉末进行接枝共聚，将接枝率大约为 200%的接枝物在室温下对部分过渡金属离子的平衡吸附量进行测定，由表 4-5 可以看出，接枝物对过渡金属离子有较强的吸附性能，而且对某些离子（Pb^{2+}）有较明显的选择性，有望成为一种有较强应用前景的弱酸性离子交换材料。

表 4-5　接枝物（聚丙烯—g—丙烯酸）吸附过渡金属离子能力

金属离子	Zn^{2+}	Ni^{2+}	Pb^{2+}	Co^{2+}	Cu^{2+}	Fe^{3+}	Hg^{2+}	Ba^{2+}
吸收量（pH=4.0）/$mg \cdot g^{-1}$	2.89	4.92	45.37	4.15	7.74	12.81	16.33	18.77
吸收量（pH=7.0）/$mg \cdot g^{-1}$	12.31	6.62	47.74	5.59	11.04	13.17	19.87	25.07

注　吸收前金属离子浓度 4.0×10^{-4}mol/L。

用电子束预辐射接枝的方法，可以大大提高 EVA 和 EPDM 的阻燃性能，这是一个值得研究和开发的新型阻燃途径。在处理工业废水时，较多用到絮凝沉淀剂，其中聚丙烯酰胺是其中效果较好的一种，但是由于它使用时受 pH 值、离子杂质、温度等因素的影响，采用^{60}Co-γ 射线辐照方法将微晶纤维或淀粉接枝在聚丙烯酰胺上，制备聚丙烯酰胺接枝改性聚合物，这种接枝改性聚丙烯酰胺对废水有良好的絮凝效果。

第五节　生物酶表面改性

酶是由具有生物活性的生命体所产生的，是生物体生存和进化不可缺少的物质。它们是具有一定催化作用的特殊蛋白质，可以加速细胞中自发进行的几百种反应。因此酶也常被称为生物催化剂。生物酶表面改性的优势在于它们对某种反应和/或底物的高度特异性。探索和开发新的酶系统和新工艺用于高分子材料的表面改性,引入功能性,对生物模拟特定性质,特别是采用酶处理所获得材料表面的化学异质性,拓扑学和粗糙度的综合影响(拓扑化学)。酶处理相对于其他传统化学处理的优势还在于其环保优势,即以最少量的水和化学品消耗、缩短的处理时间来提高获得被改性材料表面可定制的、综合性能优势。因此湿式纺织工艺将随着生物化学、生物催化、遗传学与材料学的交叉融合以及酶的大规模工业生产转向基于生物技术的环保工艺方向。

一、酶的作用机理及催化特性

酶活性的体现与特定的活性部位(活性中心)有关。该部位具有特定三维结构,处于酶分子表面的一个裂槽内,在此发生和底物的结合和对底物(作用的对象)的催化作用,所以活性部位可分为结合部位(或结合中心)和催化部位(或催化中心)。结合部位决定酶催化作用的专一性而催化部位决定酶的催化活力和专一性。

酶对底物作用的专一性与三种选择密切相关:酶的活性部位和底物具有特定的大小和几何性质,酶活性部位的基团和底物上的基团应有必要的相互作用力,酶的催化基团与被反应的键或基团的相对位置还应配合适当。

酶与底物的作用机理和过程如图 4-9 所示。

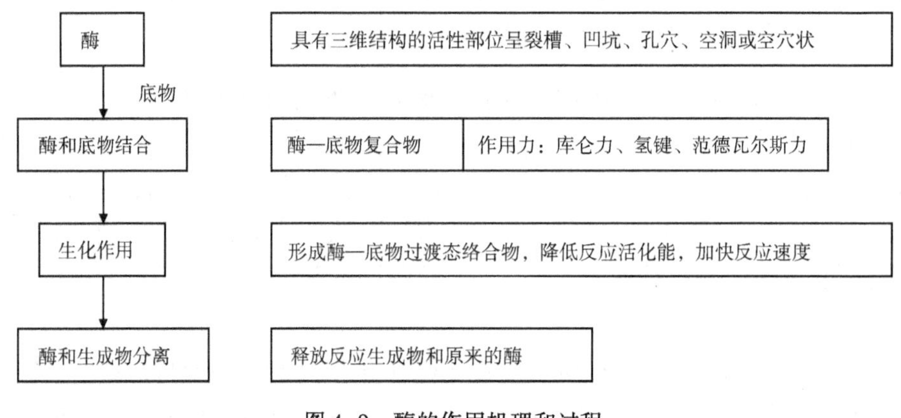

图 4-9　酶的作用机理和过程

二、影响酶反应的因素

(一) pH 值的影响

酶具有最佳活性的 pH 值范围。酶分子上有许多酸性、碱性氨基酸的侧基,这些基团随 pH 值的变化可处于不同的离解状态,而侧基的不同离解状态可直接影响底物的结合和进一步的反应,或者影响酶的空间结构,从而影响酶的活性,如图 4-10 所示。

酸碱变化对酶作用的影响主要表现在如下几个方面:酸或碱可使酶的空间结构破坏,引起酶的活力丧失,这一过程可逆或不可逆;影响酶的活性部位催化基团的离解态,使得底物不能分解为产物;影响酶活性部位结合基团的离解状态,使得底物不能与其结合;影响底物的离解状态，或使底物不能与酶结合，或结合后不能生成产物；影响酶的分子构象，从而影响酶活性的体现。不同酶的最佳 pH 值如表 4-6 所示。

值得一提的是，酶最适 pH 值范围与酶最稳定的 pH 值不一定相同。酸性蛋白酶最适合的 pH 值为 3.0 左右，稳定的 pH 值范围为 2.0~5.0；中性蛋白酶最适合的 pH 值为 7.0 左右，稳定的 pH 值范围为 6.0~9.0；碱性蛋白酶最适合的 pH 值为 9.5~10.5，稳定的 pH 值范围为5.0~10.5。

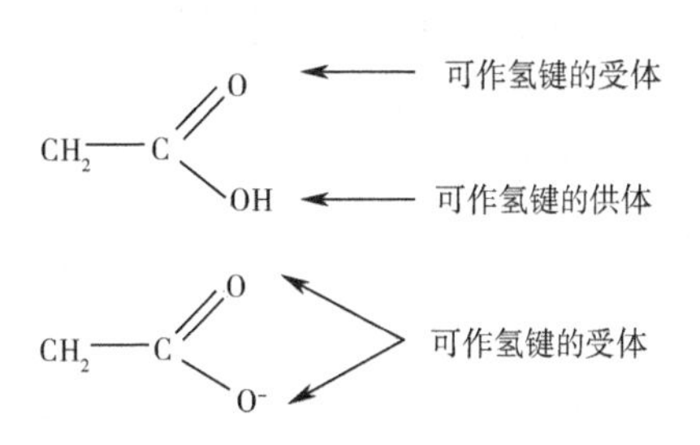

图 4-10　环境 pH 值对酶分子侧基离解状态的影响

温度对酶作用的影响主要体现在酶效能发挥的有效性和对反应速度的影响。升高温度可导致酶活性的提高，但是过高的反应温度导致酶发生热失效。在实际使用中要平衡升高反应温度，且保证酶不丧失活性。不同酶的最佳使用温度如表 4-6 所示。

表 4-6　酶的最佳作用温度和 pH 值

条　件	酶的种类	
	动物组织中的酶	植物和微生物中的酶
温度/℃	35~45	32~60（淀粉酶 90）
pH 值	6.5~8.0	4.5~6.5

（二）金属离子

无机盐是微生物反应不可缺少的营养成分，也是菌体和酶的重要组成成分。某些金属离子是稳定酶三维结构的重要因素；部分金属离子则直接参与催化反应。外加的金属盐会改变酶的许多性质，如溶解性。金属离子对胶体性能也很敏感，可以消除胶体微粒的电荷，降低溶解性，甚至发生沉淀。例如在酶的提纯中，采用硫酸铵为沉淀剂，用于蛋白质的获取。

酶的热稳定性和金属离子的关系密切，例如酶反应体系有钙离子时，酶的热稳定性能会有所提高。金属离子对酶的活性影响具有很强的选择性，可作为活化剂（激活剂）和抑制剂而存在。一般，对于大多数的酶而言，重金属离子，例如 Ag^+、Fe^{2+}、Hg^{2+}、Cu^{2+}等对酶的活性起到抑制所用。重金属离子抑制酶的活性，一般可以认为是和酶的某些基团发生反应所致。例如 Ag^+、Cu^{2+}、Hg^{2+}等和酶的活性基团如巯基生成金属化合物，导致酶的活性被抑制。

（三）抑制剂和激活剂

抑制剂对酶活性的影响主要体现在如下几个方面：

（1）钝化作用，通过一些物理和化学因素破坏酶的三维结构，引起酶活力降低或丧失活性；

（2）抑制作用，由于酶的某些基团或活性部位的化学性质的改变而引起的酶活性降低或丧失活性；

（3）竞争作用，部分抑制剂和酶的作用底物有相似的化学结构，当这些抑制剂浓度足够大时，能同底物竞争与酶分子结合，因而影响酶与底物的结合，降低酶对底物的催化反应的频率因子，此时可以通过增加底物的量来加以克服。

(四)酶浓度和底物浓度的影响

在反应底物浓度足够大的情况下,酶反应速度和酶的浓度成正比,属于表观一级反应。但是当酶的浓度超过一定量时,再增加酶的用量反而导致反应速度偏离线性关系;当底物的浓度增加到一定程度,体系中的酶已全部和底物结合后,再增加底物,反应速度不会增加。在织物的处理过程中,反应发生在固-液界面,因此反应速度还与纤维的数量,纤维的表面积、表面状态以及纺织品的组织结构、反应环境有关,纤维的润湿性和纤维的吸水性也会影响酶的反应速率。

(五)酶的种类

酶的催化活性具有专一性,但是对于相同的酶化学改性目的,所选用的酶的种类对于获得良好改性的效果十分关键。

例如,对 Lyocell 纤维进行生物酶去原纤化整理时,可以用酸性纤维素酶和中性纤维素酶,酸性纤维素酶比中性纤维素酶对 Lyocell 纤维的侵蚀性更高,因此生产中主要用酸性纤维素酶对 Lyocell 纤维去原纤化。

(六)机械搅拌

在生物酶处理的过程中,可伴有一定的机械作用力。例如在棉织物的生物整理中,机械搅动可促使棉初生胞壁与次生胞壁间连接松弛化,使棉表面的微孔、裂缝变大,暴露其内部组织,增加酶渗入微孔和裂隙的机会,提高酶的作用效率。但非常高的剪切力会破坏酶的三维空间结构,从而使酶失活。

(七)表面活性剂

阴离子表面活性剂、阳离子表面活性剂可与酶蛋白生成复合物而破坏其蛋白结构,在高浓度下,其与酶蛋白结合生成伸展的棒状复合体,因此对酶活性均具有不同程度的抑制作用。非离子表面活性剂通常不与酶蛋白结合,不干预酶的三维空间结构,从而能保持酶本身的活性,同时有利于酶的“生物功能”,但其浓度不能高于其临界胶束浓度。

例如在羊毛抗缩整理中,不同的阴离子表面活性剂对酶处理效果存在差异。典型的阴离子表面活性剂如脂肪酸钠、十二烷基硫酸钠表现出不同的促进酶活性的作用。油酸钠可作用于羊毛纤维内部,使皮质层细胞膜水解;而十二烷基硫酸钠仅作用于羊毛纤维的表面,同时可减小羊毛纤维原纤化的趋势,改善纤维的机械性能。

(八)其他

除上述影响酶活性的因素外,酶分子和底物反应的邻近效应;多元催化和微环境的影响;诱导契合效应;其他添加物,包括防腐剂的抑制作用;浴比、搅拌速度、溶液循环;外部能源,如辐射、超声波、等离子体等对酶活性也有一定的影响。

三、生物酶在聚合物表面改性中的应用

将生物酶用于聚合物的表面改性,包括对典型的纺织纤维(合成纤维和天然纤维)及织物材料,如棉、麻、丝、毛,聚酯纤维、聚酰胺纤维的表面处理和(表面)改性 ,或对一些特殊的或者新型的纺织纤维,如几丁质/壳聚糖,聚(乳酸)(PLA)纤维进行纤维(表面)性能的改变或改善,引入功能性,增加纤维的特定环境适用性和便利性。根据生物酶处理的最终目的可分为:去除

聚合物表面的杂质;改善聚合物表面的物理结构;改变聚合物的表面(化学、生物学)性质,这常与其他的表面改性手段配合使用,如表面接枝改性。

(一)植物纤维的除果胶和天然蚕丝的脱丝胶

果胶是原棉和麻纤维中的一种伴生物。利用果胶酶来去除麻、棉纤维中的果胶等杂质,使纤维表面的纤维素大分子分解,同时果胶呈游离状态,可达到棉纤维表皮杂质去除的效果,避免化学脱胶中大量碱液和表面活性剂的使用。天然蚕丝中丝胶也可以采用脂酶和蛋白酶加以去除。利用酶进行精练处理,通常不仅不会影响纤维的骨架,且可将对纤维的破坏降至最低。

(二)生物酶退浆

酶退浆是绿色纺织的一个重要方面。为提高纱线的强度,纤维抱合力和增加纱的润滑性、抗静电性,常用淀粉浆(棉)、PVA、羧甲基纤维素、聚丙烯酸酯(涤、锦)等对其进行上浆处理。酶退浆是利用酶高度的专一性,可将淀粉催化水解变成可溶状态,易于洗去,达到高效退浆的目的,同时对纤维的损伤不大。对于淀粉浆料而言,则可用淀粉酶对其进行降解,最终得到低分子的葡萄糖。它克服了碱退浆需要堆置时间长,不利于生产的连续化和织物再沾污以及环境水污染大的弊端。

(三)生物抛光

利用纤维素酶或蛋白酶可对纱线或织物进行一种"生物抛光"处理。例如,采用纤维素酶实现对纤维素分子结构中的1,4-β-葡萄糖苷键的催化作用,从而去除棉、Tencel(Lyocell)、黏胶纤维或纱线表面伸出的微原纤、小纤维末端等结构,从而使得织物表面更光洁,绒毛更少,形成小球的倾向减小,颜色更清晰,织物更柔软,悬垂性更好。与常规化学柔软剂相比,酶处理后获得的柔软效果具有耐洗涤和不油腻的特点。一半纤维素材料通过以下三类纤维素酶的协同作用被水解。

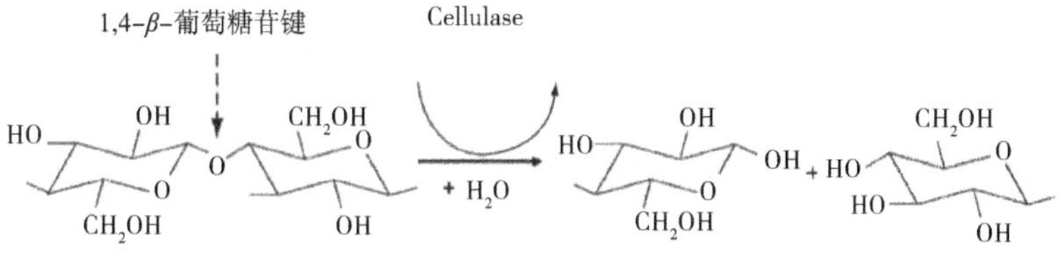

(1)内切-β-1,4-葡聚糖酶(EC 3.2.1.4),也称为纤维素酶或内切葡聚糖酶。

(2)纤维素1,4-β-纤维二糖苷酶(EC 3.2.1.91),也称为纤维二糖水解酶(CBH),外切纤维二糖水解酶或外切葡聚糖酶。

(3)β-葡萄糖苷酶(EC 3.2.1.21),也称为纤维二糖酶。

内切葡聚糖酶将无定形纤维素随机水解成较小的片段,从而产生新的末端。外切葡聚糖酶作用于纤维素聚合物的末端,从而产生纤维二糖。纤维二糖被β-葡萄糖苷酶水解,从而产生葡萄糖。外切葡聚糖酶也作用于更多结晶区域,从而使它们更容易被内切葡聚糖酶水解。

外切葡聚糖酶主要包括两种类型:一种是从纤维素聚合物的非还原端逐渐起作用,另一种则从纤维素聚合物的还原端逐渐起作用。

纤维素酶的性能根据其最佳温度或 pH 值(酸性稳定,中性或碱稳定)进行分类。而在实际使用中,可以根据特定的应用或效果要求,进行特定的配方设计,例如有针对性地选择富含内切葡聚糖酶的制剂,单组分纤维素酶和具有独特性质的改性纤维素酶,或者提高温度稳定性的特种酶剂。

生化抛光首先需要控制失重率,一般为 3%~5%。失重率太低,纤维断头去除不净,抛光效果不好。随着失重率的增加,纤维和织物的强力会减小。另外,酶处理通常只能使纤维断头的连接力减弱,但并不能使它们从纱线本体脱离,要使它脱离还必须结合机械力作用来完成。

酶对天然动物纤维作用的最典型代表是羊毛的缩绒处理,即利用蛋白酶对蛋白质中肽键的特殊催化作用,实现对羊毛表面鳞片结构进行修饰。羊毛在蛋白酶的作用下,通过蛋白酶对羊毛 CMC 球状蛋白的水解使羊毛细胞(包括鳞片细胞和皮质细胞)剥离纤维主体;蛋白酶对羊毛的减量是通过化学水解达到(化学减量)的。采用酶处理常导致纤维强度的降低,但通过有效控制酶反应活性,或是预先将羊毛纤维在含有盐类的碱性条件下采用 H_2O_2 处理,可在一定程度上缓解或避免羊毛纤维机械性能的降低。

(四)改善织物组织及表面的物理结构

牛仔布的酶洗是一种绿色环保的新工艺,它是将牛仔服装上的浆料充分去除,并通过纤维素酶对牛仔服表面的剥蚀作用,使服装表面部分纤维素水解,造成纤维在洗涤时随摩擦的促进作用而发生纤维表面的刻蚀及吸附在纤维表面的靛蓝染料脱落,从而产生石墨洗涤效果。酶洗工艺可减少石磨时浮石的用量,保护机器不受损伤,避免浮石尘屑,减少环境污染,同时对缝线、边角、标记损伤小。酶洗还可以获得具有独特艳丽的表面和柔软的手感。若将不同的纤维素酶加以多种组合,并采用不同的工艺,则可产生数百种的外观效果。

在棉纤维的超级柔软整理中,可利用纤维素酶对棉的水解作用使织物表面改性,通过控制处理失重率在 3%~5%,获得丝一般的超级柔软手感,获得新的织物风格。

将生物酶处理和其他表面改性技术配合使用,可以利用不同改性手段的优势,实现改性的协效互补的改性目的。例如,采用等离子体和生物酶共同作用,用于醋酸纤维滤嘴的改性,可使纤维的比表面积相对于单独采用等离子体或生物酶处理而言增加得更为明显,同时使纤维的吸附作用和截滤性能增强。

(五)改变聚合物的表面性质

合成纤维多为疏水性,在使用过程中容易产生静电,影响服用性能。通过酶处理,将纤维大分子中的特定疏水性基团转变为亲水基团,可在一定程度上改善合成纤维或织物的吸湿性、抗静电性和染色性能,改善纤维外观光泽。相对于常规技术,酶处理的优点在于,因为酶太大而不能渗透到材料的本体相,故对合成纤维的整体性质无影响。

日本京都工艺纤维大学的小田耕平教授在自然界发现并培养出一种涤纶分解菌,用其萃取制得的粗酶液对涤纶进行表面减量处理。据报道,该菌在两个月内,可使涤纶强度最多降低 50%,用扫描电镜观察,发现经酶处理后纤维表面变得凹凸不平,吸湿性相应提高。此外,佐藤教授、Mee-Young Yoon 等对涤纶的生物酶改性也进行了研究,利用酯酶使涤纶的表面产生了许多裂缝和空隙,改进纤维的吸水性、抗起球性、抗静电性和去污能力。

采用腈水解酶、腈水合酶和酰胺酶等对腈纶的表面改性时发现,腈水合酶可选择性催化聚丙烯腈纤维表面的部分氰基,使其水解生成亲水性的酰氨基,从而导致纤维与水的接触角明显减小,吸湿性提高,纤维的体积比电阻下降了近两个数量级。

Sviridenok A I 等采用聚乙烯醇水溶液中的生物酶使聚对苯并咪唑(PABI)纤维表面的酰胺键水解成羧基和氨基,其中氨基被生物酶所消耗,而溶液中含有大量羟基的聚乙烯醇则与羟基发生反应接枝到纤维表面。改性后的 PABI 纤维增强聚砜复合材料的界面抗剪切强度从 43.4MPa 提高到 73.2MPa,PABI 纤维增强聚碳酸酯复合材料的界面抗剪切强度从 45.2MPa 提高到 73.9 MPa。

思考题

1.偶联剂改性的基本原理是什么?

2.水对硅烷偶联剂作用有无影响?

3.为什么在添加酯类增塑剂的改性体系,酞酸酯偶联剂的功效会有所降低?

4.有哪些方法可以改进聚丙烯/ZnO 共混纤维的强度?

5.PET 纤维抗静电改性可采用亲水油剂和 PEG,其各自的优缺点分别是什么?

6.PBO 增强热固性复合材料中,由于高性能纤维表面的光滑结构,导致其与基体聚合物的界面相容性差,复合材料的性能劣化,可以采用纤维表面化学氧化法进行改性而得以改善,该方法的作用机理是什么? 改性中应注意哪些问题?

7.动物纤维常采用双氧水进行表面处理,该方法的改性原理是什么? 对于羊毛纤维而言,这种改性方法可以获得什么效果? 改性的影响因素是什么?

8.丝光棉是如何获得的?

9.等离子体的种类及其各自的特点是什么?

10.羊毛纤维表面改性包括等离子体抛光、化学处理、酶处理等,请对比不同处理方法的优缺点。

11.金丝线作为一种特殊的纤维或者纱线因其表面特殊的光泽而备受重视,这种纤维的制备是在传统的纤维表面覆盖上一层金薄层,请问有哪些表面改性方法实现该目的,其优缺点分别是什么?

12.如何实现纺织品的表面疏水、疏油效果?

13.高分子材料表面接枝改性有哪些方法,其各自的特点是什么?

14.举例说明什么是酶催化改性的专一性和高效性。

15.在 60℃ 下,为什么采用蛋白酶对蚕丝进行脱胶处理效果不好?

16.导致酶催化失效的因素有哪些? 请举例说明。

17.牛仔布生物酶洗的原理及其影响因素是什么?

18.单向导湿织物是功能纺织品的代表之一,请根据聚合物表面改性的不同手段,试述实现织物单向导湿的方法及其原理。

☞参考文献

[1]Jancar J, Fekete E, Hornsby P R, et al. Mineral fillers in thermoplastics I Raw materials and processing[M]. New York: Springer-Verlag Berlin Heidelberg,1999.

[2]宋心远,沈煜如. 新型染整技术[M]. 北京:中国纺织出版社,2001.

[3]高淑珍,赵欣. 生态染整技术[M]. 北京: 化学工艺出版社,2003.

[4]幕内惠三. 聚合物辐射加工 [M]. 北京: 科学出版社, 2003.

[5]黄玉东. 聚合物表面与界面技术[M]. 北京:化学工业出版社, 2003.

[6]郭静, 徐德增,陈延明.高分子材料改性[M]. 北京:中国纺织出版社,2009.

[7]Kan Chi wai. A Novel Green Treatment for Textiles Plasma Treatment as a Sustainable Technology [M]. Boca Raton:CRC Press Taylor &Francis Group,2015.

[8]Wei Q. Surface modification of textile[M].Camridge:Woodhead Publishing Limited, 2009.

第五章　成纤聚合物的改性

☞ 本章知识点

1.成纤聚合物改性的主要途径；
2.常用纤维材料改性的方法及其原理；
3.共聚改性与共混改性的优缺点；
4.聚合物的阻燃改性；
5.从分子结构设计实现特定性能要求的共聚改性方法及其设计依据；
6.聚合物的抗菌改性原理、方法及其优缺点；
7.基于聚丙烯腈的智能水凝胶纤维；
8.吸附功能纤维；
9.离子交换纤维；
10.抗静电纤维；
11.聚丙烯纤维的驻极化处理及其性能特点。

为使纤维及纤维制得的产品的原有性能获得提升，或者使其具有新的功能性，往往可以通过对制备纤维的聚合物进行改性，一般而言，成纤聚合物的改性主要包括如下几个途径：

(1)通过聚合物分子结构设计：在聚合过程中引入不同组分，如引入刚性结构可改善其耐热性和阻燃性；引入柔性基团实现耐寒性能改进或者提供一定弹性和记忆效应；引入非对称结构，改善纤维加工性能或者染色性能；引入可染基团改善纤维染色性能；引入抗菌基团实现纤维的抗菌性能；引入阻燃元素如 N、P、Si、S、卤素等实现纤维阻燃的要求等。该方法的优点为：改性单元或者元素直接存在于分子链结构中，因此改性效果永久，对纤维可纺性影响不大。其缺点为：共聚或者接枝的组分选择有局限(如来源及热稳定性问题)，所得聚合物的可纺性不易控制(分子量及其分布)。

(2)通过在聚合时添加功能性非有机组分，实现原位聚合共混，采用该方法可以制备功能母粒或者直接用于纺丝原材料。该方法的优点为：非有机组分的分散性更好，使得做细小纤维的可能性增加；可实现定制化。其缺点为：添加量受到限制，部分功能添加剂的选择较困难，需要有良好的热稳定性，适合小批量生产。

(3)通过在聚合物加工过程中添加组分实现性能和功能的改善或者赋予，例如在聚合物纺丝时添加功能性添加剂。该方法的优点为：方法简单，功能添加剂利用率高，经济，有效期长，无三废产生；方便，灵活，可实现定制化。其缺点为：添加组分的分散性与加工设备和工艺密切相关,部分无机添加剂难以实现纳米级的分散,添加量受到限制,产品的机械性能受到影响;部分功能添加剂的选择较困难,需要有良好的热稳定性。

(4)通过纤维后整理实现纤维性能的提升或者功能化。在纤维获得稳定形态后,通过特殊的牵伸、定型、卷曲工艺获得纤维物理性能的改进,或者采用一定的化学、辐照、等离子等实现纤维表面化学组成或者粗糙度的改变,从而赋予纤维一定的功能性。该方法的优点为:定制化,不会影响纤维材料的纺丝成型过程,特别是成型时的高温影响,高剪切速率以及影响纤维的拉伸性能,或者溶剂对添加组分的相互影响。加工简单,成本低,对颗粒尺寸要求小。其缺点为:功能剂用量大,生产效率低,有三废产生,耐久性差等。部分处理方法涉及改性功能的永久性问题。

第一节 聚酯纤维改性

聚酯纤维具有优良的力学性能和综合服用性能,因此在服装用和产业用方面具有广泛的应用前途。聚对苯二甲酸乙二醇酯(PET)是聚酯家族中第一大品种,由其制备的服装挺括、易洗快干,但是聚合物本身结构特征也导致其作为纺织材料存在的不足,如染色性差,可使用染料的种类少;吸湿性低,易在纤维上积聚静电荷;织物易起球;将其用作轮胎帘子线时,与橡胶的黏合性差,因此需要对 PET 纤维材料进行改性。

一、聚对苯二甲酸乙二醇酯共聚改性

聚对苯二甲酸乙二醇酯(PET)改性中,化学共聚改性是一个重要的方面,武荣瑞等进行了系统的研究。化学共聚改性中,通过在聚合物主链上引入第三、第四组分,从而部分或全部破坏聚合物的结晶性能,改变大分子链的刚性,提高分子链间相互作用力,或是在大分子结构中引入一定的极性基团,改善聚酯对染料的亲和力。这种改性由于是在大分子结构中进行,因此相对于其他纤维改性而言具有明显的效果持久性。根据所添加的第三、第四组分分子链柔性的不同,目前所实现的聚酯共聚改性主要分为两大类,如表 5-1 所示。

表 5-1 改性聚酯中使用的不同化学结构共聚单体

分类	共聚组分	化学结构	T_g	T_m	T_c	V_c	η	纤维性能
刚性组分	间位(邻位)苯环,如 IPA、DMI、DMO	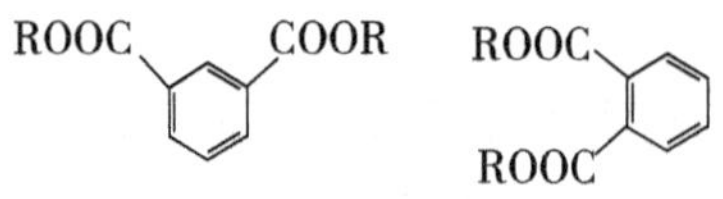 ROOC、COOR(间位苯环);ROOC、ROOC(邻位苯环);R=H、CH_3	↓	↓	↑	↓	↓	分散染料可染;高收缩性
	间位单体并含极性基团如 SIPM、SIPE	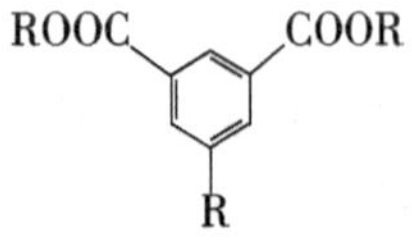 ROOC、COOR、R(间位苯环);R=—SO_3Na、—SO_2Na、—SO_2—O—C_6H_5	↓	↑	↓	↓	↑	阳离子染料可染;抗起球(低黏度);高收缩

续表

分类	共聚组分	化学结构	T_g	T_m	T_c	V_c	η	纤维性能
柔性组分	脂肪二酸(酯)如 DMA、DMS	$ROOC\leftarrow CH_2 \rightarrow_n COOR$ R=H、CH_3	↓	↓	↓	↓	↓	分散染料可染
	聚醚如 PEG	$HOH_2CH_2C\leftarrow O—CH_2CH_2 \rightarrow_n OH$	↓	↓	↓	↑	↓	分散染料常压可染；抗静电性

注　IPA—间苯二甲酸、DMI—间苯二甲酸二甲酯、DMO—邻苯二甲酸二甲酯、SIPM—间苯二甲酸二甲酯磺酸钠、SIPE—间苯二甲酸双羟乙酯磺酸钠、DMA—己二酸二甲酯、DMS—癸二酸二甲酯、PEG—聚乙二醇。

(一)添加刚性组分

1. 添加间位苯环

在 PET 分子结构中引入间位苯环，可制得改性聚酯 PET-Ⅰ。美国于 1959 年实现 PET-Ⅰ共聚酯工业化(商品名 Vycron)，主要用于制备易染纤维，由于 PET-Ⅰ结晶速度比 PET 慢，我国更多用其制备高收缩纤维。

添加间位取代苯环结构对 PET-I 热性能和结晶性能影响如图 5-1、表 5-2 所示。

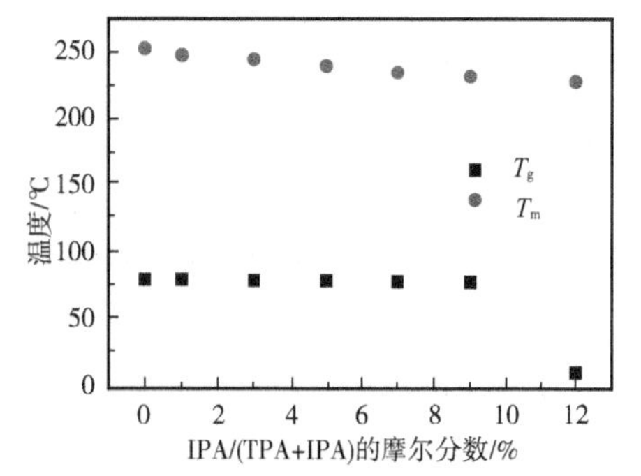

图 5-1　TPA 中添加 IPA 所得共聚酯的特征温度

由图 5-1 可见，随着间位苯环含量的增加，共聚酯的 T_g和 T_m均下降。而随 IPA 添加量的增加，共聚酯的结晶速率逐渐减慢(表 5-2)。这是由于添加组分破坏了 PET 大分子链的规整性，增加了分子链的空间位阻，改变了原有的分子间作用力，从而加强了大分子链段的活动能力，降低了材料的结晶性能。

表 5-2　PET-I 的结晶速率

IPA/(TPA+IPA)的摩尔分数/%	$T_{1/2}$/min	V_{max}/min^{-1}	T_c/℃
0	0.36	2.79	160
1	0.41	2.44	165
3	0.50	2.00	170
5	0.57	1.76	170
7	0.87	1.15	160
9	0.95	1.87	160
12	2.22	0.45	155

在 PET-I 的制备中，通过控制间苯二甲酸、对苯二甲酸、乙二醇的配比，可制备高收缩 PET

改性产品。也可在大分子结构中,引入第四组分,如新戊二醇(DTG),进一步破坏共聚酯的结晶性,如表5-3所示。

表5-3 高收缩改性共聚酯的性能

试样	DTG/g	IPA/g	TPA/g	T_g/℃	T_c/℃	T_m/℃	沸水收缩率/%	干热收缩率/%
纯PET	—	—	—	77.2	134.3	255.9	49.3	38.3
A-1	3.32	13.28	152.72	76.2	140.1	243.8	58.9	50.7
A-2	3.32	19.92	146.08	70.6	145.5	237.5	63.2	56.0
A-3	3.32	26.56	139.44	76.4	157.0	232.7	69.2	60.3
A-4	3.32	33.20	132.80	75.3	153.7	229.3	63.8	66.0
B-1	3.32	26.56	139.44	—	—	—	69.2	60.3
B-2	6.64	26.56	139.44	68.5	150.6	230.1	68.2	63.4
B-3	9.96	26.56	139.44	69.2	161.3	226.2	69.8	71.2
B-4	13.28	26.56	139.44	69.5	163.2	222.4	67.9	62.7

注 收缩率测试时,热定型温度为100℃,拉伸倍数为2.86。

2. 添加含磺酸基苯环

共聚所添加的含磺酸基苯环单体最常使用的是SIPM。SIPM中含有—SO_3Na极性基团,利用—SO_3Na上的金属离子易与阳离子染料中的阳离子结合,使染料分子以离子键在聚酯分子上存在,从而实现阳离子可染的改性目的,这也即常用可染改型聚酯(CDP)的基本制备思路。

但是由于含磺酸基苯环的改性聚酯的T_g仍然较高,此时改性仅能实现高温高压条件下的阳离子染色,为进一步提高染料在纤维中的扩散,可再添加第四组分,如脂肪族聚醚、脂肪族酸(或脂肪族酯)类化合物,相应所得共聚酯称为阳离子可染改型聚酯(ECDP)。

(1)CDP。生产CDP最常用的改性剂(即三单体)是间苯二甲酸(或其二酯)的磺酸盐,如间苯二甲酸二甲酯-5-磺酸钠(SIPM,DMT法生产),间苯二甲酸双羟乙酯-5-磺酸钠(SIPE,TPA法生产)。目前,随着对苯二甲酸(TPA)精制技术的日益成熟,CDP也主要采用TPA生产路线进行工业化生产:即在TPA与EG酯化基本完成后再加入SIPE改性剂。具体工艺流程如图5-2所示。

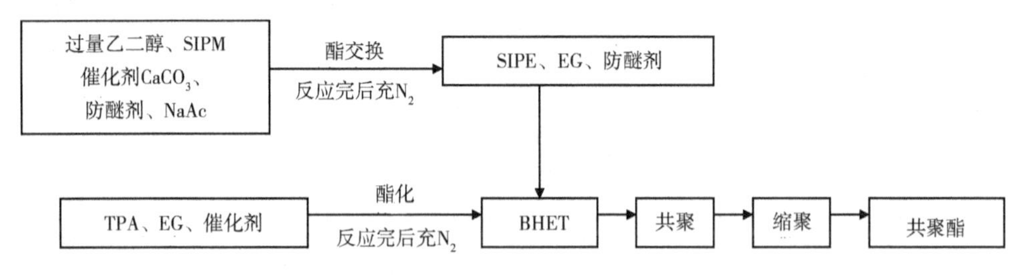

图5-2 CDP采用TPA制备工艺流程

随着SIPM添加量的增加,CDP共聚酯的T_g略有下降,T_c上升,T_m下降,这与SIPM的引入破坏了 PET 高分子链的规整性相关。同时随 SIPM 的添加,共聚酯的结晶速率下降。

在添加 SIPE 的工艺中,应尽可能使用新鲜的第三单体。同时考虑到 SIPE 在一定条件下易自聚生成低聚物,因此需要合理考虑第三单体的添加时间。研究发现,先加入适量的常温 EG,将体系温度降至 220~230℃,再加入第三单体 SIPE 溶液,并使其快速均匀分散至低聚物中,然后在常压或低真空下慢速升温,可使 SIPM 进一步进行酯交换反应,最后再进行抽真空缩聚而制得产物 CDP。

邻位苯环 DMO 和脂肪族柔性组分 DMS、PEG 作为第四单体将对 CDP 的结晶性能产生影响,如表 5-4 所示。

表 5-4　不同共聚酯的结晶性能

添加组分	添加量/%	最大结晶速率 V_{max} /min^{-1}	结晶度 X/%	微晶尺寸/nm	
				D_{110}	D_{113}
PET	—	7.30	62.9	2.90	1.43
SIPM	2	2.70	58.6	2.83	1.70
SIPM+DMO	2+5.05	1.16	58.8	2.81	1.77
	2+8.93	1.02	52.0	2.92	2.07
SIPM+DMS	2+2.53	3.47	55.6	2.85	1.60
	2+5.05	2.96	53.8	2.88	1.93
SIPM+PEG	2+0.29	3.64	57.9	2.76	1.68
	2+0.97	6.35	49.1	3.42	5.08

可见,DMO 的引入导致改性共聚酯结晶速度的减慢,而 DMS 和 PEG 则导致改性共聚酯的结晶速度加快。这与柔性组分的引入,利于大分子链的运动相关。另外,所有的添加组分都能促使共聚酯微晶尺寸的增大,结晶度减小。

CDP 共聚酯中第四组分,稳定剂的添加对改性共聚酯热稳定性能影响如表 5-5 所示。可见,柔性链第四组分 DMA 的加入使改性共聚酯的热稳定性有所提高。第三单体中磺酸盐的存在会导致聚酯的热稳定性下降。其次,缩聚催化剂及醚化反应抑制剂的加入,使聚酯的耐热性进一步降低。切片熔体在纺丝的高温下易发生降解,导致纺丝性能变差。因此在缩聚时必须加入适量的稳定剂以提高切片的稳定性能。常用的稳定剂如磷酸、亚磷酸及其酯类和盐类,其中磷酸酯和亚磷酯的稳定效果最好。稳定剂的添加,有利于控制二甘醇的产生,提高了聚合物的热稳定性能,如表 5-5 所示。

表 5-5　改性共聚酯的热性能

添加组分	添加量/%	二甘醇/%	羧基/mol·t^{-1}	热失重速率常数/10^{6}K·s^{-1}
PET	0	0.91	20.0	9.8
STPM	2	0.85	15.0	18.5
SIPM	2	1.80	15.5	17.2

续表

添加组分	添加量/%	二甘醇/%	羧基/mol·t^{-1}	热失重速率常数/$10^6K \cdot s^{-1}$
SIPM	5	1.84	21.4	18.6
SIPM+DMA	2+8	1.37	17.8	11.2
SIPM+Stab	2	0.61	13.4	11.3

由于第三单体磺酸基团易离解成对二甘醇(DEG)生成有催化作用的酸性基团,使DEG含量急剧上升。二甘醇含量的增加,将使共聚酯的T_g和T_m下降,聚合物的热稳定性变差,切片发黏,喷丝板面常有污垢物出现。一般可采用pH值调节剂(防醚剂)如醋酸钠、碳酸钠、氯化钠、水杨酸钠、苯甲酸钠等加以抑制改善,其中最常用的是0.3%(相对于TPA的摩尔分数)的醋酸钠,其主要机理是产生同离子效应,从而抑制磺酸基团的解离,最终抑制DEG的生成。

此外,第三单体的加入使缩聚后期熔体的动力黏度上升,聚合变得越来越困难,如需达到相应的黏度则必须提高反应温度和延长停留时间,这又将导致聚酯热氧化降解趋势增大,使阳离子切片颜色发黄,色度b值(CIE标准中物质由蓝色至黄色的程度)增大,为此,在缩聚时必须加入钴盐进行调色,以降低b值。

(2)ECDP。ECDP中第四单体聚乙二醇进一步破坏了共聚酯分子链的规整性与结晶性能,增大了非晶区,改善了非晶区大分子的活动性能,可获得阳离子染料常压沸染的效果。但是在提高聚酯的可染性的同时,改性共聚酯耐水解稳定性变差,染色后的纤维耐光牢度也有所降低。可在聚合反应中加入少量的双官能团化合物(第五组分)作为共聚单体。也可加入低分子量的聚醚,如不采用大分子膏状体的聚醚,而采用呈液态的PEG(分子量为400),不用预熔融处理,可获得较好的改善效果。且PEG(分子量为400)在纺丝工业上也是很好的润滑剂、润湿剂和抗静电剂。但大量的聚醚会影响纺丝的稳定性,因此要控制聚醚的加入量,以确保聚酯纤维的染色性能和纺丝稳定性的平衡。第四组分的加入对缩聚反应时间影响不大。此外,例如添加的第五组分(1,6-己二醇)在反应体系中可起到柔顺剂的作用,它可以降低高聚物分子的刚性,改善聚酯的结晶性能,从而使熔融纺丝更加容易实现。另外,SIPE中的磺酸基易与羧基产生凝胶,并导致纺丝过滤器压力过大,加入1,6-己二醇可以缓解这种情况,从而改善成纤性能。

(3)碱溶性聚酯。碱溶性聚酯(CO-PET)是一类在热稀碱水中易溶解的改性共聚酯,它是制备海岛型复合纤维中海组分最理想的原料,也是目前吸湿排汗功能纤维常用的添加剂。

碱溶性聚酯与ECDP具有相似的共聚组成,但其应用的出发点不同。为使PET具有亲水性,并能在碱液中快速溶解,首先在聚酯分子链中引入磺酸盐基团,由于磺酸盐基团为极性亲水基团,具有吸电子效应,同时改变了聚酯分子链的规整性,有利于水的渗入和碱解过程的进行。但磺酸盐基团所形成的空间位阻及极性效应,也导致聚合物熔体黏度急剧上升。因此在保持聚合物碱解性的前提下,引入聚醚柔性链段,以改善聚合物分子的刚性。同时由于聚醚含有较多亲水基团,可进一步提高产品的碱解性能。

碱溶性聚酯通常采用间歇聚合法生产,但这种聚合方式的制备成本高,所得聚合物纺丝效果不佳(因为聚合物的性能不稳定)。鉴于此,钟纺公司采用了直接和连续聚合工艺,与用间歇法生产的聚合物相比,其生产成本减少了60%。该碱溶性聚酯的共聚成分为SIPE(2.3%,摩尔分数)和PEG(10%,质量分数),PEG的分子质量为3000或8000。

共聚酯中SIPE和聚醚链段的相对含量对切片的碱解速度有明显的影响。随SIPE含量的增加,共聚酯的碱解速度加快,PEG含量对共聚酯碱解速度的影响也有相似的趋势。

(二)共聚柔性组分

1. 添加丁二醇的共聚酯(PET—PBT)

以丁二醇部分代替乙二醇链节,在聚酯主链中引入具有柔性的亚甲基长链,可改善PET纤维的结晶温度、熔点,如表5-6、图5-3所示。

表5-6　PET—PBT的结晶温度、熔点及组成的关系

种　类	PBT含量/%	T_c/℃	T_m/℃
PET	0	125.8	259.0
无规	10	121.0	241.6
	15	117.6	228.2
	20	117.1	223.0
嵌段	10	116.8	244.0
	15	115.0	238.2
	20	115.8	230.2
	25	111.8	222.0

由表5-6可见,对于无规共聚物和嵌段共聚物,随PET—PBT中PBT含量的提高,共聚物的T_c和T_m均降低,这与共聚酯中,亚甲基数目增加,更利于分子链段活动有关。相同组成条件下,嵌段共聚物比无规共聚物的结晶速率更快,这与嵌段共聚中软段集中利于分子链堆砌进入晶格相关,如图5-3所示。

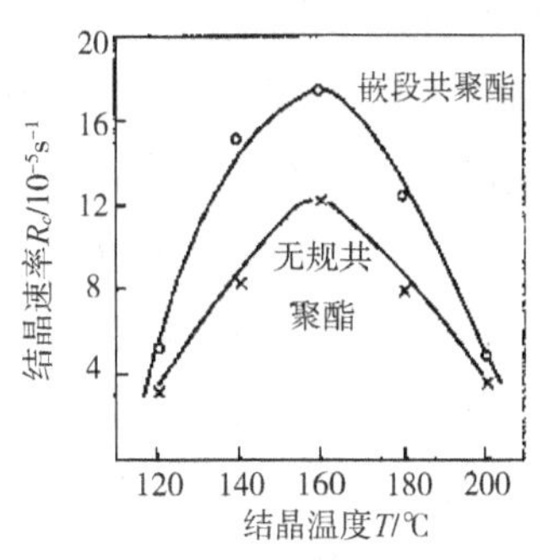

图5-3　PET—PBT结晶速率与结晶温度的关系

同样,在PET制备中添加第二单体1,3-丙二醇(PDO)共缩聚所得共聚酯(PET—PTT),可兼顾PTT回弹性、染色性好;PET纤维优良的物理力学性能等优势。

PDO的加入破坏了常规PET大分子链规整的结构。PET—PTT共聚酯的无定形区增大,初始结晶温度比普通PET降低,降低的幅度可达20~30℃。所得PET—PTT共聚酯纤维的断裂强度比PET纤维的断裂强度有所下降。当PDO质量分数为12%时,PET—PTT共聚酯的POY纺丝速度可达3500m/min,断裂强度为2.05 cN/dtex,断裂伸长率为134%。

2.添加脂肪族二酸(或酯)[如己二酸(酯)和癸二酸(酯)的共聚酯]

采用其他二元酸、二元醇部分代替对苯二甲酸、乙二醇用于制备改善PET热性能、结晶性能的新型共聚酯,也是PET共聚改性的一个重要方面。这些改性添加成分包括:己二酸二甲酯、癸二酸二甲酯、1,4-环己烷二甲醇等。

(1)PCT。聚对苯二甲酸1,4-环己烷二甲酯(PCT)是聚酯家族的新品种,是一种半结晶的热塑性树脂,其耐热性能明显优于PBT、PET,可与聚苯硫醚(PPS)匹敌,也是目前热变形温度最高的热塑性聚酯之一。早在20世纪50年代,Eastman公司采用1,4-环己烷二甲醇(CHDM)为原料合成了聚对苯二甲酸-1,4-环己烷二甲酯(PCT),并以Kodel商品生产PCT纤维,这种纤维具有优异的弹性回复性能和高度的体积蓬松性,并能采用无载体分散染料沸染。

PCT的合成基本上采用酯交换法:

$$H_3COOC-\bigcirc-COOCH_3 + 2HOCH_2-\bigcirc-CH_2OH \longrightarrow$$

1,4-环己烷二甲醇(CHDM)

$$HOCH_2-\bigcirc-CH_2OOC-\bigcirc-COOCH_2-\bigcirc-CH_2OH + 2CH_3OH$$

对苯二甲酸环己二甲酯(BHCT)

$$mHOCH_2-\bigcirc-CH_2OOC-\bigcirc-COOCH_2-\bigcirc-CH_2OH \longrightarrow$$

$$\left[OC-\bigcirc-COOCH_2-\bigcirc-CH_2\right]_m$$

聚对苯二甲酸环己二甲酯(PCT)

CHDM的反应性比EG高,所以,PCT的制备速率快。酯交换阶段通常需要一种催化剂体系(如Ti、Mn、Co、Na)用以提高酯交换和聚合的反应速率。聚酯生产中使用的缩聚催化剂有Sb_2O_3、Ti催化剂和GeO_2。钛催化剂由于其活性高,造成副反应加剧,导致聚合物色相发黄。用Sb_2O_3作催化剂所得共聚酯灰度高,清晰度较差,且产品的黏度不够理想。GeO_2的缩聚催化效果最好,但其成本过高。为制备色相、透明度优异的PCT,系列催化剂被研究,包括水合TiO_2,磷、钛有机复合物,钛烷氧化合物配合碱金属盐,含有Mn、Zn、Ti、Ge、P的复合催化剂—稳定剂体系等。

PCT用作工程塑料具有耐热性好,耐热性优于PET和PBT,高温下高的模量和长期热作用下性能稳定;吸湿率低,吸湿率小于0.04%,吸收少量湿气后性能不受显著影响;收缩率与PBT和PA接近;极高的刚性;极好的耐化学试剂稳定性;优良的着色性和力学性能。表5-7列举了PCT的力学性能。

表5-7 PCT的力学性能

性能指标	PCT CG007	PCT CG033	性能指标	PCT CG007	PCT CG033
密度 /g·cm^{-3}	1.43	1.46	弯曲强度/MPa	192	180
拉伸断裂强度/MPa	130	117	弯曲模量/MPa	8300	8500
断裂伸长/%	2.6	2.3	热变形温度/℃	263	262

(2)PETG。PETG是由对苯二甲酸二甲酯(DMT)(或对苯二甲酸TPA)、乙二醇(EG)和1,4-环己二甲醇(CHDM)三种单体共聚而成的共聚酯,其结构简式如下:

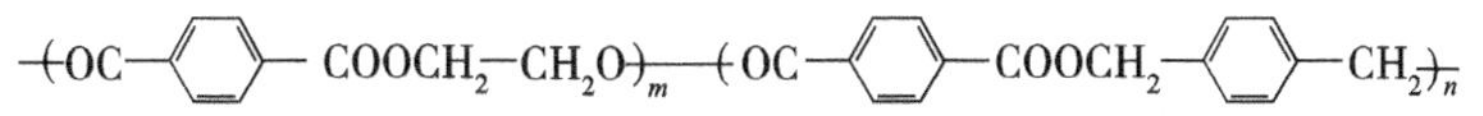

$$\text{-(OC-}\langle\bigcirc\rangle\text{-COOCH}_2\text{-CH}_2\text{O)}_m\text{-(OC-}\langle\bigcirc\rangle\text{-COOCH}_2\text{-}\langle\bigcirc\rangle\text{-CH}_2\text{)}_n$$

在一定的 EG/CHDM 比例下，由于分子链中环己烷单元的引入，降低了整个分子链的规整性，因此 PETG 为一种完全无定形的透明共聚酯。它的透明性、着色性和气密性等克服了 PET 在这方面的缺陷，所以在食品包装、日用品和化妆品容器、光化学及医学领域有很好的应用前景。同时，PETG 具有良好的加工性能，不需要添加任何增塑剂或其他改性剂。

20 世纪 80 年代，Eastman 公司开发各种含有 CHDM 的 PETG 共聚酯，应用于瓶和板材等非纤维用领域。而对于 PETG 纤维而言，研究发现随着 CHDM 摩尔分数的增加，共聚酯纤维的 T_m 下降，熔融峰逐渐平缓，熔融结晶温度也逐渐向低温方向位移，表明共聚酯的结晶能力递减，结晶速度递减。当 CHDM 摩尔分数达 30%时，共聚酯纤维的结晶能力变得极弱。这是因为高聚物的结晶过程主要是链段规整运动形成折叠链的结晶，而 CHDM 的加入，破坏了 PET 链段的规整性，使大分子链段运动受阻，结晶能力下降，结晶完整性变差，直至不结晶。随 CHDM 摩尔分数的增加，PETG 纤维的力学性能下降，弯曲回弹性高于常规 PET 纤维，且随 CHDM 摩尔分数的增加而提高，同时可采用分散染料常压沸染。

3.添加聚醚的共聚物(PET—PEG)

1954 年，由 Coleman 首先合成 PET—PEG 嵌段聚醚酯。他以氧化铅为催化剂，将对苯二甲酸、乙二醇和端羟基的聚环氧乙烷熔融共混聚合而成。也有研究采用含有锰、锑、锡或镁等催化剂，用环氧乙烷低聚体(分子量为 1000~6000)为共聚原料，所制得聚醚酯的 T_m 可从 241℃上升到 263℃(含量仅为 10%)。合成 PET-PEG 嵌段聚醚酯最早是为了降低 PET 的结晶性，从而提高其染色性能。Kenneg 发现随共聚物中聚醚含量的增加，材料的吸湿性随之变化，利用吸湿导电的机理，可以用作抗静电剂。此后，这类改性材料应用拓展到弹性纤维、热塑性弹性体方面。

在热塑性聚醚酯共聚物中，聚醚软段可形成连续相，赋予材料大伸长及高弹性；芳香族聚酯硬链段则形成物理交联区域，保持材料的尺寸稳定，限制冷流的发生。当温度升高到一定范围以上时，该物理交联结构消失，使得加工能够顺利进行；在冷却时，该网状结构又可以重建。因此聚醚酯共聚物具有良好的热塑弹性性能。

根据选用不同的起始原料，热塑性聚酯-聚醚共聚酯的基本工艺路线合成方法有三种：以对苯二甲酸二甲酯（或间苯二甲酸二甲酯、2,6-萘二酸二甲酯）、小分子二元醇及聚醚为原料的端羟基聚醚法和端乙酰氧基聚醚法；直接以聚酯和聚醚为原料的链交换法，也称为大分子合成法。

在聚醚酯中添加部分官能团大于 2 的交联剂，可以减小聚醚酯大分子结晶的晶粒尺寸，从而提高弹性材料的断裂强度和弹性回复率。常用支化剂包括丙三醇、三羟甲基丙烷、季戊四醇、1,2,6-己三醇、山梨糖醇、1,1,4,4-四双羟甲基环己烷、三(2-羟乙基)异氰酸酯、二季戊四醇等。加入量要求为二羧酸的 0.3%~1.2%(摩尔分数)，如果低于 0.3%(摩尔分数)，产品黏度过低，超过 1.2%(摩尔分数)，产品的抗张强度、柔曲性将降低。

二、聚酯酰胺

在 PET 合成中,可以添加少量的酰胺类结构,用于改善聚合物大分子链间的相互作用、规整度,从而获得一定的改性效果。所得的共聚物可以是无规共聚物或是嵌段共聚物,与聚合方式和添加聚合物的种类相关。共聚过程中,可将少量的己内酰胺溶解在 EG 中,实现聚合制备聚酯酰胺,或是先将对苯二甲酸和乙醇胺、乙二胺生成酰胺盐,然后在 PET 合成中添加而制备。所得聚酯酰胺的性能如表 5-8 所示。

表 5-8 聚酯酰胺的性能

添加种类(添加量)/%(摩尔分数)		T_g/℃	T_m/℃	强度/0.1MPa	模量/0.1MPa	伸长/%
第一组	—	87	240	79.5	1750	25
	己内酰胺(2)	85	241	114	2310	34
	己内酰胺(3)	90	240	103	2650	29
	己内酰胺(5)	93	240	97	2100	34
第二组	—	76	250	81	1423	28
	对苯二甲酸、乙醇胺盐(3)	79	236	84	1620	28
	对苯二甲酸、乙二胺盐(3)	80	241	74	2024	24

由表 5-8 可见,当己内酰胺的添加量小于 5%时,聚酯酰胺的强度和模量均相对于纯 PET 有所提高,且 T_g上升,T_m减小,其变化趋势随聚酯酰胺中己内酰胺含量的增加而增大,这种改性效果同时也随聚合方式不同而有所不同。这与引入酰胺结构,导致分子链间形成氢键,从而增加分子链间相互作用力相关。

添加 PA66 盐和 PA66 低聚物可以得到不同共聚结构的聚酯酰胺。当添加 PA66 盐时,其中的己二酸和己二胺在聚酯缩聚反应中,只能分别参加反应,所以得到是无规共聚物,而添加 PA66 低聚物可得到具有酰胺键结构的嵌段共聚物。一般,随添加量的提高,添加 PA66 低聚物所得聚酯酰胺嵌段共聚物 T_g、T_m下降的程度相对于添加 PA66 盐得到的无规共聚物要小,这与嵌段共聚对 PET 链规整性破坏小相关。

将 PET 的低聚物和 PA 的低聚物共聚也可以得到嵌段共聚物,共聚物中各组分的含量多少对聚酯酰胺结晶性能有很大的影响。当聚酯酰胺共聚物中 PET 含量高时,聚酯酰胺结晶性能良好;而当 PA 含量高时,聚酯酰胺结晶性能劣化,因此,在聚合物中 PET 和 PA 含量的控制十分重要。

三、阻燃共聚酯

共聚阻燃改性方法是在聚酯的合成阶段将阻燃单体与聚酯组分进行缩聚以制备阻燃共聚酯的化学改性方法。由于阻燃单体固定在聚酯大分子链上,在使用过程中不会发生溶解或渗析现象,因而这种改性方式具有相对的永久性,毒性较低。国外已工业化的阻燃涤纶品种,主要是采用该种阻燃改性方法而获得。阻燃共聚酯一般为含膦(磷)、含卤素共聚酯,或膦(磷)、卤素并用。

(一)含溴阻燃共聚酯

我国研究工作者在研制开发含溴阻燃共聚酯方面进行了卓有成效的工作。在酯交换时添加 SIPM,缩聚时添加四溴双酚 A 或四溴双酚砜和环氧乙烷的加成物(TBA-EO 或 TBS-2EO,结构式如图 5-4 所示),可制得具有阻燃性能优异的共聚酯。

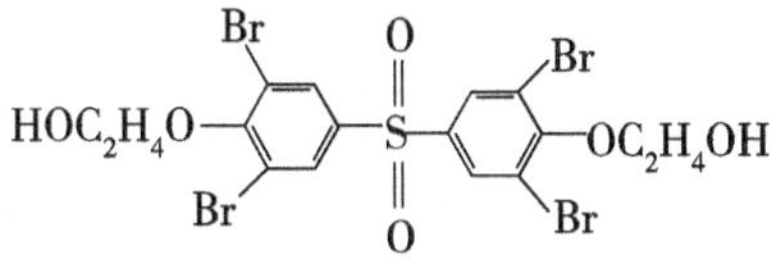

TBA-EO

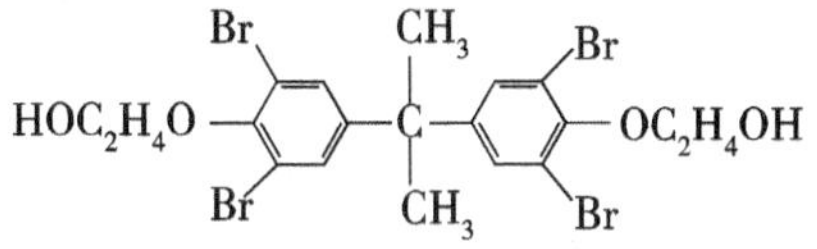

TBS-2EO

图 5-4 TBA-EO 和 TBS-2EO 结构简式

共聚卤素阻燃聚酯还存在其他的不足,如在纺丝过程中对设备和喷丝板有严重的腐蚀作用;由于引入共聚卤素,导致阻燃涤纶的耐光牢度降低;且当染料受光照作用后与溴化物反应,从而导致纤维变黄。另外,该类阻燃材料在燃烧时易放出有刺激性和腐蚀性的卤化氢气体,特别是一些含卤素类阻燃体系在高温裂解及燃烧时,产生有毒的多溴代二苯并呋喃(PBDF)及多溴代二苯并噁烷(PBDD)。因此,含卤阻燃共聚酯逐渐被禁止使用。

(二)含膦(磷)阻燃共聚酯

阻燃共聚酯中另一大类是含磷共聚酯,由于含溴共聚酯的弊端,含膦(磷)阻燃共聚酯已成为目前阻燃共聚酯发展的重点。

国外商品化磷阻燃共聚酯纤维中 Trevira CS 是当前国际市场上阻燃涤纶的主导产品,它是以 3-苯基膦酸丙羧酸或其环状化合物为阻燃剂,纤维中磷含量为 0.6%时就可以满足各种装饰纺织品的阻燃要求。美国 Solutia 公司已推出用于 PET 的共聚阻燃单体——Phosgard PF100,当阻燃 PET 中磷含量达 0.3~0.4%时,极限氧指数为 30%~32%。

北京理工大学基于苯基二氯化膦(DCPP)合成了系列反应型有机膦阻燃剂:2-羧乙基苯基次膦酸(CEPPA)、[6-氧-6H-二苯并-(c,e)(1,2)-氧磷杂己环-6- 酮]甲基丁二酸 (DDP)和双(对-羧苯基)苯基氧化膦(BCPPO)等。其中 CEPPA 是由苯和三氯化磷经催化反应制得苯基二氯化膦,再由苯基二氯化膦与丙烯酸反应制得,当其添加量为 5%时,阻燃涤纶 LOI 达到 32%以上。因此,它的应用备受人们关注。

在阻燃共聚酯中,还可以引入砜基—SO_2—,制备同时含磷、砜结构的阻燃嵌段共聚酯,其结构式如下:

$$-\!\!\!\left[\begin{matrix} O \\ \| \\ P \\ | \\ R \end{matrix} - O - C_6H_4 - SO_2 - C_6H_4 - O\right]_n$$

$$R = -CH_3或-C_6H_5$$

也可采用加入膦(磷)卤素化合物,如可额外添加使用2,5-二氟代对苯二甲酸作为合成聚酯的单体来改进阻燃性,所得纤维遇火只熔融,不燃烧。

采用共聚阻燃同时可以制备双功能或多功能的改性聚酯原料。日本、韩国等均进行了大量的研究。将SIPM、三氧化二锑与磷酸钠共用,可获得具有很好阻燃效果的聚酯产品。在酯交换时采用SIPM,缩聚时采用含磷系共聚单体,制备的阻燃聚酯短纤维不仅具有优良的阻燃性,LOI为30%,同时可以采用阳离子染料常压染色。

四、功能化聚酯

(一)抗静电

由于聚对苯二甲酸乙二醇酯纤维的疏水性,易在纤维上积聚静电荷,使纤维之间彼此排斥或被吸附在机械部件上,造成加工困难。因此,需要对其进行抗静电改性。

1. 加入抗静电添加剂

目前通过共混添加抗静电剂以制备抗静电聚酯纤维产品所用添加剂主要包括如下几种类型。

(1)金属。金属是一种良导体,当金属粒子在聚合物中紧密接近时,电子跃迁过树脂隔层(10nm厚)而形成导电通路(跃迁导电机理);若金属粒子直接接触并形成贯穿材料内部空间的连续网络,金属本身即为导体(带导电机理)。一般填充主要通过跃迁机理导电,且随粒径增大,跃迁机理越重要。但共混易造成金属粉末堵塞喷孔,恶化纺丝条件,过大的添加量使所得纤维力学性能下降;采用纤维表面涂敷沉积需事先纺制纤维再进行表面处理,工艺复杂且使纤维损伤。

(2)炭黑、碳纳米管。从20世纪70年代中期开始,炭黑作为一种新型的导电性填料受到越来越广泛的重视。炭黑填充量有一临界值(常以临界体积分数φ_c表示),使导电网络趋于饱和。一般,乙炔炭黑的φ_c为15%~35%。通过高温(1500℃)或钛酸酯类偶联剂处理的炭黑,可改善其表面化学性,同陶土、滑石粉、钛白粉等惰性填料混合使用,可获得正的协同效应。炭黑廉价易得,导电能力持久,但根据炭黑的导电机理,为达到抗静电或导电性能,其填充量较大,这必造成纤维力学性能的下降。此外,炭黑最大的弊端是影响纤维的色泽。随着碳纳米管研究技术的突飞猛进,将碳纳米管用于纤维抗静电改性也有研究报道。采用碳纳米管在实现纤维抗静电的同时,对于纤维产品的机械性能也会有一定的促进作用。

(3)金属氧化物。金属氧化物及无机盐填充高聚物的工艺因特殊的改性效果,近年来倍受人们重视。常用的金属氧化物包括ZnO晶须、SiO_2、硼酸铝晶须($9Al_2O_3 \cdot 2B_2O_3$)、CuI等。硅烷偶联剂、钛酸酯类偶联剂可以增加金属氧化物在基体聚合物中的分散性,提高粒子同聚合物的相互黏结力,降低体系的黏度。CuI 近年来多用作导电填料,通过共混纺制抗静电纤维,效果较好。其导电机理为电子导电,但由于过多的填料量严重影响成纤的力学性能,使纤维硬脆。

(4)亲水性有机物。从 PEG 的分子结构 $HO\text{-}[CH_2CH_2O]_n\text{-}H$ 可见,端—OH 及链中醚键均易同 H_2O 分子形成氢键而赋予其极好的水溶性。因此,在用于 PET 改性的众多抗静电剂中,高分子型聚乙二醇及其衍生物是较多采用的一种。此外,它还能改善 PET 的吸湿性、易染性、抗起毛起球性等,是较为理想的纤维用抗静电剂。

最早通过 PET 与 PEG 二元共混纺丝制得抗静电纤维,但该方法 PEG 的加入量要大于10%,并且由于 PET 与 PEG 的相容性有局限,经多次洗涤后易流失,因而抗静电耐久性差,且吸湿性受环境湿度影响明显。为此,科研人员一方面采用对 PEG 的端基进行改性的方法,如研制出的 PEO 酸性抗静电剂。该路线对 PEG 受气候影响方面大有改进,但其溶出性仍是一个亟须解决的问题。另一方面,人们则努力寻求改进 PEG 同基材混容性的中间载体。如采用 PET—PEG—十二烷基苯磺酸钠(SDBS)—硬脂酸盐(stearate)四元共混体系。该共混体系利用 SDBS 分散于 PEG 周围,疏水基团同 PET 亲和,亲水基—SO_3Na 同 PEG 产生协同效应,加强了体系的抗静电能力,同时减少了 PEG 的流失,提高了抗静电性能的耐久性。共混体系中的硬脂酸盐(stearate)不仅起到分散剂的作用,也阻止 PEG 的进一步流失。

此外,还有采用共混添加哌嗪基化合物以及聚亚氧烷基乙二醇和无反应性的烷基磺酸锂,制造抗静电聚酯纤维的专利报道。

2. 抗静电共聚酯

共聚法制备抗静电纤维的方法包括两种:一种是在聚合阶段用共聚方法引入抗静电单体或通过化学方法引入吸湿性抗静电基团,制得抗静电纤维;另一种是表面接枝法。

用 PEG 作为抗静电剂,PEG—PET 作为相容剂,进行 PET、PEG、PEG—PET 三元共混纺丝,可以减少 PEG 的用量,获得耐久性抗静电效果。也有在 PEG—PET 共聚体中又加入第三共聚体聚氧化乙烯醚(PON),形成嵌段共聚(酯—醚)型抗静电剂,再与 PET 共混纺丝。由于 PON 与 PET 和 PEG 均有亲和力,促进了 PET、PEG 两链段的共混性,减少了相分离,改善了抗静电效果。

常用的可反应和可溶性的抗静电添加剂,如甘醇醚类、三羧酸酰胺类等,可将聚乙二醇(分子量 400)、2,5-二羧基苯甲醚和己二胺在甲醇中回流制得白色粉末,将它与尼龙 66 盐进行缩聚得聚酰胺制品后,与聚酯在 280℃下熔融共混纺丝,可制得具抗静电性的改性聚酯纤维。韩国 Samyang 在聚合阶段,将聚对苯二甲酸乙二醇酯或聚乙二醇以及磺酸金属盐阳离子表面活性剂放在一起,缩聚成聚酯切片,再用喷丝头可获得抗静电中空纤维,其中的聚乙二醇(分子量 1000~40000)0.3%~10%,按聚酯计算,磺酸金属盐阳离子表面活性剂用量为 0.1%~0.8%。

抗静电纤维的制备还可采用表面接枝法。例如,可将聚酯纤维在丙烯(酸)酰胺的饱和苯溶液中浸润加热并用水抽提,可以得到接枝丙烯(酸)酰胺的聚酯纤维,在改善纤维吸湿性的同时,又可改善其抗静电性。将 PET 用紫外线照射 90min 后,在 PET 表面上接枝甲基丙烯酸聚乙二醇酯(PEM),用此法纺制的 PET 织物的抗静电的耐洗涤性、耐久性良好,而且织物的力学性能和手感均无改变。等离子体表面改性也是表面接枝改性制备抗静电聚酯纤维的重要方法。

（二）阻燃

聚对苯二甲酸乙二酯（涤纶）是各种合成纤维中发展最快、产量最高、应用面最广的一种合成纤维，其纤维纺织品大量用于衣料、窗帘、幕布、床上用品、室内装饰及各种特殊材料。涤纶的极限氧指数（LOI）为 21%左右，因此，阻燃改性是涤纶改性的一个重要方面。除如前所述制备阻燃共聚酯外，添加改性也是涤纶阻燃改性的一个重要方面，所涉及的添加剂主要包括卤素、磷系及无机纳米氧化物等。

1. 卤系阻燃剂

用于涤纶阻燃处理的卤素化合物以溴化物为主。溴类阻燃剂添加量小，阻燃效果好，是目前应用较为广泛的阻燃剂。20 世纪 60~70 年代开发了很多共混型芳香族溴系阻燃剂，如阻燃聚酯纤维 Firemaster-935，它是以多溴二苯醚为阻燃添加剂与聚酯共混纺丝而成。在溴系阻燃剂中，十溴二苯醚（DBDPO）含溴量高，分解温度高于 350℃，是一种纯度高、热稳定性极佳、燃烧时不会产生大量有毒气体的阻燃剂，目前为国内阻燃聚酯生产厂家广泛使用。锑类化合物（如三氧化二锑）可与溴类阻燃剂形成协效作用提高阻燃效果。

2. 磷系阻燃剂

磷系阻燃剂具有低烟、低毒而受到普遍重视。据报道，使涤纶产生自熄行为所需磷的质量分数为 5%，而在同样的情况下所需溴的质量分数为 17%左右。因此磷系阻燃剂的开发成为阻燃改性的热点。

早期主要采用磷酸酯作为涤纶的阻燃剂，但该类阻燃剂耐热性差，挥发性大，相容性差，在燃烧时有滴落物产生。随着高分子量磷系阻燃剂的推广应用，这类高挥发性添加剂将会逐渐被淘汰。目前磷系阻燃剂主要包括磷酸酯、膦酸衍生物、膦酸酯类或氧化膦类。其中芳香族膦酸酯热分解稳定性好，加入聚酯熔体中对聚酯的热降解影响较小，从而不会影响纺丝工艺和纤维的性能。

高分子量阻燃剂具有低挥发性、耐水、耐溶剂的特点，在涤纶阻燃改性中得到广泛应用。例如，使用相对分子质量高达 8000 以上的聚苯基膦酸二苯砜酯低聚物作阻燃剂，所制得的织物阻燃性良好。采用二氯磷酸苯酯和双酚 S 的溶液聚合，制备可供聚酯纤维用的聚对二苯砜苯基磷酸酯，其分解温度为 320℃，高于聚酯的合成与加工温度，所得阻燃聚酯的 LOI 值大于 28%。

3. 无机纳米添加剂

与纯 PET 相比，PET/蒙脱土纳米复合材料在结晶速率、热变形温度、热分解温度、力学性能、气体阻隔性等方面都有提高。这类聚酯/无机层状硅酸盐的复合材料在燃烧时，由于层状硅酸盐的加入使聚酯热熔融滴落性降低，生成致密的残余炭，有利于隔绝燃烧表面与氧气接触和热量交换，这样，热释放速率、有效燃烧热、一氧化碳和二氧化碳的生成量明显降低，燃烧残余物增加。王玉忠等基于插层共聚制备了热稳定性好的含磷共聚酯/蒙脱土纳米复合材料。由于分散在聚合物基体中层状硅酸盐对聚合物分子链运动的显著限制作用，使聚合物分子链在受热分解时比自由分子链需要更多能量，从而提高了复合材料的热稳定性。

（三）抗菌

抗菌改性是纤维改性的一个重要方面，通过抗菌改性，可以赋予纤维优异的细菌、霉菌静止或杀灭的性能,这对于服装、医药等纺织品及非织造布制品,特别是一次性制品的开发具有重要的意义。目前,聚酯纤维常用抗菌剂一般分为天然抗菌剂、有机抗菌剂和无机抗菌剂,如表5-9所示。

表5-9　抗菌剂的种类

抗菌剂种类		代表
天然类		脱乙酰壳聚糖、唇形科植物中提取的茴香油、从柏树中提取萜烯类物质、柏树中提取的桧醇等
有机类	季铵盐类	[(三甲氧基甲硅烷基)丙基]三甲基氯化铵,苯基十二烷基二甲基氯化铵,十六烷基二甲基苄基氯化铵,聚氧乙烯基三甲基氯化铵,*N*-苄基-*N*,*N*′-二甲基-*N*-烷基氯化铵等
	酚类	5,5′-二羟基-5,5′-二氯二苄基甲烷,2,2′-二羟基-3,3′,5,5′,6,6′-六氯苄基甲烷,2,4,4′-三氯-2′-羟基二苯醚,*N*, *N*′-六亚甲基双(3,5-二叔丁基-4-羟基苯丙酰胺)
	卤素类	5,7-二溴-8-羟喹啉,氯代酚,双(对氯苯基双胍)己烷,3,4,4′-三氯对称二苯脲
	有机氮类	吡咯(磺胺甲氧吡咯),双酚噁吡,吡嗪,对甲基磺酰肼,苯丙三嗪或缩二胍基化合物
无机类	载体类	沸石抗菌剂,磷酸复盐抗菌剂,膨润土抗菌剂,可溶性玻璃抗菌剂及硅胶抗菌剂
	非载体类	TiO_2、ZnO、MgO、CaO
	复合类	载体类和非载体类的复合

季铵盐型具有优良的抗菌性能,但活性较低,持久性差。但采用有机季铵盐作为PET抗菌纤维的抗菌剂其耐洗涤性差,易产生色变及降低纤维的抗菌性能,可采用(3-三甲氧基甲硅烷基)丙基二甲基十八烷基氯化铵同阴离子表面活性剂共同使用以克服制品白度下降的问题。

载体类抗菌剂中抗菌沸石是最常用的一类。沸石为碱金属盐或碱土金属的水合硅铝酸盐,沸石晶体中的金属离子(如Na^+、K^+、Ca^{2+}等)可被其他的离子如Cu^{2+}、Zn^{2+}、Ag^+等置换,从而制备载体类抗菌无机化合物。

载银抗菌剂尽管抗菌活性很高,安全性很好,但该类材料中银离子不够稳定,在受紫外或高温的情况下银离子被还原为金属银并立即转化为氧化银,从而使抗菌性能减弱,制品着色,降低产品的价值,在一定程度下限制其使用。因此,考虑到不同金属离子对不同细菌、真菌抗菌效力不同,采用多种金属离子复配的方式,提高抗菌剂的抗菌谱,同时在一定程度上提高抗菌剂的白度,如采用Ag^+/Cu^+, Ag^+/Zn^{2+}, $Ag^+/Cu^{2+}/Zn^{2+}/Sn^{2+}$等复配方式。

纳米TiO_2和纳米ZnO作为新一代无机抗菌剂其应用越来越受到人们重视。一般采用粒径小于0.1μm的粉体,且纤维中的添加量为0.01%~5%。TiO_2可在一定的条件下通过增加微生物的失活率,破坏细菌的结构而杀菌,但受环境相对湿度的影响。在低湿度(相对湿度为30%)条件下并不加速细菌的失活率;当环境相对湿度为50%时,细菌可以完全失活;随相对湿度的进一步增加,其抑制细菌生长作用又有所降低。此外,ZnO可以提高抗真菌活性。

(四)抗起球

目前抗起球聚酯纤维的研究主要可以通过如下几个方面实现:低黏度树脂直接纺丝法,共聚合法,复合纺丝法,低黏度树脂增黏法,普通树脂法及织物或纤维表面处理法等。

采用低黏度树脂直接纺丝，所得纤维的强度相对较低，形成的毛羽容易脱落，但是在与羊毛混纺的场合，由于此时需要聚酯纤维强度要高于3.0cN/dtex，因此，靠降低聚酯的黏度来实现抗起球性能存在局限性。

共聚合法是通过与第三、第四组分共缩聚并引入抗起球剂来制备抗起球聚酯的一种方法。聚合法的主要目的是在纤维中引入适当比例的弱键，然后在整理及加工过程中这些弱键分解，使纤维强度降低，从而达到抗起球的目的。其中的第三、第四组分包括：SIPM、聚醚、含硅氧结构化合物等。为了不使织物的抗皱性能下降，共聚物的 T_g 应比洗衣机通常工作温度（60℃）高5~10℃，如K-3纤维即是在BHET缩聚时加入0.05%~4.0%（摩尔分数）的甲氧基氧化乙烯和0.1%~1%（摩尔分数）季戊四醇共聚而成。

在聚酯分子结构中引入一定的二苯基硅烷二醇结构，使聚酯中含有易水解的SiO键，足以使纤维具有4~5级的抗起球性。此外，添加二苯基硅烷二醇的聚酯，其熔体黏度要比相同特性黏度的聚酯高2.2倍，而且可使缩聚反应速度加快，从而降低反应成本。也可采用在四氢糖醇有机硅化合物（如4,4-氢糖基硅氧烷、3,4-氢呋喃基甲基硅氧烷）存在下，生产聚对苯二甲酸乙二酯。

在聚酯中添加无机化合物也是一种有效的改性方法，如在合成PET时直接添加纳米 SiO_2，制备可用于纺丝的PET/纳米 SiO_2 复合物。在 SiO_2 添加量小于2%时，可制得分子量较低、熔体黏度适宜于纺丝的聚酯复合物。

（五）吸湿排汗

日本、美国先后投入巨资开发具有吸湿排汗功能的相关产品，其研发水平处于领先地位。早在1982年，日本帝人公司就开始了吸水性聚酯纤维的研究，其研制的中空微多孔纤维在1986年申请了专利；1986年美国杜邦公司首次推出商品名为Coolmax的吸湿排汗聚酯纤维，该纤维表面具有四条排汗沟槽，可将汗水快速带出，并导入空气中。此后，中国台湾地区、韩国及中国聚酯生产商先后投入巨资开发吸湿排汗功能聚酯纤维产品。

分析目前吸湿排汗聚酯纤维，采用的改性方法主要包括以下几个方面：

1. 外观结构改性

采用异形截面，部分配合使用成孔剂，实现纤维异形化和表面的微孔化处理，例如杜邦的Coolmax（扁平形的四凹槽）、韩国的晓星的Aerocool（四叶形、表面微槽）、中国台湾远东Topcool（十字形，表面微槽）、江苏仪征化纤涤纶短纤维CoolBST（类似十字形，表面微槽）以及济南正昊塞迪斯（三叶形，表面微槽）。其中的成孔剂包括使用碱溶性切片，聚醚改性共聚酯或是采用共聚或共混添加一定表面活化无机粒子（SiO_2 等）。

2. 表面接枝

向大分子结构内引入亲水基团（羧基、酰氨基、羟基、氨基等）也可用于增加纤维导湿排汗性能。日本东洋纺公司开发出会呼吸的聚酯织物Ekslive即通过聚合方法将聚丙烯酸酯粉末以化学键接方式连接到聚酯纤维上，通过吸湿排除热量，改善织物的饱和吸水性。接枝共聚的改性纤维吸湿率可达4%~14%，但成本相对较高。因此，在对原料进行化学改性的同时，还需采用适当的纺丝工艺或其他处理方法，使得纤维具有多孔的结构和更大的比表面积等。

3. 复合纺丝

采用复合纺丝在皮层引入具有吸湿功能的聚合物，如日本可乐丽公司开发的 Sophista 纤维是将 EVOH（乙烯—乙烯醇共聚物）和聚酯组成皮芯复合纤维，皮层采用 EVOH，利用 EVOH 对水分吸收并导入内部芯层，从而实现吸湿快干改性纤维制备的目的。

（六）抗紫外

近年来，由于森林破坏，环境污染导致大气中 CO_2 含量增加，大量的紫外线透过大气层到达地面，直接威胁着人体健康。纺织品作为皮肤免受紫外线损伤的屏障，其抗紫外改性研究在 20 世纪 90 年代随着人们对大气污染的重视也日益增多。对于紫外光的屏蔽一般可以通过吸收或物理反射、散射而得以实现，由此可将紫外屏蔽剂分为紫外吸收剂及紫外散射剂，前者一般为有机化合物，后者为无机氧化物等。

1. 有机类

有机类紫外屏蔽剂主要通过分子中具有吸收波长小于 400nm 紫外光的发色团如—N ═N—，═C ═N—，═C ═O，—N ═O 等，吸收紫外线而实现紫外屏蔽功能，它主要包括水杨酸系、二苯甲酮系及苯并三唑等，如表 5-10 所示。

表 5-10 主要有机紫外吸收剂

化合物系	代表化合物	有效吸收波长/nm
水杨酸系	苯基水杨酸酯、对叔丁基水杨酸酯	290~330
二苯甲酮系	2-羟基-4-甲氧基二苯甲酮	280~340
	2,2′-二羟基-4,4′-二甲氧基二苯甲酮	270~380
苯并三唑系	2-(2′-羟基-2′-叔丁基苯基)苯并三唑	270~370
	2-(2′-羟基-2′-叔丁基苯-5′-甲基苯基-5-)氯苯并三唑	270~380

水杨酸系由于其熔点低，易挥发，吸收带偏向于低波段而很少使用。二苯甲酮中由于有可以自由控制的反应基团—OH，对于能同纤维进行离子结合的情况其利用性较大，但其耐热性较差。二苯甲酮的光致互变使光能转为热能，将吸收的能量消耗而恢复到基态能级。它对 280nm 以下紫外光吸收较小，有时易泛黄。苯并三唑系由于其对近紫外有最大范围的吸收使其成为首选紫外吸收剂。但是由于该化合物本身不带有反应性基体，一般以单分子状态吸附在纤维表面。有机类紫外吸收剂的耐热性不足，长时间可能分解，同时其对于皮肤的刺激性也要加以考虑。

2. 无机类

无机类紫外屏蔽剂是利用无机氧化物例如无机颜料等。通过紫外线的反射从而达到阻挡紫外线的作用。常用无机类紫外屏蔽剂的光透过率如表 5-11 所示。由于无机类紫外阻挡剂的高效性、安全性、持久性，用于纤维时也不会影响织物的风格，因而越来越受到人们的重视。一般常用的紫外屏蔽剂为 ZnO 及 TiO_2。关于二者的紫外屏蔽性能比较，不同的报道有不同的结果。而对于 TiO_2 的两种常用晶型而言，金红石型比锐钛矿型有更好的紫外屏蔽性能。

表 5-11 常用无机类紫外屏蔽剂的光透过率

原料	波长/nm		
	313.1	365.5	435.8
ZnO	0	0	46
TiO_2	0.5	18	35
高岭土	55	59	63
$CaCO_3$	80	84	87
滑石粉	88	90	90

近年来由于纳米技术的发展，使纳米 TiO_2、纳米 ZnO 的制备成为可能，同时粉体的紫外屏蔽特性随着粒径的减小而进一步增强。

3. 复合类

由于不同无机粉体对于不同 UV 区域存在紫外吸收性能的差异，利用复配技术可开发制备对特定波长范围 UV 吸收的复合微粒。这类复配方式主要包括：

（1）采用有机/无机复合的方式。例如 $[M(OH)_{2-a}]^{a+}X^{b-}_{a/b} \cdot zH_2O$ 复合粉体，其中：M 为锌、铜及其共混物；X 为具有紫外吸收能力的阴离子，如对氨基苯并咪唑-5-磺酸盐。在有机紫外吸收剂中引入无机氢氧化物加强了有机紫外屏蔽剂的紫外吸收能力，同时拓宽了其最大吸收范围。

（2）多种无机粉体共用的方式。如同时采用 $BaSO_4$ 和 ZnO 对颜料进行表面包覆，以增强颜料的抗紫外能力，提高颜料的使用寿命；多金属氧化复合物 $(Zn_yM^{2+}_z)_{1-x}M^{3+}_xO_{1+x/2}$，其中 M^{3+} 为铝、铁等金属离子；M^{2+} 为镁、钙、镍、铜等金属离子。通过粉体的复合实现紫外屏蔽及其他功能，且防止超细粉体的团聚。

对于纳米 TiO_2—纳米 ZnO 复合粉体的研究发现，复合体系的紫外屏蔽性能优于单一体系，对共混 PP/超细 ZnO/超细 TiO_2 薄膜紫外吸收性能研究发现，当无机填料的配比为 1∶1 时紫外吸收效果最佳。

五、新型聚酯产品

（一）PBT

在 20 世纪 60 年代，采用对苯二甲酸二甲酯（DM）与 1,4-丁二醇（BDO）为原料，通过酯交换—缩聚工艺或后来发展的 TPA 与 1,4-BDO 直接酯化—缩聚工艺可得到的一种新芳香族聚酯——聚对苯二甲酸丁二醇酯（PBT）。最早 PBT 作为一种性能优良的工程材料引起人们的注意，1979 年日本帝人公司首次将其用作纺织纤维，其商品名为 Finecell。

PBT 的合成目前国际上有酯交换法和直接酯化法，即由高纯度的对苯二甲酸（TPA）或对苯二甲酸二甲酯（DMT）与 1,4-丁二醇酯化缩聚的线型聚合物。广泛使用的是酯交换法，生产中常采用 DMT 与 1,4-丁二醇酯交换，并在较高的温度和真空度下，以与有机钛或锡化合物和钛酸四丁酯为催化剂进行缩聚制得。在 PBT 的合成中，副产物主要是四氢呋喃（THF）。具体的反应机理如下所示：

$$H_3COOC-C_6H_4-COOCH_3+2HO(CH_2)_4OH \longrightarrow HO(H_2C)_4OOC-C_6H_4-COO(CH_2)_4OH+2CH_3OH$$

$$HOOC-C_6H_4-COOH+2HO(CH_2)_4OH \longrightarrow HO(H_2C)_4OOC-C_6H_4-COO(CH_2)_4OH+2H_2O$$

$$nHO(H_2C)_4OOC-C_6H_4-COO(CH_2)_4OH \longrightarrow n\left[OC-C_6H_4-COO(CH_2)_4O\right]_n+n-1HO(CH_2)_4OH$$

PBT 的结晶速率比 PET 快近 10 倍，纤维具有较好的伸长弹性回复率和柔软易染色的特性。但是由于 PBT 大分子基本链节上的柔性部分较长，T_g、T_m 较 PET 低，因此纤维的柔性有所提高，模量较低，手感柔软，吸湿性、耐磨性好，回弹性优于 PET，同时具有良好的染色性能。常用聚酯纤维的主要性能如表 5-12 所示。

表 5-12　常用聚酯纤维主要性能指标

性能指标	PET	PBT	PTT
T_m/℃	260	225	228
T_g/℃	69~81	20~40	45~65
密度/g · cm^{-3}	1.38	1.35	1.33
初始模量/cN · dtex^{-1}	9.15	2.4	2.58
弹性伸长率/%	20-27	24~29	28~33
弹性回复率/%	4	10.6	22
结晶速度/min^{-1}	1	15	2~15
光稳定性	+++	+++	+++
尺寸稳定性	++++	++	+++
抗污性	+++	+++	+++
可染性(无载体)	+	++	+++

注　+代表尚可；++代表良好；+++代表优异。

与弹性纤维和变形丝不同，PBT 纤维的弹性取决于其分子结构与排列。由于 PBT 比 PET 多两个亚甲基，可使内旋转增多，并在应变过程中产生 α、β 晶型的可逆转变，松弛状态下为 α 晶型，呈螺旋构象；拉伸状态，呈 β 晶型。通常，α 型为稳态，β 型为非稳态，并具有向 α 型转变的趋势，因此具有弹性机制。但在由 β 构型向 α 构型转变的过程中，因苯环的位阻作用，所需较大的能量，故在张力约束作用下，亚甲基链段全调整适应定位于苯环位置，使回弹性失效，即张力下回复性较小。

将 PBT 改性材料用作纤维原材料也是值得发展的一个方向。例如采用大分子酯交换法从聚对苯二甲酸丁二醇酯(PBT)、聚乙二醇(PEG)合成 PBT/PEG 多嵌段共聚醚酯弹性体，并采用熔融纺丝法制备弹性纤维。为提高弹性纤维的低温回弹性能，在聚醚链段中引入空间位阻较大的间苯二甲酸(IPA)链段，以破坏软链段在结构上的规整性，降低其结晶能力，改善纤维在应力诱导作用下或在低温下软链段结晶所引起的回弹性差的缺点。改性纤维的回弹性与未改性纤维相比，回弹率 E100%提高了 12%，回弹率 E200%提高了 14.5%，回弹率 E300%提高了 12.3%。此外还考察了 PBT 链段含量对弹性纤维性能的影响，发现随着 PBT 含量的增加，纤维的熔点升高，断裂强度提高，但断裂伸长率和回弹性能同时降低。

(二) PTT

聚对苯二甲酸丙二醇酯(PTT)聚合物最早是在 1941 年被发明的，1948 年由壳牌化学

(Shell)公司取得了通过丙烯醛路线合成PTT生产中的关键性原料1,3-丙二醇的生产专利。20世纪90年代发明了环氧乙烷羰基化工艺路线,1995年壳牌正式宣布开始PTT聚合物的商业化生产计划,并于1997年开始建厂,1999年展示了世界上第一件用PTT纤维生产的服装产品。

PTT树脂的合成同PET相似,主要采用DMT法和TPA法。在PTT的合成中,副反应主要包括PTT熔体在高温下进行的大分子链热裂解反应,生成低聚物和挥发性小分子有机物。其中环状二聚物占整个低聚物的85%,且随温度的升高,环状二聚物的含量由于升华而降低。一般情况下,PTT中低聚物的含量为1.6%~3.2%,高于PET的1.7%和PBT的1.0%。这些低聚物会影响纺丝和染色加工。挥发性小分子有机物包括0.2%~0.3%的丙烯醛和0.2%~0.3%的烯丙醇,这类副产物可用精馏方法除去。

PTT纤维主要性能如表5-12所示。与PET纤维相比,PTT主要存在以下三个方面的重要区别:

(1)PTT分子构象为螺旋形状,因此,PTT纤维具有高度的膨化现象,有利于优异弹性的表现,PTT纤维即使拉伸20%仍可以回复到原长,经过10次20%的拉伸仍能几乎100%的回复。

(2)PTT聚合物由于"奇碳数效应",其T_m和T_g明显低于PET和PBT,因此纱线或织物可在较低温度下染色,可以减少加工中的能量消耗。

(3)PTT聚合物的杨氏模量较低,与PET相比具有较柔软的手感。

PTT的弹性与其特有的构象相关。PTT的空间结构由曲折的亚甲基链段和硬直的对苯二甲酸单元组合而成,结果就形成沿纤维轴向的Z字形结构。PTT分子构象的Z弹簧特征与易改变的三亚甲基的空间构型,使其具有较好的螺旋弹簧结构。显然,形成弹簧结构的主要原因是"奇碳效应"。"奇碳效应"提供了更多的空间能使苯环不能呈180°平面排列,只能以空间120°错开。PTT弯曲的链段长度是完全伸直长度的75%,受力时,大分子链能比较容易拉伸或是压缩;外力去除后,能快速地恢复原状,从而表现出优异的弹性性能。

PTT作为新兴的聚酯纤维材料,由于其独特的性能优势,性能改进和应用基础研究正大力开展,相关改性研究也刚刚开始。作为功能化改性,它可以借鉴PET的改性方法而进行,此处不再赘述。

(三)PEN

聚萘二甲酸乙二醇酯(PEN)是一种新型的聚合物,是由2,6-萘二甲酸二甲酯(NDC)或2,6-萘二甲酸(NDA)与乙二醇(EG)缩聚而成,与PET相比,分子主链中引入刚性更大的萘环结构,因此具有相对于PET更高的力学性能、气体阻隔性能、化学稳定性和耐热、耐紫外、耐辐射性能。具体的反应过程如下:

$$H_3COOCRCOOCH_3+2HOCH_2CH_2OH \longrightarrow HOCH_2CH_2OOCRCOOCH_2CH_2OH+2CH_3OH$$

$$HOOCRCOOH+HOCH_2CH_2OH \longrightarrow HOCH_2CH_2OOCRCOOCH_2CH_2OH+H_2O$$

$$2HOCH_2CH_2OOCRCOOCH_2CH_2OH \longrightarrow \sim RCOOCH_2CH_2OOCR\sim +HOCH_2CH_2OH$$

其中R为萘环。

酯交换的催化剂是金属醋酸盐（Zn^{2+}、Co^{2+}、Mg^{2+}、Pd^{2+}、Ni^{2+}、Mn^{2+}等），缩聚催化剂还可采用锑系和钛系催化剂。由于萘二甲酸二甲酯（DMN）的位阻作用，因此 DMN 和 EG 的酯交换反应比 DMT 和 EG 的酯交换反应慢。

PEN 的 T_m为 270℃，T_g为 117℃，结晶速度比 PET 慢。由于萘的结构更容易呈平面状，因此，PEN 具有优异的阻隔性能，可与 PVC 相比，且不受潮湿环境的影响。它对 O_2的阻隔性是 PET 的 5 倍，CO_2的 6 倍，水的 4.5 倍。PEN 具有良好的化学稳定性，耐酸、碱性能优于 PET，在加工温度高于 PET 的情况下分解放出的低级醛小于 PET。因此，PEN 是理想的工业丝原材料。但是 PEN 的价格昂贵，因此进行共混改性是关键。

第二节　聚酰胺纤维的改性

聚酰胺纤维具有众多优良的性能，如耐磨、强度高等，但是也存在一定的缺陷，如模量低、耐光性、耐热性、抗静电性、染色性以及吸湿性较差，需要加以改进。

一、共聚酰胺

（一）无规共聚

无规共聚通常是利用具有不同碳原子含量的二胺、二酸、内酯、己内酰胺或含苯环胺、酯进行反应，制备具有改善聚合物热性能和可降解性能的改性共聚酰胺。

如将己内酰胺和己内酯采用开环聚合可以得到具有生物可降解性的共聚酯酰胺，其反应式如下所示：

$$\text{己内酰胺} \xrightarrow{LiAl(OC(CH_3)_3)_3H} \text{己内酰胺负离子}(\bar{N})$$

$$\text{己内酰胺} + \text{己内酯} \xrightarrow{\text{己内酰胺负离子}} \text{-}[\text{-}(\text{-}(CH_2)_5\text{-}\overset{O}{\overset{\|}{C}}\text{-}NH\text{-})_x\text{-}(\text{-}(CH_2)_5\text{-}\overset{O}{\overset{\|}{C}}\text{-}O\text{-})_y\text{-}]\text{-}$$

共聚采用的催化剂是碱取代的己内酰胺，温度 100～160℃。所得共聚物为无规共聚物，只有一个熔点。共聚物的溶解性与共聚组成中的组成有关，含酯多的共聚物可溶解在极性较小的溶剂如氯仿中，含酰胺多的共聚物可采用甲酸溶解。这种聚合物反应可采用常规加热或微波加热实现。微波加热具有更高的收率，同时所得共聚物的酰胺部分含量高于聚酯部分。

将甘氨酸（NH_2CH_2COOH）和氨基己酸或十二氨基酸共聚可以得到 2/6 或 2/12 共聚酰胺，这些共聚物也是具有一定可降解性的无规共聚物。

在己二胺己二酸聚合中添加含磺酸基团的间苯二甲酸，可以改善聚酰胺纤维的染色性能，使纤维能用阳离子染料染色，这方法已得到工业应用。同样，也可添加叔胺化合物，制备可采用酸性染料染色的共聚纤维。显然,这些改性聚酰胺 66 均为无规共聚物。

聚酰胺 1010 是主要用于制造牙刷丝的聚合物,但由于回弹性较差,所用的牙刷丝会逐渐变形倒毛,如在聚酰胺 1010 聚合中添加少量 66 盐,生成 PA1010/66 共聚酰胺,由其制成的牙刷丝,变形性有所改善,共聚物的熔点、结晶度以及初始模量下降,但屈服应力变大,即丝的回弹性变好,这是由于添加 66 盐后,破坏了聚酰胺 1010 的结构规整性,从而减小了氢键的作用力,因此大分子的刚性下降,柔性增加。

(二)嵌段共聚

利用嵌段共聚,可在聚酰胺的大分子上进行功能化基团改性,从而提高聚合物大分子的亲水性和端基反应活性。

例如,利用己内酰胺开环后所生成的氨基己酸可与 PEG 的羟基进行酯化反应,制备 PA6—PEG 嵌段共聚物。所采用的 PEG 分子量以 6000g/mol 为宜。共聚物可用常规方法进行纺丝、拉伸和染色。在这种改性聚酰胺 6 中,当 PEG 含量为 6%时,所得纤维只有较耐久的抗静电性。由于嵌段共聚物 PA6—PEG 纤维中引入了烷氧基团,在改善纤维抗静电性的同时,还可赋予共聚纤维一定的吸湿性能。在相同条件下,PA6—PEG 纤维的吸湿率为 8%,而 PA6 纤维仅为 4.6%。如将 PA6—PEG 和 PA6 共混,由于 PA6 和 PEG 不很相容,PA6/PA6—PEG 共混纤维在拉伸时相界面会产生微隙,因此 PA6/PA6—PEG 纤维的染色性也优于 PA6 纤维。

其他的共聚酰胺还包括:将含烷基醚的 4,7-二亚癸基二胺单体与己二酸缩聚制备聚-4,7-二噁亚癸基己二酰二胺,并将其与聚酰胺 6 熔融共混,利用剪切和热作用实现链交换反应,获得聚-4,7-二噁亚癸基己二酰二胺—聚酰胺 6 嵌段共聚物。将 PEG 端基进行氨基化改性,制备 PA6—PEOD 共聚酰胺。这两种嵌段共聚物纺制成的纤维具有优良的吸湿性,特别是在湿热条件下,例如 PA6—PEOD 嵌段共聚物纤维,当 PEOD 含量为 15%时,在 95%RH、20℃的条件下其吸湿率可达 14%,PA6 纤维在此条件下吸湿率仅有 6%。

二、大分子化学反应

酰胺大分于中有—NHCO—、—NH_2、—COOH,可以进行化学反应,如用有机硅化合物对聚酰胺纤维处理,如下式所示:

$$\begin{matrix}—CONH— \\ —CONH—\end{matrix} + AcO—\underset{R}{\overset{R}{Si}}—OAc \xrightarrow{-2AcOH} \begin{matrix}—CON \\ —CON\end{matrix}\!\!>\underset{R}{\overset{R}{Si}}$$

采用有机硅处理聚酰胺 6 纤维,可使其具有防水的功能,通过交联后纤维的热性能也有所提高。

聚酰胺也能进行羟甲基化和甲氧甲基化,如将聚酰胺 66 与甲醛反应生成 *N*-羟甲基化衍生物(A),在甲醇存在下与甲醛作用生成 *N*-甲氧甲基化衍生物(B),反应式如下:

$$\begin{array}{l} | \\ N-H \\ | \\ C=O \\ | \end{array} + CH_2O \longrightarrow \begin{array}{l} | \\ N-CH_2OH \\ | \\ C=O \\ | \end{array} \qquad (A)$$

$$\begin{array}{l} | \\ N-H \\ | \\ C=O \\ | \end{array} + CH_2O + CH_3OH \xrightarrow{-H_2O} \begin{array}{l} | \\ N-CH_2OCH_3 \\ | \\ C=O \\ | \end{array} \qquad (B)$$

在羟甲基化反应中，氨基也能参加反应，由于生成上述聚酰胺衍生物，破坏了大分子的规整性，减少了分子间氢键的作用力，因此改性聚酰胺结晶度降低，T_m下降。经甲氧甲基化改性的聚酰胺 66 的 T_m从 264℃下降到 150℃（取代 35%）和 100℃（取代 50%），经甲基化的聚酰胺的熔点也可降到 180℃。

三、功能化改性

（一）抗静电、导电纤维

1. 抗静电纤维

（1）添加表面活性剂。抗静电表面活性剂一般是离子型、非离子型和两性型的表面活性剂，其抗静电机理一般是靠吸湿加快积聚电荷泄漏而获得。因此其抗静电性能与环境的温湿度密切相关。通过研究油剂中阴离子型、阳离子型和两性型表面活性的抗静电性能与其结构和使用浓度的关系，发现对于聚酰胺纤维，含油低时脂肪醇氧乙烯醚磷酸酯盐的抗静电性能优于脂肪醇磷酸酯钾盐；含油高时则相反。

（2）添加亲水性物质。用于聚酰胺纤维抗静电改性的亲水性高分子聚合物主要是含有 PEG 单元的聚合物及其聚酰胺的共聚物。如 Unitika 公司开发的抗静电纤维是将非水溶性的改性聚氧乙烯与聚酰胺 6 的共混物作为复合纤维的芯组分，与聚酰胺 6 的皮组分形成复合纤维。此复合纤维在 34℃，RH90%的条件下，摩擦带电量为 1500V，2h 后吸湿率可达 11.6%。日本 Nikka 化工公司开发的新型聚酰胺纤维所采用的永久性抗静电剂是将聚乙二醇和聚丙二醇的共聚物与 *N*-甲基二乙醇胺和六亚甲基二异氰酸酯在二丁基锡二月桂酸酯的存在下反应得到聚氨酯，再将其用二甲基硫酸盐季铵化而得。

（3）添加无机氧化物。碘化亚铜、氧化锡、氧化锌、氧化银等金属氧化物常用于制备抗静电的聚酰胺纤维。其改性方法与聚酯纤维相似，此处不再累述。

（4）添加导电高分子物质。在基体聚合物表面沉积或在聚合物内部添加聚吡咯或聚苯胺等结构型导电聚合物也是抗静电聚酰胺纤维改性的方法之一。结构型导电聚合物又称本征型导电聚合物，是指本身具有导电性或经化学改性后具有导电性的聚合物。它们通过自身化学结构的特殊性具有导电性，再通过化学方法进行掺杂以增强其导电性。

2. 导电纤维

导电纤维是基于自由电子传递电荷，因此其抗静电性能不受环境湿度的影响。用于导电纤维的导电成分一般有金属、金属化合物、炭黑等。浅色微粉有硫化铜、碘化亚铜等金属硫化物和卤化物;白色微粉有氧化锡、氧化锌、钛酸钙等金属氧化物。

如美国 Du Pont 公司开发的 Antron-Ⅲ产品是混有有机导电纤维的聚酰胺 BCF 膨体长丝,其混纤比例为 1%~2%,其中的有机导电纤维是由含有炭黑的聚乙烯为芯层,聚酰胺 66 为皮层的复合纤维,其比电阻为 $10^3 \sim 10^5 \Omega \cdot cm$。

国内浙江大学采用 I_2、$CuSO_4$、Na_2S 溶液处理 JP8 型聚酰胺纤维网,在纤维表层牢固地结合上导电的 Cu_2S,使该纤维电阻率小于 $10^3 \Omega \cdot cm$,经连续 10h 洗涤后仍具有良好的导电性。

采用炭黑填充改性聚酰胺纤维制备导电纤维的导电性能与所采用的拉伸条件密切相关。Yangizawa 研究发现,填充乙炔炭黑的尼龙 12 纤维随拉伸比增加,乙炔炭黑凝聚趋向沿纤维轴向排列,拉伸比为 1.3 时,体积电阻值最小,传导路线使平均体积比电阻降低。高于 80℃时,纤维遵循常规拉伸规律。在 80℃拉伸比为 1.3 时,形成纤维的平均体积比电阻最小,体积比电阻分布范围最狭窄。

(二)吸湿纤维

聚酰胺 6 和聚酰胺 66 的大分子主链上每隔 6 个碳原子才有一个亚氨基(—NH—),若每一个亚氨基吸着一个水分子,则其回潮率可达 16%。但与棉纤维一样,由于结晶因素,使它们的回潮率只有 4%左右。锦纶 4,每隔 4 个碳原子有一个酰胺基,它的亲水基团含量明显高于聚酰胺 6和聚酰胺 66,因而其吸湿能力可与棉相匹敌。

聚酰胺纤维的亲水化改性包括聚合物分子的设计和通过共混添加改性。

1. 大分子设计

聚酰胺吸湿性改善的大分子设计主要体现在以下两个方面:

一是提高大分子结构中的亲水基团的比例。例如为了提高聚酰胺纤维的吸湿性,已重点研究了一些新尼龙化合物,最为典型是尼龙 4(聚丁内酰胺)。由于分子结构中的酰胺基可与水形成氢键键合,其吸湿保湿性能优异,但是氢键键合水难以快速脱出,所以穿着湿腻感高,同样不具有穿着舒适性。

二是利用接枝改性将含有极性基团的短链接枝在大分子链上。在聚酰胺纤维大分子中引入亲水基团—COOH、$—NH_2$、—CN、—OH 等,是提高聚酰胺纤维吸湿性最有效的方法之一。

例如,丙烯酸系接枝 PA66 コットラン(日本东丽,1978 年),标准条件下吸湿率可达 10%,具有快速的吸湿放湿特性。在聚酰胺纤维大分子链上接枝的高分子短链还可采用聚氧化亚甲基丙烯乙酯、聚甲基丙烯酸二甲氨基乙酯和氯代醋酸钠的季铵盐;含乙烯基吡咯烷酮和磺酸钠基的单体(如 3-丙烯酰胺-2-甲基丙烯磺酸盐)及含季铵的单体(如二乙胺基乙基偏丙烯酸酯)等的聚合物;将甲醛与芳香胺缩聚后再接枝使聚酰胺大分子链上接有氨基亚甲基支链。这些支链都有吸湿性,使聚酰胺纤维的吸湿率可与棉纤维相近。Anbarasan R 等在 N_2保护下,对水溶液中的锦纶 6,采用 4-乙烯基吡啶为模型,研究过氧化单硫酸—巯基醋酸氧化还原系统引发自由基接枝共聚物,所得接枝纤维的水保持率如表 5-13 所示。

表 5-13 接枝改性前后尼龙 6 纤维的保水率

聚合物	接枝率/%	保水率/g · g^{-1}
PA6	—	1.1
PA6—g—P (4VP)	1.31	3.8
	1.75	5.3
	2.14	7.9

三是如前所述采用共聚的方式。一般采用与具有亲水基团的高分子链共聚而实现改进 PA 吸湿性能的要求。例如，Sun 石油产品公司与 Snia 纤维厂联合开发的 S 纤维(Fiber S)，为一种共聚酰胺，由聚酰胺 6 与聚二噁酰胺共熔融混合而成一种共聚物，再与 PA6 共混纺丝而获得。嵌段共聚物含量为 30%时，纤维在相对湿度为 95%和 85%时的回潮率大于棉，而在 RH 为 75%和 65%时的回潮率与棉相同。纤维的手感与天然纤维相似。其他如 Allied 公司开发的 PA6—PEOD(聚氧化乙烯二胺)共聚物、PA6—PDMMA(聚-*N*,*N*-二甲基丙烯酰胺)共聚物等。日本触媒化学工业采用偶氮剂，有机过氧化物和/或过硫化物的盐作聚合引发剂，制备含 3%聚乙烯基吡咯烷酮的改性聚酰胺纤维，该纤维具有高白度，最大吸湿率为 8.0%。

2.共混改性

常用的共混添加剂包括，聚乙二醇(德国技术，分子量 3500，添加量 1.5%~2.5%)，聚氧乙烯(日本技术，添加量为 3%~30%，吸湿率为 6%)，聚对苯二甲酸乙二酯和己内酰胺与聚乙二醇的共聚物配合使用后进行碱处理，获得具有棉般手感的亲水性聚酰胺纤维(日本东丽技术)，聚-*N*-乙烯基吡咯烷酮和聚乙二醇配合使用(日本东丽技术)，也可单独采用聚乙烯吡咯烷酮制备吸湿性锦纶(日本东丽技术)。其中聚乙烯吡咯烷酮 *K* 值一般为 20~70，含量为聚酰胺重的 3%~15%。此外，如美国杜邦公司用 4%~25%的 *N*-已内酰胺和聚酰胺掺混纺丝，可以得到吸湿率为 8%~9%的纤维。日本帝人公司则采用低分子亲水化合物与高分子亲水聚合物及聚酰胺大分子多元共混的方法，制得回潮率高、纤维之间黏合力低的纤维。也可采用共混如碳原子数大于 12 的脂肪酸、脂肪胺或脂肪醇等低分子化合物实现共混达到改善吸湿性目的。

3.异型配合微孔化技术

锦纶中空微孔化也是提高纤维吸湿性能的重要方法。纤维的制造过程主要分为纺丝和芯组分溶解两个阶段。组成复合丝的芯材料为碱易溶性聚酯，皮为聚酰胺和聚酯(与聚酰胺的相溶性已改进)的混合物。芯溶解时，碱溶性聚酯溶出，可制得 40% 以上中空率和微孔的聚酰胺中孔丝。它同时具有保温性、导水性、保水性、蒸发性、发色性。Quup 系列是东丽开发的系列吸湿排汗功能锦纶。其中 Quup 吸放湿性为一般锦纶的 2 倍，几乎接近棉，并保持锦纶的速干性。Quup-AQ 的纤维截面为 Y 字形，单丝间有空隙，其毛细管效应体现为产品的吸汗性，纤维的表面积较大，速干性好，而 Quup-CC 是在尼龙聚合物中同时混合折射率接近锦纶而导热性高的无机粒子的纤维产品。

(三)耐光热性纤维

聚酰胺纤维在光或热的长期照射下，会发生老化，性能变差。其老化机理是在热和光的作用下，形成游离基，产生连锁反应而使纤维降解的结果，特别是当聚酰胺纤维中含有消光剂二氧化钛时，在日光的照射下，与之共存的水和氧生成的过氧化氢会使二氧化钛分解而引起聚酰胺性能恶化。为了提高其耐光、耐热性，目前已研究各种类型的耐光、热稳定剂，如苯酮系紫外光吸收剂;酚、胺类有机稳定剂;铜、锰盐等无机稳定剂。改善锦纶光、热稳定性的途径包括添加抗氧剂、有机热稳定剂、表面改性剂、液态低聚物共混及接枝改性等。

1. 抗氧剂

在脂肪族聚酰胺热加工及使用过程中,可通过添加各种各样的稳定剂,如受阻酚、芳香胺、金属盐、受阻胺、亚磷酸酯、硫化物等来提高聚酰胺的稳定性。

酚类抗氧剂具有优异的抗热氧老化作用,它是借助于自由基捕捉机理而实现抗老化效能的,但酚类抗氧剂 AO-1 对聚酰胺的稳定作用很有限,在很多情况下其对锦纶 6 稳定效果不如铜卤体系,但铜卤体系会使锦纶 6 着色,因而对要求无色或浅色的制品,它们不是理想的稳定剂;此外,在锦纶 6 的纺丝成型中,一些铜离子被还原成铜原子而沉积在挤出机里,从而造成纺丝困难,使设备维修费用增加。

不同种类的抗氧剂配合使用,可以提高改性效果。例如芳香胺、受阻酚等对于锦纶 6 的热氧化降解有良好的稳定作用,但对于锦纶 6 的热加工过程却无多大的稳定作用。受阻酚或芳香胺抗氧剂和辅助抗氧剂 Irgafos168 及有机硫化物 DLTP 的复合稳定剂对锦纶 6 的热加工过程具有较好的稳定作用。其结构式如下所示:

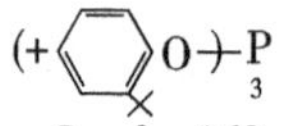

Irgafos 168

$$C_{12}H_{25}O-\overset{\displaystyle O}{\overset{\|}{C}}CH_2CH_2-S-CH_2CH_2\overset{\displaystyle O}{\overset{\|}{C}}-O-C_{12}H_{25}$$

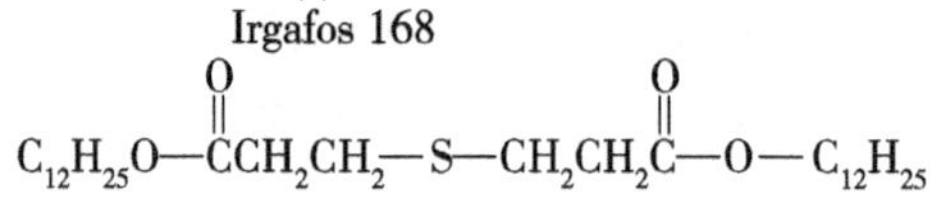

DLTP

此外,受阻酚、芳香胺和 Irgafos 168 及 DLTP 之间也存在一定的协同作用。主抗氧剂与辅助抗氧剂芳胺类配合是有效的稳定体系,如果并用亚磷酸酯抗氧剂,则可进一步提高稳定效果。

2. 有机热稳定剂

有机热稳定剂经常应用在聚酰胺熔融加工过程中,它可以起到抑制聚酰胺褪色的作用,但由于尼龙熔融加工温度较高,故其应用也受到了一定的限制。有机添加剂 S-EED[*N*,*N′*-二(2,2,6,6-四甲基-4-哌啶基)-1,3-苯二酰胺]对锦纶 6 有明显的热稳定效果,这种添加剂具有酰胺基团,模仿了聚酰胺的结构。研究表明,经添加改性后的锦纶 6 的可纺性、染色性、长期热稳定性和光稳定性得到明显改善。

在 S-EED 中,其芳胺组分的作用是在聚酰胺熔体加工过程提供高的热稳定性;氨基组分保证其与聚酰胺母体树脂有良好的相容性;受阻哌啶基起光稳定作用,当其附着在低聚物或大分子的骨架上时,也可以获得较好的热稳定性,哌啶基不但可以保证尼龙的长期稳定性,而且可以增加改性酰胺中的氨基含量,从而提高尼龙的染色性。

3. 表面改性剂

使用表面改性剂即是在织物中添加表面改性剂,如含氟聚合物和含磺化的酚—甲醛缩合物的物质,它们通过封锁锦纶中易染色氨基,从而起到稳定作用。由于酚—甲醛树脂的稳定效果可以通过酰化或醚化酚上的羟基而增强。但这种处理方法价格较贵,且经过多次清洗后会被洗掉,因而影响其稳定效果。

4. 接枝改性

接枝聚酰胺是通过让聚酰胺在一个至少有三个接枝点的中心分子上接枝生成的。接枝中心为多功能分子,如吖嗪类和胺类化合物,它含有氨基或羧基或两种基团都存在,且聚酰氨上的氨基或羧基可以与之反应,生成接枝聚酰胺。结果表明,经接枝改性的聚酰胺在熔融挤出后不泛黄,呈白色,这证明接枝聚酰胺具有高的热稳定性。如以 1,3,5-苯三甲酸作为己内酰胺聚合的链调节剂,合成出稳定性良好的锦纶 6 星型聚合物,提高聚酰胺的热稳定性。

随着纳米技术的发展,微米、纳米级的氧化物作为有效光稳定剂也受到人们的重视,常用的氧化物主要为二氧化钛和氧化锌,或者将两者配合使用,利于获得更广紫外光谱范围内的屏蔽效果。如果所添加的粉体可以实行纳米级的分散,所得到的纤维具有良好的透明性。

(四)抗菌防臭纤维

以前,常采用有机锡化合物和有机汞化合物用于锦纶的抗菌改性。此外,吡啶类抗菌剂也常被采用。这些抗菌剂被聚酰胺 66 吸附后,具有抗菌效果,可抑制白癣菌的增长。但这类产品存在安全性、耐热性和抑菌效果持久性差等问题。

碘和金属银离子的抗菌性能也引起人们的重视。将聚酰胺纤维浸渍在含 500×10^{-6}g/L 多碘化合物的水溶液中,5min 后干燥即制得抑菌纤维;采用电镀法或蒸发沉积法涂渍银离子,也可制得抑菌聚酰胺纤维。

目前,抗菌剂的采用大都趋向于使用具有优异抗菌、耐热和低毒性的无机化合物,如载银、铜、锌等离子的沸石、二氧化硅、磷酸盐等载体类无机抗菌剂,超细二氧化钛、氧化锌或硫化锌等无机盐类抗菌剂,或者将其配合使用。

例如,采用比表面积为 6.0m^2/g 的氧化锌,当其含量为 1.0%,制得 44dtex/24f 的 PA 长丝,强度为 4.3g/dtex,伸长为 39.0%,使用紫外光试验仪 SUV-F11 光照纤维 100h,强度保留 62.8%,伸长保留 53.3%,初始抗菌值为 6.1(Staphylococcus aureus,Atcc6538P),洗涤 10 次后为 10。织物的染色性能无明显影响,染色牢度可达到 4~5 级。

(五)阻燃纤维

聚酰胺纤维的极限氧指数(LOI)为 20%~22%,属可燃纤维。经研究表明,添加氮系化合物(如硫氰酸铵、溴化铵等)有助于聚酰胺的阻燃。在聚酰胺中添加氯代化合物,可提高其阻燃效果,但纤维或织物易发黄。添加某些金属氧化物能使其在火焰中不融滴以达到阻燃效果。目前对阻燃剂的开发正向非卤化、无机化的方面发展。

在纤维和纺织品的多类阻燃系统中,膨胀型阻燃剂(IFR)备受人们青睐。IFR 是一种含炭源、酸源及气源三组分的复杂阻燃系统。目前人们对 IFR 的阻燃机理尚未充分了解,也并未掌握 IFR 各组分的准确作用和 IFR 组成与其阻燃性之间的量化关系,但 IFR 的阻燃效能及对环境的兼容性则是公认的。

将 IFR 用于制备阻燃纤维是基于提高成炭率而改善纤维阻燃性能,且纤维也可作为 IFR 的一个组分。例如,聚酰胺 66 纤维可作为成炭剂或交联剂。IFR 阻燃的纺织品存在不耐水洗的缺点。因此,使 IFR 与纤维间建立强的化学作用,是改性 IFR 的关键,这也是人们致力于开发反应型 IFR 改性纤维的初衷。

螺环磷酰氯即螺环季戊四醇二磷酰氯(SPDPC),它是由季戊四醇和三氯氧磷反应制得;环状 1,3-丙二醇磷酰氯(CPPC),由丙二醇和三氯氧磷反应制得;环状 2,2-二乙基-1,3-丙二醇磷酰氯(CDPPC),由 2,2-二乙基丙二醇和三氯氧磷反应制得。这三种螺环磷酰氯均可作为纤维的反应型 IFR 而使用,其结构式如下:

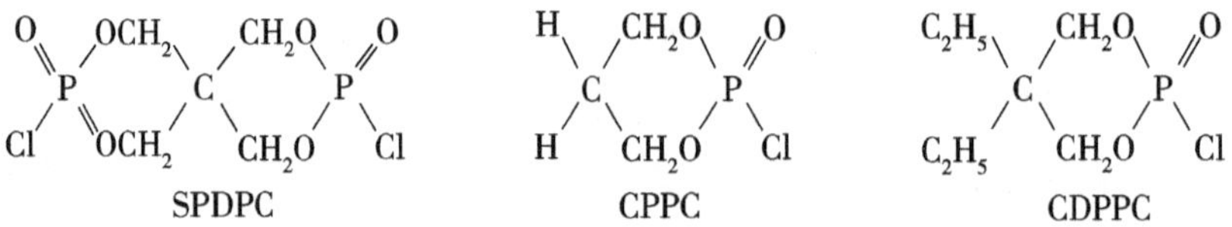

SPDPC　　　CPPC　　　CDPPC

将多元醇磷酰氯取代聚合物中的活泼氢,可赋予聚合物由于本身膨胀成炭而实现阻燃改性目的。这种活泼氢包括纤维素中伯羟基及仲羟基中的氢;聚酰胺纤维中氨基上的氢等。对于线型聚酰胺(如聚酰胺 6 纤维和聚酰胺 66 纤维)纤维,至今没有有效的耐久性阻燃方法,故用磷酰氯取代其上的氢以使其阻燃的工艺已引起人们重视。

CPPC、CDPPC 和 SPDPC 可与聚酰胺纤维在二甲基甲酰胺(DMF)中反应,反应条件如表 5-14所示。

表 5-14　IFR 处理聚酰胺纤维后的磷含量和成炭率

磷酰氯	纤维	磷酰氯:纤维:NaOH(质量比)	催化剂	磷含量/%	成炭率(600℃)/%
CPPC	PA66	2:1:0.5	吡啶	0.62	12.9
CPPC	PA66	2:1:0	吡啶	0.30	10.5
CPPC	PA66	2:1:0.5	苯酚	0.20	10.1
CDPPC	PA66	2:1:0.5	—	0.30	11.0
SPDPC	PA66	2:1:0.5	—	0.70	17.0
CPPC	PA6	2:1:0.5	—	0.31	6.3

注　PA66 纤维经 IFR 在 160℃,处理 1h 后,纤维在 600℃下空气中成炭率为 7.9%;PA6 纤维经 IFR 在 140℃,处理 1h 后,纤维在 600℃下空气中成炭率为 4.1%。

NaOH 和吡啶可促进磷酸化,但单一的吡啶效果较差,溶胀剂苯酚对提高磷酸化度也没有明显作用。CDPPC 与 CPPC 相比,前者较难与聚酰胺 66 纤维反应,这可能是由于 CDPPC 的立体障碍所致。聚酰胺纤维中端氨基浓度一般是 40μmol/g,而磷酸化仅能在此端基上发生,故磷酸化后聚酰胺纤维中的最大磷含量只能是 0.6%~0.7%。

为改善阻燃剂的使用形式,常采用表面包覆和载体吸附的方法,例如用硅烷、钛酸酯对氢氧化铝、氢氧化镁进行表面处理,利用硅烷分子、钛酸酯分子在氢氧化铝、氢氧化镁颗粒表面形成“分子膜层”,在阻燃剂与聚合物之间搭起桥键,从而改善阻燃剂与聚合物的相容性。或者将阻燃剂吸附在无机物载体(如硅酸盐、有机硅树脂)的空隙中,形成蜂窝状微胶囊阻燃剂,可以使易热分解的有机阻燃剂被很好地保护起来,从而改善阻燃剂的热稳定性。国内外对红磷、聚磷酸铵等阻燃剂的微胶囊化作了大量研究,微胶囊化的红磷与聚酰胺共混纺丝也可以制备阻燃聚酰胺纤维。

有机硅氧烷的阻燃性能也受到人们重视。例如,采用 0.5%硅氧烷(重均分子质量为40000)熔融共混纺丝制备阻燃锦纶 6 难以点燃,且在燃烧阶段不会释放有毒气体。

(六)染色性能改进

锦纶 6 的分子主链中含有酰胺键(—CONH—),它的染色性能类似羊毛,一般用分散染料、酸性染料及中性染料进行染色。酸性染料对锦纶 6 的上染,主要是染料阴离子与尼龙酸离子化的胺端基发生离子键合。

为改善酸性染料对锦纶的可染性,从成纤聚合物的改性方面,通常可以从以下几方面来入手。

1.在锦纶 6 基体上引入特殊的结构基团

通过在聚酰胺基体上引入以下一种或几种具有特殊结构基团的化合物可以改善尼龙纤维的染色性能,这些化合物是:

(1)至少有一个空间位阻氨基结构基团;

(2)三烷基胺取代 1,3,5-苯三酸,其中至少有一个氨基是自由氨基和/或烷基胺结构;

(3)三烷基胺取代吖嗪,其中至少有一个氨基是自由氨基和/或烷基胺结构;

(4)带有可以与羟基和/或氨基反应的基团。

2. 提高锦纶 6 的末端氨基含量

可通过如下方法提高锦纶 6 树脂的末端氨基含量:

(1)添加不同种类的链调节剂;

(2)提高水的用量;

(3)适当提高已内酰胺水解聚合前期和后期的温度;

(4)使用胺类添加剂。

要合成高末端氨基含量的棉纶 6 树脂,聚酰胺聚合体中的二级胺或三级胺的含量在末端氨基总含量中不低于 30%,可通过在聚合体中加入足量的受阻哌啶基衍生物与羧酸链调节剂实现。例如,在羧酸链调节剂存在下聚合聚酰胺单体,并用活性呱啶衍生物来达到高氨端基含量,得到 4-氨基-2,2,6,6-四甲基哌啶已内酰胺对苯二甲酸共聚物。

在已内酰胺水解聚合时加可通过引入一些特殊的 HPA/TA 复合胺类改性剂,制得具有高末端氨基含量的改性锦纶 6,改性剂用量对纤维染色性能的影响如图 5-5 所示。可见,随着改性剂用量的增多,纤维上染量逐渐增大,当改性剂用量超过 0.2%时,上染量变化渐趋缓慢。改性锦纶 6 试样的颜色明显变深。根据国标 GB 250—2008 的规定,测得两种纤维的染色色差为 3~4 级。

(七)远红外功能化纤维

远红外发射纤维能发射人体所吸收的波长为5~25μm 远红外光,该光线被人体吸收后,即刻产生一系列的热效应及共振效应。使人体水分子产生共振活化,增强分子间的结合力,从而促进人体新陈代谢，加快血液循环，增强人体的免疫能力，具有消炎、消肿、镇痛的功效。对因微循环障碍引起的腰、腿、颈椎、关节等症状有明显的辅助疗效。远红外聚酰胺纤维是将特定的陶瓷粒子（主要为金属氧化物，如二氧化钛、二氧化锡、氧化锆、碳化锆、氧化铝等）添加到成纤高聚物中而制得，它是一种吸收储存外界能量后，再向人体发射 2～20μm 远红外线的积极性保温材料，于 20 世纪 80 年代由日本率先研究开发成功。

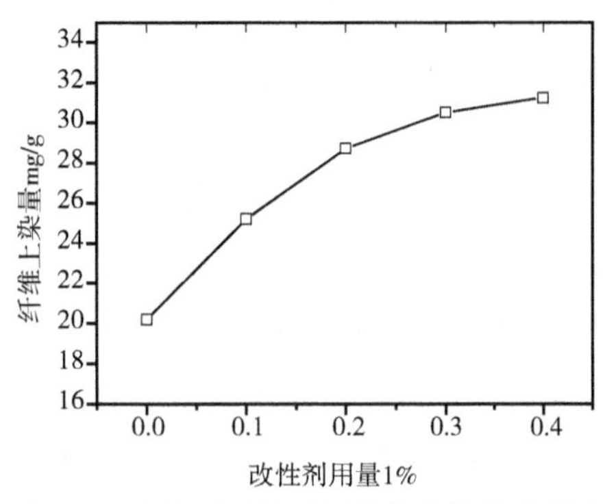

图 5-5 改性剂用量对纤维染色性能的影响

四、新型聚酰胺

（一）脂环族聚酰胺纤维

脂环族聚酰胺纤维是由含环烷基的二胺和不同碳原子数的脂肪二元酸缩聚而制得。最典型的脂环族聚酰胺纤维是 1968 年由美国 Du Pont 公司发展和生产的凯纳型纤维，是由双对氨基环己基甲烷（简称 PACM）和二羧酸缩聚而成，通式如下所示：

$$\left[\!-NH-\langle\rangle-CH_2-\langle\rangle-NHCO-(CH_2)-CO-\right]\!$$

脂环族聚酰胺可简称为 PACM-M（其中 M 代表二羧酸的碳原子数）。目前，已发表的凯纳型纤维品种有 PACM-6、PACM-9、PACM-10、PACM-12、PACM-TPA 等几种，其中以 PACM-12 的性能最好。

PACM-12 聚合体的熔点在 280℃左右，其纺丝温度控制在 315℃左右。纤维卷绕后，在 100℃下进行多段拉伸，再在 160℃下进行热定型，可得到供纺织用纤维产品。

由于 PACM 有反—反、顺—反、顺—顺等异构体，因此凯纳中 PACM 的各种异构体含量不同和二羧酸中碳原子数目的多少会影响纤维的性能。PACM 中反—反异构体的对称性最好，用反—反异构体含量多的 PACM 制成的纤维结晶性好，一般成纤聚合物中含有 70%的反—反异构体。二羧酸的碳原子数比较多时，制得的纤维稳定性好。组成中的脂肪环分子链刚性增加，脂肪环的存在也使纤维的玻璃化温度 T_g 升高，提高了回弹性。凯纳和聚酰胺 66 纤维某些性质的比较如表 5-15 所示。

表 5-15 凯纳和聚酰胺 66 纤维性能的比较

性　质	凯纳	聚酰胺 66
相对密度	1.04	1.14
伸长/%	30～35	25～45
强度/cN·dtex^{-1}	2.60～3.50	5.00
模量/cN·dtex^{-1}	28	34
熔点/℃	28	258
玻璃化转变温度/℃	135，170	41
吸湿性/%	3.0	4.3
在 10%的酸中（93℃）	不溶	溶

同聚酰胺 6 和聚酰胺 66 纤维相比，凯纳的强度、伸长和吸湿性稍低一些，但其杨氏模量较

高，耐光性也比聚酰胺6和聚酰胺66纤维好，相对密度也较小，覆盖能力相当好。同时，凯纳光泽良好，织物具有丝绸的外观和手感。除此之外，凯纳的抗折皱性好，尺寸稳定性好，染色牢度高，穿着舒适，容易洗涤，洗可穿性能良好。

（二）聚酰胺6T纤维

这类纤维一般归属于芳香族—脂肪族聚酰胺，其聚合物的结构式如下所示：

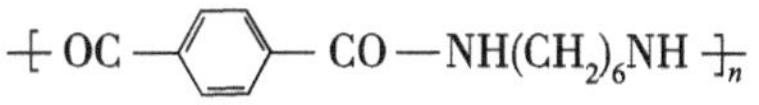

$$\left[OC-C_6H_4-CO-NH(CH_2)_6NH \right]_n$$

聚酰胺6T熔点高达370℃，故不宜采用熔融纺丝法成型，一般是将它溶解于浓硫酸或硝酸中制成纺丝溶液，进行湿法纺丝。初生纤维经水洗后，在55℃水中拉伸，再在270℃条件下进行热处理，即可制得聚酰胺6T纤维。聚酰胺6T纤维相对密度1.21，回潮率4.5%，初始模量介于聚酰胺66和聚酯（PET）之间，如表5-16所示。

表5-16　聚酰胺6T短纤维性能

性　　能	聚酰胺6T	聚酯（PET）	聚酰胺66
强度/$cN \cdot dtex^{-1}$	5.1	5.4	5.5
伸长/%	35	54	57
弹性模量/$cN \cdot dtex^{-1}$	50.9	45.2	17.0
强度保持率（185℃，5h）/%	100	95	40
熨烫温度/℃	220	210	210

第三节　芳香族聚酰胺的改性

芳香族聚酰胺纤维是最重要的有机合成纤维之一。芳香族聚酰胺（Aramid），泛指一种人工制造的纤维，它们的成纤物质是长链合成聚酰胺，其中至少85%（—CO—NH—）链节被直接连到两个芳香环上。在我国主要品种有芳纶1313（间位芳纶）、芳纶1414（对位芳纶），其数字部分表示高分子链节中酰胺键和亚胺键与苯环上的碳原子相连接的位置。对位芳纶的开发成功，作为高技术工业的先驱，代表合成纤维向高强、高模和高性能化的一个新里程碑。同时，在其基础理论研究中，引入众多新的概念，如刚性链大分子结构、高分子液晶理论、干湿法纺丝成型技术、液晶纺丝技术等。

一、芳香族聚酰胺

（一）对位芳纶

对位芳纶即对位芳香族聚酰胺纤维，其中聚对苯二甲酸对苯二胺（PPTA）纤维，由于表现出溶致液晶性，是一种重要的主链型高分子液晶。其分子结构如下式所示：

$$\left[\!-\text{NH}-\text{C}_6\text{H}_4-\text{NHCO}-\text{C}_6\text{H}_4-\text{CO}-\!\right]_n$$

高分子液晶的工业化是以美国杜邦公司 1972 年投产的 PPTA 纤维(商品名 Kevlar)系列为先导。该纤维具有高强度、高模量、耐高温、耐酸碱、耐大多数有机溶剂腐蚀的特性，且纤维尺寸稳定性也非常好。因此，对位芳纶的特点使得它在航天工业、轮船、帘子线、通信电缆及增强复合材料等方面得到广泛的应用。

对位芳纶的另一个差别化产品是浆粕纤维(PPTA-pulp)。它具有长度短(≤4 mm)、毛羽丰富、长径比高、比表面积大(可达 7~9m^2/g)等优点，可以更好地分散于基体中制成性能优良的各向同性复合材料，其良好的耐热性、耐腐蚀性和机械性能，在摩擦密封复合材料(代替石棉)中得到更好的应用。

(二)间位芳纶

间位芳香族聚酰胺(PMIA)，是一种以优异的耐高温性能著称的高性能聚合物，在我国被称为芳纶 1313，美国杜邦公司的商品名为 Nomex，日本帝人公司的商品名为 Conex，其分子结构式如下所示：

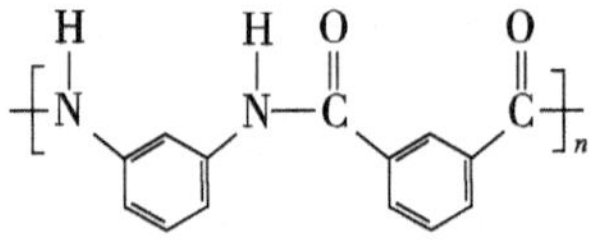

$$\left[\!-\text{NH}-\text{C}_6\text{H}_4-\text{NH}-\overset{\text{O}}{\overset{\|}{\text{C}}}-\text{C}_6\text{H}_4-\overset{\text{O}}{\overset{\|}{\text{C}}}-\!\right]_n$$

PMIA 具有优异的耐热性能、优良的阻燃性能和耐化学性能，在高温废气除尘、阻燃防护以及绝缘纸和浆粕等领域得到了广泛的应用。同时，PMIA 树脂及纤维在阻燃性、耐光性、耐疲劳性和染色性等方面还不够理想，因此，近年来人们也积极考虑对 PMIA 进行各种物理和化学改性，最常见的便是通过添加第三单体来改变间位芳香族聚酰胺的化学结构以获得性能更加优异的树脂和纤维。

(三)共聚芳纶

共聚芳纶中刚性和柔性单体链节的分子设计具有多样性，其刚性部分对纤维的高强度、高模量及高结晶度很重要，而柔性链节关系到大分子在溶剂中的溶解性和纤维的热拉伸性，对断裂伸长及耐化学试剂有影响。

典型的例子如 DPEPPTA(帝人 Technora)，聚-3,4′-二亚苯醚基对苯二甲酰对苯二胺。它是由 3,4′-二氨基苯醚(3,4′-ODA)、对苯二胺与对苯二甲酰氯在 NMP 酰胺型溶剂中低温溶液缩聚而得。所得聚合物溶液采用氧化钙中和，调整溶液中聚合物的质量分数至6%，成为纺丝原液，该原液为各向同性。因为 DPEPPTA 大分子链上引进醚键和间位苯环基团，提高聚合物的溶解性，反应产物能够溶解在缩聚溶剂中，因此可简化纤维纺丝成型后的溶剂回收工艺，同时也使 DPEPPTA 完全没有残留酸，从而避免了其纺纱过程中的困难。

目前，芳香族聚酰胺的发展趋势是高模、高强、耐高温和功能化。高模量纤维即是指具有

130~170GPa 的弹性模量,用于高强度、高刚度纺织品和硬质结构复合材料。高强度纤维一般指具有 60~90GPa 的弹性模量,用于高强度、中刚度纺织品弹性复合材料。耐高温纤维需要具有耐 500~600℃高温的特性。其他多功能纤维与常规合成纤维改性相似,包括阻燃、易染、耐光耐候等功能。

二、高性能芳香族聚酰胺的共聚改性

已有商品化芳香族聚酰胺如 Kevlar 只溶于浓硫酸,不溶于其他溶剂,使其加工成型困难。高性能芳香族聚酰胺的共聚改性大都以 PPTA 为基础。在 PPTA 共缩聚改性中,其性能的改变与加入第三、第四单体的结构有关,如表 5-17 所示。

表 5-17　不同共聚结构对 PPTA 性能的影响

共聚结构单元		改性特征
柔性结构	芳香醚、硫键	改善树脂的溶解性,纤维强度、模量基本上保持不变,耐疲劳性能有显著改善
	脂肪族结构	对溶解性、耐疲劳性有很大改善,成型加工性、耐磨、耐冲击性能有所提高,但纤维的强度随第三单体的增加而下降
刚性结构	联苯、联萘 芳杂环	不同程度地改善树脂的溶解性,纤维的耐热性能良好(芳杂环),纤维的强度也有所提高,赋予其独特的功能
苯环取代	对位结构	改进了 PPTA 的溶解性、热稳定、阻燃、耐疲劳等性能
	间位取代	增加 PPTA 的溶解性、耐热和阻燃性能,纤维伸度有较大改进;一些亲水基团的引入甚至能使改性 PPTA 共聚物溶于沸水中
二炔类结构		增加主链刚性,提供优良的加工性能,高强度,优异耐热性能
超支化结构		增加聚合物的溶解性,但机械性能随支化结构的增加而下降
N 取代		改善溶解性、降低熔点的同时,也导致材料的力学性能下降

(一)聚合物主链中引入柔性结构单元

日本帝人公司的 Technora 纤维由于在主链中引进 3,4′-二氨基二苯醚柔性基团的共聚成分,使共聚物在缩聚溶剂里能溶解,经过调整黏度直接用于纺丝,初生纤维经过高温高倍拉伸,可得到高强高模纤维。纤维的强度高达 3.1GPa,耐疲劳性、延伸率也均优于 Kevlar 29。

日本东丽公司将 4,4′-二氨基二苯醚、2-氯代对苯二胺进行四元共聚,聚合物经过调整黏度后可直接用于纺丝,所得纤维的伸长率、耐疲劳性能较好,屈曲疲劳寿命比 PPTA 高一个数量级。

芳砜纶是上海市纺织科学研究院和上海市合成纤维研究所共同研究和生产的一种高性能合成纤维,属于对位芳香族聚酰胺类耐高温材料。它的问世填补了我国耐 250℃等级合成纤维的空白。芳砜纶学名为聚苯砜对苯二甲酰胺纤维,它是由 4,4′-二氨基二苯砜、3,3′-二氨基二苯砜和对苯二甲酰氯缩聚制备而成,具有优良的耐热性、热稳定性、高温尺寸稳定性、阻燃性、电绝缘性及抗辐射性,同时具有良好的力学性能、化学稳定性和染色性。通过对苯结构和砜基的引入,使酰胺基和砜基相互连接对位苯基和间位苯基构成线型大分子。由于大分子链上存在强吸电子的砜基基团,通过苯环的双键共轭作用,使这种分子结构比 Nomex 具有更优异的耐热性、热稳定性与抗热氧化性能。芳砜纶与 Nomex 性能比较如表 5-18 所示。

表 5-18 芳砜纶的耐热性能及其与同类产品的比较

性能指标	条件		芳砜纶	Nomex
热稳定性(各热空气条件下处理后的强度保持率)/%	100h	250℃	98	78
		300℃	80	50~60
	50h	350℃	55	破坏
		400℃	15	破坏
耐热性(各温度条件下的强度保持率)/%	200℃		83	90
	250℃		70	65
	300℃		50	40
	350℃		38	破坏
分解温度/℃			422	414
失重率/%	分解温度下		1.0	1.5
	400℃		0.3	0
	500℃		12.4	15.75
长期使用温度/℃			250	210
热收缩率/%	沸水		0.5~1.0	30
	300℃热空气		20	80

(二)聚合物主链中引入脂肪、脂环族结构

在主链中引入脂肪、脂环族结构,可使 PPTA 共聚物溶解性、成型加工性、耐挠曲疲劳、耐磨、耐冲击性能提高。其合成机理均基于 Yamazaki-Higashi 反应。

Yamazaki 以 LiCl 和 $CaCl_2$为催化剂,由溶于 N-甲基吡咯烷酮/哌嗪混合物溶剂的亚磷酸二苯酯和亚磷酸三苯酯的磷酰基化反应合成了芳—脂族共聚酰胺,但产品的相对分子质量不够高。

Higashi F 等以三甘醇双(羧基苯)醚为第三单体,合成的热致型液晶聚合物氢键被破坏,大量对位氨基苯甲酸的存在,使聚合物具有向列介晶相。把三甘醇双(羧基苯)醚,p-氨基苯甲酸和对苯二胺进行三元共聚,合成不同链长的聚合物,结果表明主链结构的改变,尤其是链的分布对聚合物溶解性的影响,比单体的绝对用量所造成的影响更大。

(三)聚合物主链中引入非共平面的联苯、联萘、蒽基等刚性结构

这类第三单体主要包括 1,5-或 2,6-萘二胺/酰氯、9,10-或 1,4-蒽二胺/酰氯以及 4,4′-联苯二胺/酰氯。刚性结构的引入,理论上会使初始模量有所上升,但这些结构的引入也使 PPTA 分子规整性、对称性下降,导致初始模量下降。

Hoechst A.G.公司以 3,3′-二甲基-4,4′-联苯二胺为第三单体,分别以 3,3′-二甲氧

基-4,4′-联苯二胺,4,4′-二氨基二苯甲酰胺,4,4′-二氨基二苯甲烷为第四单体进行四元共聚,结果表明,前两种第四单体的共聚酰胺纤维的强度、伸长率基本上保持不变,而模量近似于Kevlar 49。

(四)聚合物主链中引入芳杂环结构

从目前所研究报道的芳纶结构式看来,不同品种的差别在于共缩聚的二胺种类不同,因此可以把各种芳纶缩聚的二胺安排在一个三角坐标的不同坐标位置上,来表示不同芳纶中各种二胺的相对分数,如孙友德在综述俄罗斯芳纶中给出如图5-6所示三角坐标图。

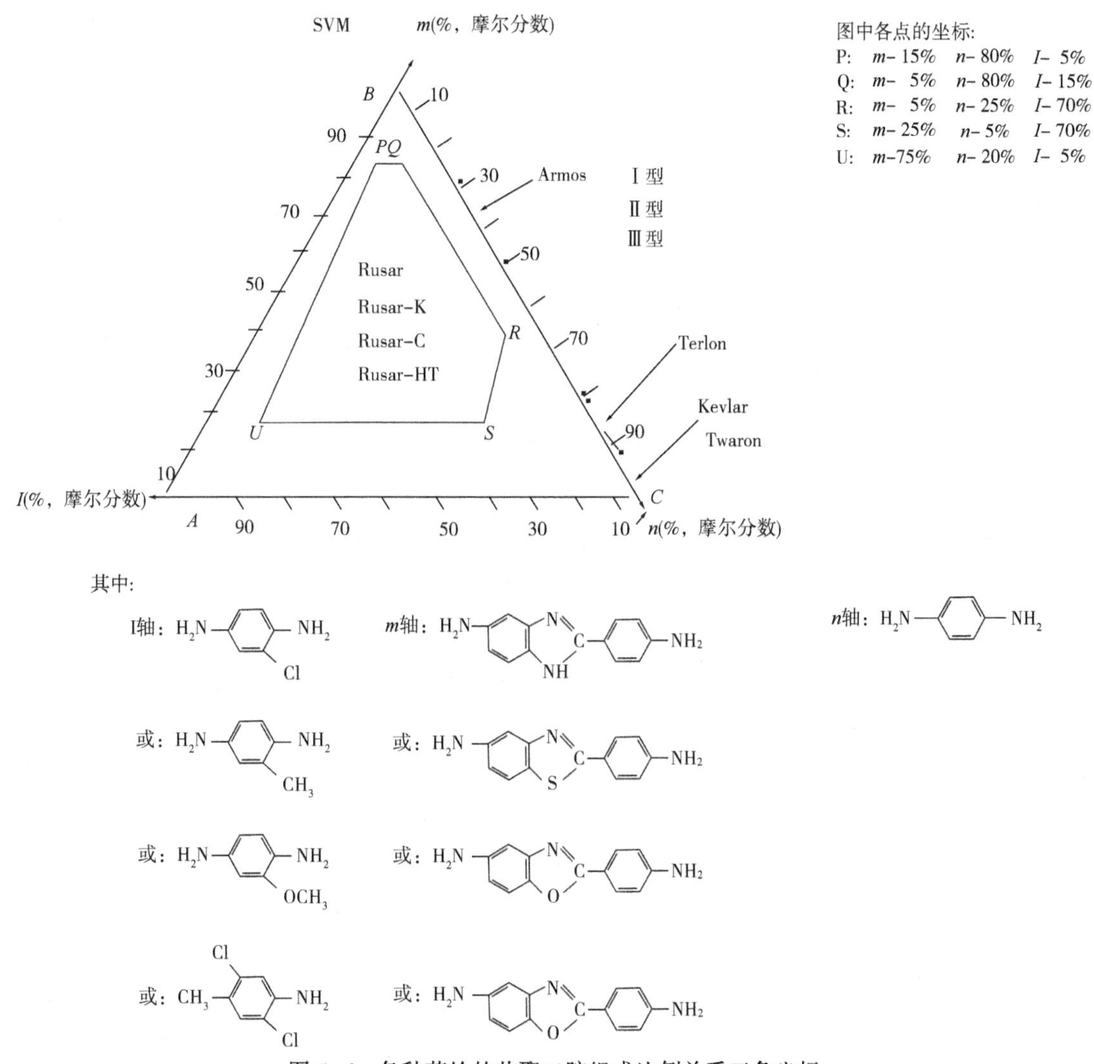

图5-6　各种芳纶的共聚二胺组成比例关系三角坐标

三角坐标的A、Y、Z三轴分别表示三类主要二胺含量;很明显,在三个坐标轴的交点A、B、C表示相应的聚合单体中含有一种二胺;在A、Y、Z三个坐标轴上的其他坐标点表示相应的聚合单体中只含有两种二胺;而在三角形ABC内的任一坐标点表示相应的聚合单体中有三种二胺。

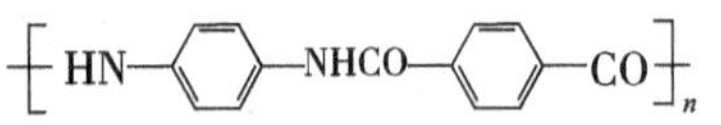

Kevlar Twaron

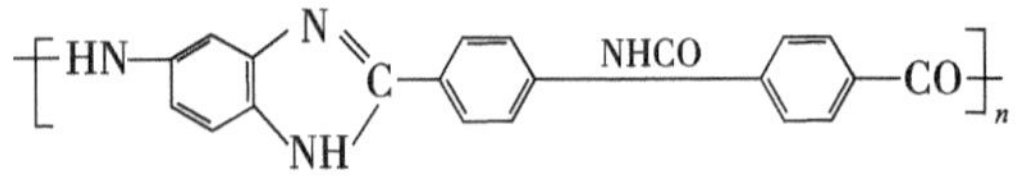

SVM全咪唑杂环芳纶，杂环链50%

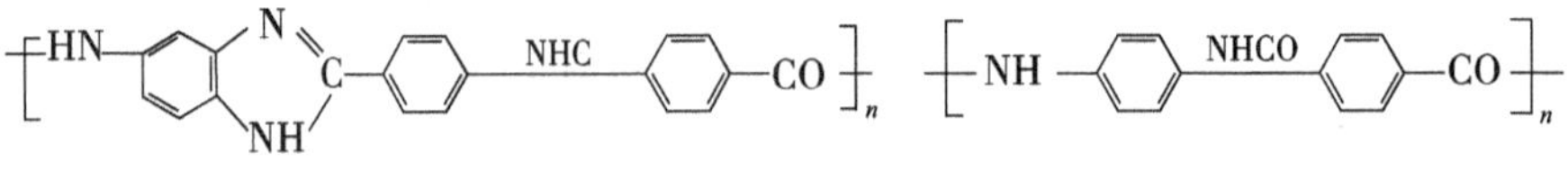

Terlon Armos

Rusar (Pycap，Pycap-Pycap-HT、Pycap-K)

其中，SVM 为全咪唑杂环芳纶，杂环链段 50%。Terlon 共聚二胺有两种，即 PPD 和苯并单咪唑二胺（M3），有资料报道其中杂环链节 m 为 5%～15%，其分子链大部分为 Kevlar 链节，M3 链节只是一种改性调节剂，M3 链节使聚合物在浓硫酸中的溶解温度降低，胶液较为稳定，纤维强度和模量略优于 Kevlar。而高强高模 Terlon 的强度达 200cN/tex，高于 Kevlar 的水平，模量可达 160～180GPa 与 Kevlar-149 相当，Terlon 生产工艺与 Kevlar 相近，生产成本稍略高于 Kevlar。相对于 Terlon，Armos 是以 M3 为二胺主体的共聚芳纶，杂环链节 m 约为 50%～70%，远高于 Terlon。Armos 为三元共聚芳纶，其共聚的芳香二胺，部分为刚性大的对苯二胺，部分为对称性较低，刚性较小的苯并单咪唑杂环二胺，杂环链段 25% 以上。Rusar 中共聚二胺主要包括三种，PPD、M3、邻氯对苯二胺，由于 Rusar 含有邻氯对苯二胺，成本较低而且复合增强效果比 Armos 好。

多苯环杂环结构的引入破坏了芳香族聚酰胺分子链的对称性和规整度，生成的聚合物为无定形结构，所以溶解性能良好。另外大体积刚性棒状杂环的引入，阻碍了沿分子链方向的自由旋转，提高了聚合物的耐热性能。杂环化多苯环二胺或二甲酰氯如 2，5′-双(4-氨基苯)-3，4-联苯酚、1，1-双(4-氨基苯)-2，2-联苯乙烯和 3，4-双(4-氨基苯)-2，5-联苯基呋喃制备的聚基芳酰胺或共聚芳酰胺在 DMAc、NMP、二甲基亚砜中具有很高的溶解度，有一部分聚芳酰胺还溶于 m-甲酚和吡啶溶剂中，耐高温性能良好。

大连理工大学王瑞玲等采用 1，2-二氢-2-(4-氨基苯基)-4-[4-(4-氨基苯氧基)苯基]-二氮杂萘-1-酮(A)、4，4′-二氨基二苯醚(B)、4，4′-二氨基二苯甲烷(C)为共缩聚二胺单体与对苯二甲酸进行共缩聚反应、制备共缩聚型聚酰胺。所得聚芳酰胺溶于多种极性有机溶剂，保留了芳香族聚酰胺良好的力学性能，可作为耐高温强度材料使用。另外，该种材料具有良好的电绝缘性和超滤膜分离性能。研究者采用 Yamazaki 膦酰化聚合体系，以新的二胺和三种二酸制得具有高特性黏度的聚芳酰胺，反应如式所示，所得聚合物的热性能如表 5-19 所示。

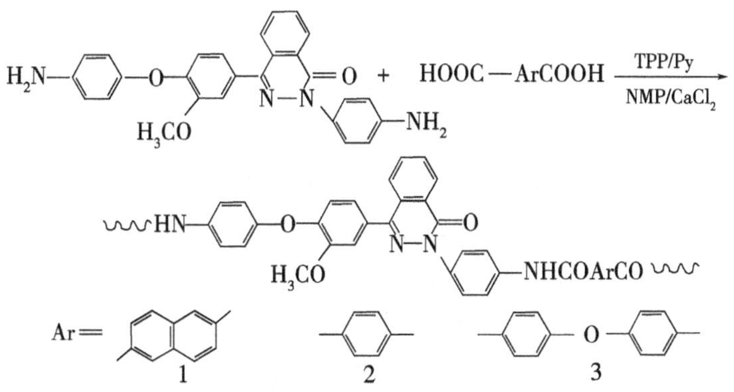

表 5-19　聚合物热性能

聚合物	反应开始加入的 NMP/mL	反应中补加的 NMP/mL	[η]①/ $dL \cdot g^{-1}$	T_g/℃	T_d②/℃	800℃残留质量分数/%
PA 1	8	2	1.03	307	448	60
PA 2	8	1	1.01	305	443	56
PA3	8	1	0.89	281	443	56

①测试条件：*N*, *N*-二甲基乙酰胺，25℃，浓度 0.5 g/L。

②5%热失重温度。

聚合物耐热性的提高主要归因于聚合物主链上的全刚性杂萘联苯结构单元，所得改性聚酰胺的 T_g 在 281～307℃之间。这些改性芳香族聚酰胺在 DMAc、NMP、Py、二甲基亚砜（DMSO）等极性非质子性溶剂中具有良好的溶解性，在硝基苯中部分溶解，不溶于氯仿、甲苯等常见有机溶剂中。

在 PPTA 主链中加入少量哌嗪环，如 4,4′-二氨基苯哌嗪、4,4′-二氨基苄基哌嗪，既引入六元环稳定结构，又具有脂肪族改性的优点，使共聚酰胺纤维的力学性能，尤其是耐疲劳性能均优于 PPTA。

苏联以 TPC、3,4′-二氨基二苯醚和 5-氨基-2-对氨基次苯基苯并咪唑（AAPBI）为单体进行三元共聚得到的溶于酰胺系的共聚物，经原液纺丝制得 APMOC 纤维，是当今各种芳纶中强度最高的纤维之一。

（五）聚合物主链中引入取代对苯、间苯结构

在芳香族聚酰胺中引入卤素和低级烷基取代可用于提高聚酰胺的溶解性，但同时也导致聚酰胺热稳定性降低。Ryozo Takatsuka 研究发现，在全对位芳香聚酰胺中引入甲基，可降低聚合物的热稳定性，增加聚合物的溶解性。不对称地导入甲基对溶解性的影响更大，而热稳定性下降较少。

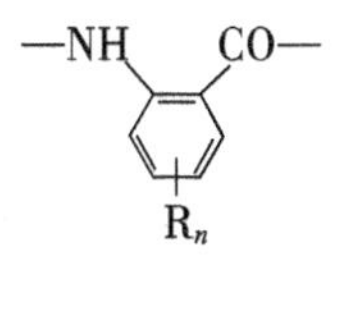

但是对于间位芳香聚酰胺而言，在 PMIA 大分子链中引入含量在 10%的如左所示分子结构，可显著提高材料的光照稳定性，同时仍然保持良好的热稳定性。

在苯环上氯取代单体的共缩聚可改善聚合物的溶解性,聚合原液可直接用于纺丝,其产品具有优良的机械性能、耐热性、电绝缘性、耐燃性。如以 2,5-二氯对苯二甲酰氯为第三单体的含氯阻燃芳纶,纤维强度大于 19cN/dtex,初始模量大于 423cN/dtex,极限氧指数达 32%~34%,且具有与其他树脂(环氧树脂等)亲和性好的优势。

此外,甲基苯二胺和对硝基苯二胺作为共聚单体,可使共聚物结晶度下降,无定形区域增加;选用单取代的磺酸基对苯二胺共缩聚改性,所得聚合物溶于沸水。

在刚性大分子主链中适当地引入一些间位结构能使分子链刚性下降。分子主链轴的弯曲使整个分子链由刚棒状向螺旋状转变,从而破坏链的规整性,增加体系的溶解性。

如 C.C.Park 等分别以间苯二胺或间苯二甲酰氯为第三单体进行 PPTA 共缩聚改性;日本帝人公司采用对、间位含量比约为 2 的共聚酰胺湿法纺丝,所得纤维的强度、模量各下降 50%,而伸长率增加了 1.5 倍。

(六)聚合物主链中引入二炔类结构

二炔类单体的引入,可以增加主链的刚性,同时又表现出优良的加工性能,从而得到高强度、高刚度、耐热性能极好的压制件、薄膜、纤维等。韩国工业科学技术厅分别以 1,4′-二氨基丁炔、1,4-二对苯甲酰氯丁二炔为第三单体进行研究,发现共聚物(未交联)溶解性好,成型加工性容易,特别是它的二次可加工性,通过二炔基团的交联可得到耐腐蚀性能极好(不溶于浓硫酸)的材料。

(七)合成超支化结构的聚酰胺

在溶剂中具有无定形结构的超支化芳香聚酰胺分子链相对于直链结构不容易缠结,因此可改善芳香族聚酰胺的溶解性。Mitsutoshi Jikei 等以 3-(4-氨基酚)苯甲酸作为 AB 型单体,3,5-二(4-氨基酚)苯甲酸作为 AB_2 型单体,在磷酸三苯和吡啶体系里共缩聚,所得共聚物可溶于质子惰性的极性溶剂,如 DMF,NMP 和 DMSO,并以 DMF 为溶剂制得黄色透明的薄膜,合成的系列共聚物 5%热失重温度在 400℃。当 AB_2 单体的量从零增加到 60%,材料的杨氏模量下降 2.4~1.6GPa。

(八)聚合物主链上引入 N 取代结构

PPTA 由于主链上含有酰胺基团,因此能相互形成分子间氢键作用力,从而使溶解性变差,熔点极高。N 取代共聚改性的目的是部分清除氢键作用力,改善这两方面的性能。日本帝人公司研究了各种 *N*-烷基取代对苯二胺共聚纤维的性能,发现其力学性能明显下降,而溶解性十分优良,同时热稳定性也有下降。针对热稳定性下降这一缺陷,希腊的 J.K.Kallitsis 合成了另一类以 *N*-甲基磷酸甲/乙酯对苯二胺为第三单体的高阻燃性共聚酰胺,发现含磷第三单体的加入使阻燃效果明显增加,耐热性能与 PPTA 近似。

三、芳香族聚酰胺的功能化改性

(一)导电、抗静电改性

日本帝人报道了采用表面油剂处理技术制备抗静电芳香族聚酰胺纤维,所使用的表面改性剂为有 0.1%~1.0%(对纤维)磷酸 C_6~C_{10}醇的部分酯碱金属盐,或者含量不低于 0.01%(对纤维)的无机化合物粉末。如对3，4′-二胺二苯基酯/对苯二胺/对苯二甲酸(摩尔比为25∶25∶50)的共聚物长丝,当油剂中己基磷酸钾盐含量为70%,上油率为0.4%时,所制成的纱线其静电压为0。

共混纺丝是实现导电、抗静电芳香聚酰胺的一个重要的手段。例如,帝人公司采用导电碳粒子用于导电芳香聚酰胺的制备。采用*N*-甲基-2-吡咯烷酮配制导电碳粒10%的溶液(pH 11 .0)(溶液I)和6%聚对亚苯基-3′,4′-氧化二亚苯基对苯二酰胺(pH 5.0)(溶液II),在60℃下搅拌4h,制成的浆液含15.0%(对溶液II)的导电碳粒。采用干湿法纺丝技术,以含*N*-甲基-2-吡咯烷酮的水溶液为凝固浴,初生纤维经过水洗、干燥,在530℃下拉伸4.0倍,并以80m/min的速度卷绕,所得纤维的体积比电阻为$5.0\times10^3\Omega\cdot cm$。

(二)改善染色性能

Nadagawa等通过间位的亚二甲苯基二胺部分代替间苯二胺和间苯二甲酰氯共聚后湿法纺丝,所得纤维在保持好的耐热性的同时具有良好的染色性能。如可乐丽公司开发由对苯二甲酸和特殊的二胺化合物(C_9二胺)制得的半芳香族聚酰胺PA-9T,由它制成耐热性纤维Paquemt,其熔点为265℃,玻璃化转变温度为120℃,强度为4.2cN/dtex,断裂伸长为20%,吸湿率为1.76%,可用分散染料染色,类似于聚酯纤维。用该纤维加工的手术衣,经140℃高温灭菌处理15min后,强度保持率比聚酯好。

采用非卤化芳族磷酸酯,其结构简式为ROPO(OR)[OXOPO(OR)]$_n$ OR,其中R代表非卤化的苯基,X代表双酚A残余物,*n*为1~3)也可实现改善间位芳族聚酰胺纤维染色性、阻燃和洗涤性能。

(三)阻燃性

蔡明中、黎苇等以2,5-二氯对苯二甲酰氯作为第三单体,将其与间苯二甲酰氯、间苯二胺进行低温溶液共缩聚反应,可合成高阻燃性的PMIAC树脂。

日本帝人公司采用含耐热温度≥145℃的受阻胺抗氧化剂作为功能性添加剂,或是采用聚酰胺含≥85%(摩尔分数)的间苯二甲酰间苯二胺单元和含烷基苯磺酸𬭸盐制备高温下抗褪色、高极限氧指数、高耐光性功能芳香族聚酰胺纤维。例如纺丝原液采用含有30g聚间苯二甲酸间苯二胺,3.6g十二烷基苯磺酸三丁基苄基铵盐,7.5%CR741(不含卤素的芳族磷酸酯)以及3% Nylostab S-EED(受阻胺)共混体系进行纺丝,所制得织物耐光牢度为(JISL-0842)3~4级,极限氧指数28.1%。该织物用含4%(owf)Kayacryl Blue GSL-ED的染液在135℃下染色60min,制成的染色织物得色量*L*值为33.9(GRETAG MACBETH电脑配色仪Color Eye CE3100)。

此外,帝人还报道了采用含有烷基苯磺酸盐(如月桂基苯磺酸四丁基磷酸盐)和无卤化合物的芳族磷酸酯制备具有优异阻燃性和耐洗涤性能的聚间苯二甲酰间苯二胺纤维;含苄基三丁基铵十二烷基苯磺酸等添加剂的95%(质量分数)的间苯二酸间苯二胺共聚物纤维与5% Twaron混合制造酰胺纤维,所得纤维的极限氧指数为27%,同时该纤维显示出极好的可染性,适用于生产消防装备、填充包,室内用纺织产品,如窗帘等。

(四)无盐离子芳纶

对于防火、电绝缘和线路板等场合的使用材料,要求原材料中离子浓度的控制达到ppm级。因此提出了制备无盐离子芳纶的研究,这是一类在制备开始就控制无机盐离子含量的间位芳族聚酰胺纤维。日本帝人申请了相关的制备专利,如采用基本不含盐的芳族聚酰胺浆液(例如含钠离子量为 5.30×10^{-4},钾离子为 8×10^{-6},钙离子为 5×10^{-6},铁离子为 2.3×10^{-6} 的聚间苯二甲酸间苯二胺溶解在 *N*-甲基-2-吡咯烷酮中,浓度为 21.5%),进入 60% *N*-甲基-2-吡咯烷酮水溶液的酰胺溶剂型不含盐水溶液凝固浴中,形成多孔纤维,经过多级拉伸、水洗、热处理后,所制成纤维的线密度为 2.22dtex,密度为 $1.35g/cm^3$,拉伸强度为 4.30cN/dtex,伸长 25.0%,300℃条件下热收缩率达 4.5%,钠离子为 7.5×10^{-5},铁离子含量为 7.7×10^{-5},氯离子含量为 1.1×10^{-4}。

(五)潜在可收缩的间位芳香族聚酰胺纤维

日本帝人公司申请具有潜在可收缩的间位芳香族聚酰胺纤维。这类纤维含有> 85%(mol)的间亚苯基间苯二酰胺重复单元,将这类间位芳香族聚酰胺溶解于酰胺型极性溶剂,如*N*-甲基吡咯烷酮,原液浓度 15%~25%(质量分数),采用 25%~37%(质量分数)氯化钙和 15%~40%(质量分数)极性溶剂(如 270~400℃)的水溶液凝固浴中凝固,洗涤纤维,在 70~100℃水溶液中拉伸 1.7~2.8 倍,得到收缩系数为 7%~16%,在 120℃时 60min 的收缩数为6~14/25mm 的潜在可收缩间位芳香族聚酰胺纤维。

(六)原位着色芳纶

着色芳香族聚酰胺纤维通过将芳香族聚酰胺和 1.5%~20% 聚丙烯腈的混合物制成溶液通过湿纺或干湿纺获得,然后将纤维在 240~350℃的热空气中进行热处理,热处理过程中聚丙烯腈氧化从而使纤维着色。这种着色芳香族聚酰胺纤维可用于生产耐热防火的防护衣物。将聚丙烯腈粉末(芳香聚酰胺质量的 3%)加入 18.5%浓度的聚间苯二甲酰间苯二胺的二甲基乙酰胺溶液中,搅拌 10h,然后将溶液于 30℃条件下在二甲基乙酰胺/水浴中纺丝,再将纤维在 280℃热空气中热处理 15min,这就生产出黑色的芳香族聚酰胺纤维。

(七)耐化学试剂、耐摩擦性能

芳香族聚酰胺对于强酸、强碱等均较为敏感。采用由脂肪族二胺和二芳羧酸制成的半芳族聚酰胺纤维,或同时在这类半芳族聚酰胺纤维中加入 0.003%~5%铜化合物和 0.01%~5%无机或有机卤素化合物作为抗氧剂,可制备具有一定耐化学、耐磨的功能化芳香族聚酰胺纤维材料。如采用熔点为 305℃的对苯二甲酸与壬二胺共聚物在 330℃、拉伸比 10 倍下熔纺,在 210℃下拉伸,拉伸比 3.35,制成单丝。所纺制的单丝在 250℃和含 0.05%氧的氯气下热处理,制成单丝的抗张强度达 3.21cN/dtex,采用特殊的试验方法,即用砂纸摩擦该单丝所需的断裂循环数为 3327 次。

第四节　聚丙烯腈纤维的改性

第一个商品化规模生产的聚丙烯腈(PAN)纤维是 Orlon。1950 年,杜邦公司将它引入市场。它是继聚酰胺之后,杜邦公司工业化生产的第二个纤维大品种。作为代替羊毛的一种合成纤维,它具有较好的蓬松性、弹性、保暖性,但是相比于羊毛,其回弹性、卷曲性存在较大的差距。另外,合成纤维普遍具有的吸湿性差的弊端也使其在使用过程中缺少天然纤维的舒适性。因此需要对聚丙烯腈进行改性。

一、聚丙烯腈的结构与组成

丙烯腈均聚物大分子的主链与聚乙烯大分子链的主链相似，空间立体构象为螺旋状，这主要由极性较强、体积较大的侧基——氰基所决定。聚丙烯腈中第二、第三单体的加入，可在一定程度上破坏大分子链的规整性，使聚丙烯腈结构无序化，从而降低大分子间的敛集密度，同时在大分子主链上引入一定数量的亲染料基团，使纤维具有一定的可染性，用于得到色谱齐全、颜色鲜艳、水洗、日晒牢度高的纤维产品。常使用的共聚单体包括：醋酸乙烯、衣康酸、丙烯磺酸钠、甲基丙烯磺酸钠、对苯乙烯磺酸钠等。

聚丙烯腈在酸、碱的作用下均能发生一系列化学反应，使氰基转变为酰胺基。如果反应温度高，反应将进一步进行，导致酰胺水解：

$$\sim CH_2-\underset{\underset{CN}{|}}{CH}-CH_2-\underset{\underset{CN}{|}}{CH}\sim \xrightarrow[\text{碱或酸水解}]{+H_2O} \sim CH_2-\underset{\underset{\underset{NH_2}{|}}{C=O}}{|}{CH}-CH_2-\underset{\underset{\underset{NH_2}{|}}{C=O}}{|}{CH}\sim \xrightarrow{+H_2O} \sim CH_2-\underset{\underset{\underset{OH}{|}}{C=O}}{|}{CH}-CH_2-\underset{\underset{\underset{OH}{|}}{C=O}}{|}{CH}\sim + 2NH_3$$

这也是对聚丙烯腈进行改性的化学基础之一。

二、聚丙烯腈主要改性品种

(一)智能水凝胶纤维的制备

1. pH值响应

焦明立、顾利霞等将聚丙烯腈和大豆分离蛋白(SPI)在NaOH水溶液中进行PAN碱解，并在含有交联剂戊二醛($\varphi=0.01$)和催化剂硫酸($\varphi=0.01$)的饱和Na_2SO_4凝固浴中，于室温下纺丝凝固、交联，制备水解聚丙烯腈(HPAN)/SPI水凝胶纤维。在环境pH值变化的条件下，水凝胶纤维出现随pH值响应滞后环，如图5-7所示。随环境pH值从1.0到14.0变化，经去离子水溶胀的凝胶纤维在pH值由10.0增大至13.0过程中突然伸长并达到最大值，并随pH增加而有所回缩(如Trace1所示)。而在pH值由14.0降到1.0的逆向变化过程中，凝胶纤维在pH值由14.0减小到13.0时再次伸长，并保持此长度到pH=4.0，在pH=1.0时纤维又再收缩到初始长度(Trace2)，即在整个pH值响应过程中，酸性条件下的响应性比碱中快，同时具有较好的可逆溶胀/收缩性能。

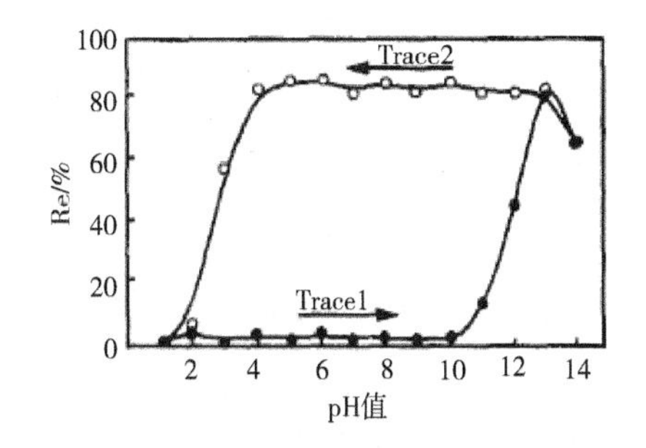

图5-7　HPAN/SPI水凝胶纤维的pH值响应平衡溶胀率($m_{HPAN}/m_{SPI}=6/4$)

2. 电刺激响应

水凝胶纤维在化学机械系统(如人工肌肉)有较广的应用前景。焦明立等对水解聚丙烯腈/大豆分离蛋白凝胶纤维电刺激性能研究发现，在电解质溶液中，非接触直流电场作用下，

HPAN/SPI 水凝胶纤维具有电流刺激—响应性,表现为凝胶纤维弯曲现象。随着凝胶网络中—COON 含量增加,纤维的弯曲度呈阶段性增加,较高的聚丙烯腈含量使这种变化更为明显。HPAN/SPI 水凝胶中交联度、离子强度和 pH 值的变化使得弯曲先增大后减小。

(二)阻燃聚丙烯腈纤维

聚丙烯腈纤维具有不完整准晶态结构,纤维的热稳定性能较差,属于易燃性纤维,极限氧指数(LOI)仅约为 18%,在合成纤维中最低,在空气中热氧化裂解会生成丙烯腈、HCN、乙腈、氨和水等热解产物以及可燃性气体(如 CO 及 CH_4、C_2H_6等低级烃类)。提高聚丙烯腈纤维的阻燃性,可通过如下四种途径实现:

1. 大分子改性

在大分子主链中引入阻燃结构单元,如采用含氯、溴或磷化合物等阻燃性单体:氯乙烯、偏二氯乙烯、溴乙烯、二溴乙烯、三卤苯氧基甲基丙烯酸酯;带乙烯基的磷酸酯,如烯丙基膦酸烷基酯、双(β-氯乙基)乙烯基膦酸酯、磷酸单烯丙基二烷基酯、二烷基-2-卤代烯丙基磷酸酯、α-苯乙烯膦酸二丁酯等。偏二氯乙烯较常采用,可通过水相聚合制得改性原料。例如,Kanegafuchi 化学公司采用聚丙烯腈—氯乙烯—偏氯乙烯—乙烯基磺酸钠多元共聚物,所制得阻燃聚丙烯腈纤维的极限氧指数(LOI)值可达 32.2%。

2. 采用共混纺丝技术

通过共混纺丝,在纤维成型过程中引入具有阻燃性能的第二组分。如将聚氯乙烯、聚偏二氯乙烯等阻燃性高聚物与聚丙烯腈原液共混纺丝,或是采用含有磷、溴、氯等元素的化合物共用构成复配型阻燃剂。采用共混纺丝技术制备阻燃聚丙烯腈纤维一般要求阻燃剂颗粒细,与聚丙烯腈基体相容性好,在聚合物纺丝原液中分散均匀,同时阻燃剂不溶于凝固浴和水。因此,阻燃剂的选择难度较大,常用添加型阻燃剂如表 5-20 所示。

表 5-20 常用添加型阻燃剂

种　类	常用的添加型阻燃剂
无机化合物	Sb_2O_3、$SbCl_3$、钛酸钡、草酸锌、磷酸锌、磷酸钙、硼酸锌、活性炭等
有机低分子物	卤代磷酸酯类、四溴邻苯二酸酐、有机锡化合物等
高分子物	聚氯乙烯、氯乙烯和偏二氯乙烯共聚物、丙烯腈和氯乙烯共聚物、丙烯腈和偏二氯乙烯共聚物、聚甲基丙烯酸甘油酯、含磷酸酯基团的(聚)丙烯酸酯、酚醛树脂、含烷氧基、芳氧基或氨基的聚膦嗪等

目前已工业化的共混阻燃聚丙烯腈纤维品种很少。卤素阻燃改性中卤素的含量一般为 25%~34%。含卤阻燃剂具有良好的阻燃效果,但是含卤的阻燃材料在燃烧时易放出有刺激性和腐蚀性,甚至毒性的卤化氢等气体。另外,因卤系阻燃剂常与锑氧化物配合使用,含这种体系的阻燃材料燃烧时常会释放出大量的烟气。这些气体和烟均会构成二次危害,因此卤素阻燃剂尚存在明显的不足。

许多研究表明,磷系阻燃剂在 PAN 中具有固相成炭和质量保留特性以及部分气相阻燃机能,它不仅能降低阻燃 PAN 燃烧时的热释放速率,同时也降低腐蚀性或毒性气体以及烟的释放量,因此可克服卤系阻燃剂的部分缺点。

通常，也可采用不同添加型阻燃剂配合使用的方式获得协同增效的改性目的。例如，采用适宜的含溴化合物/Sb_2O_3阻燃体系、含磷化合物/含氮化合物阻燃体系、含溴和氮化合物/Sb_2O_3阻燃体系等。活性炭可以同时获得阻燃和吸附双功效。

3. 热氧化法

该法随着碳纤维发展而兴起，是一种制取高阻燃聚丙烯腈纤维的新方法。通常以制取碳纤维用的特殊聚丙烯腈纤维为原丝，使其在张力下连续通过200~300℃的空气氧化炉，停留时间为几十分钟到几小时，利用高温和空气中氧的作用，使聚丙烯腈大分子中氰基环化、氧化及脱氢等反应，进而形成一种梯形结构。当纤维密度达到既定的指标要求（$1.38 \sim 1.40g/cm^3$）时，即制成聚丙烯腈氧化纤维，俗称聚丙烯腈预氧化纤维（PANOF）。

热氧化法中所选用的聚丙烯腈纤维原丝，一般是由DMSO（二甲基亚砜）法纺制的一元或二元共聚体，其晶粒大且完整，取向度高，结构致密，因此热性能与机械性能都比NaSCN法的原丝要好。聚丙烯腈氧化纤维的最大特点是耐焰、耐化学试剂，具有自熄性，LOI值可高达55%~62%。其高温热处理后的强度保持率也最高。它在火焰中不熔、不软化、不生成熔滴，也不收缩，直至炭化后仍能保持原来的形状。如日本产PANOF的断裂强力为2.4cN，断裂伸长1.67mm，初始模量9.5cN/dtex，体积比电阻$1.93 \times 10^{10} \Omega \cdot cm$，质量比电阻$2.63 \times 10^{10} \Omega \cdot g/cm^2$，回潮率6.23%。

4. 后整理法

后整理法即对凝胶丝和纤维的分子链进行化学改性，或对纤维和织物进行表面阻燃涂覆。分子链的化学改性包括—CN基的羧化、羧基的盐化、分子链的交联或环化、分子链接枝上阻燃元素或基团等。表面涂覆整理是较早使用，也是最方便的阻燃改性方法。例如，用脲甲醛和溴化铵的水溶液、羟甲基化的三聚氰胺羟胺盐等做阻燃剂对PAN纤维或织物进行表面涂覆。表面涂敷对阻燃剂的要求不高，成本低、见效快，但阻燃效果不耐久，改性织物的手感差，部分阻燃剂还有一定毒性，对皮肤有刺激作用，因而限制了该法的普遍应用。

（三）抗静电

普通聚丙烯腈纤维在标准状态下的电阻率为$10^{13} \Omega \cdot cm$，为降低聚丙烯腈纤维的静电积聚效应，制取抗静电聚丙烯腈纤维，常采用如下措施：

1. 大分子改性

把亲水性化合物通过共聚引入聚合体中，制成高吸湿纤维是聚丙烯腈纤维抗静电改性的方法之一。如将丙烯酸甲酯用聚氧乙烯改性后再与丙烯腈共聚；将丙烯腈与不饱和酰胺的*N*-羟甲基化合物和$CH_2{=}CR_1COO(CH_2CH_2O)_nR_2$构成的混合物共聚；将PAN与PEO、聚亚烷基衍生物、*N*-乙烯基吡咯烷酮甲基丙烯酸缩水甘油酯共聚或*N*-羟乙基甲基丙烯酰胺共聚。通过共聚在改善纤维吸湿、抗静电的同时，还能提高纤维的染色性能。

2. 分子主链侧基反应

该类反应主要针对聚丙烯腈大分子中的氰基（—CN），例如，将聚丙烯腈纤维用含有2%的氢氧化钠的DMF溶液处理，使纤维表面的氰基转变为羧基，从而提高纤维的吸湿性也是改善纤维的抗静电性的有效途径。

3. 在纺丝中将导电或抗静电物质引入纤维基体中

对于抗静电聚丙烯腈纤维而言，在纺丝中将导电或抗静电物质引入纤维基体中可以通过两种途径实现：一是通常所采用的共混纺丝法，即在纺丝原液中混入少量炭黑或金属氧化物等导电性物质，从而实现抗静电改性目的。所添加的改性组分具有与前述阻燃改性相同的性能要求。如将针状氧化锌晶须表面处理后，在纺丝原液的制备中加入，采用共混纺丝的技术制备抗静电 PAN 纤维，当其添加量为 1%时，所得改性纤维的体积比电阻可降到 $10\times10^{10}\Omega\cdot cm$。

此外，也可将具有吸湿性能的表面活性剂直接加入纺丝原液，制备永久性的抗静电聚丙烯腈纤维。如将聚氧乙烯化的直链醇硫酸钠盐阴离子表面活性剂加入三元共聚聚丙烯腈纤维纺丝液中，其中三元共聚物的配比为丙烯腈：丙烯酸甲酯：甲基丙烯磺酸钠为 94 ：5 ：1（质量比），溶剂采用二甲基甲酰胺，溶液浓度为 27%，在此纺丝液中加入相对于聚丙烯腈的 10%（质量分数）的聚氧乙烯化十八硫酸酯钠盐，采用常规方法纺丝，即可制得在 23℃下体积比电阻为 $3\times10^{2}\Omega\cdot cm$ 的抗静电聚丙烯腈纤维。

在纺丝中将导电或抗静电物质引入纤维基体中的方法是在纤维凝固过程中实现。它利用了聚丙烯腈纺丝中，聚丙烯腈纤维初生纤维结构疏松的特性，其表面存在大量直径为几百纳米到几个微米的微孔，如图 5-8 所示。

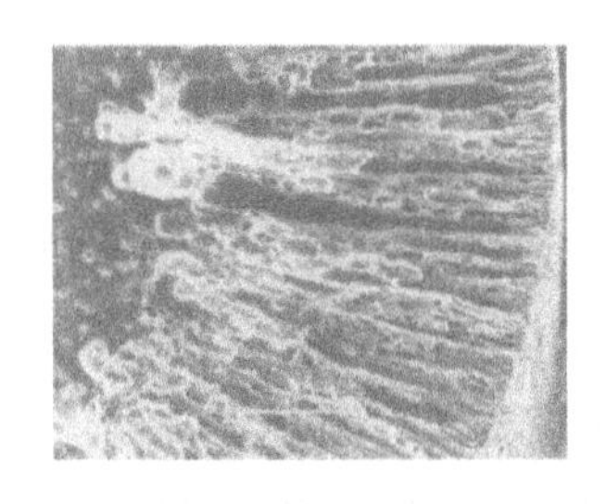

图 5-8　初生聚丙烯腈纤维凝固浴中截面扫描电镜照片

选用纳米二氧化锑掺杂二氧化锡（ATO）N-型半导体粉末、针状氧化锌等，经过有效的表面改性处理，配制稳定性良好的无机粉体悬浮液，并将其放置在纺丝生产线上的预热浴中。悬浮液中所有的颗粒，无论粒度大小，都受到液体分子热运动的无序碰撞而发生扩散位移。由于无机粉体在纤维和预热浴中存在的浓度差，这些无机微粒通过分布在纤维表面及内部的空洞向初生纤维内部扩散而进入纤维表层，并经过拉伸、干燥致密化，众多微孔变细融合而进入纤维内部的无机颗粒密封在纤维内部，并沿纤维轴向取向永久性地保留在纤维表层，实现改善 PAN 纤维抗静电性能的目的。例如，当悬浮液中 ATO 质量分数为 5%时，所得抗静电聚丙烯腈纤维的电阻率为 $7.14\times10^{8}\Omega\cdot cm$（水洗前）和 $7.13\times10^{8}\Omega\cdot cm$（水洗后）。晶须的改性效果与其结构相关，研磨后单针状氧化锌晶须相对于未经过研磨的四针状氧化锌晶须的改性效果更为显著，在相同添加量情况下，改性聚丙烯腈纤维体积比电阻可降到 $4.1\times10^{8}\Omega\cdot cm$。

4. 复合纺丝技术

复合纺丝是制备功能化纤维的有效途径。如日本东丽以含炭黑的聚合物为岛，PAN 为海制备海岛型导电纤维 SA-7；1992 年钟纺以含 15%炭黑的聚氨酯为芯，以丙烯腈—甲基丙烯酸—甲基丙烯磺酸钠共聚物为皮，制备导电聚丙烯腈纤维，其体积比电阻达到 $2.3\times10^{3}\Omega\cdot cm$；为改善导电纤维的色泽，1993 年钟纺株式会社推出含 50%钛酸钾微纤（平均直径 0.5μm，平均长度 12μm）的聚氨酯为芯，丙烯腈—甲基丙烯酸—甲基丙烯磺酸钠共聚物为皮层的白色聚丙烯腈导电纤维,其体积比电阻达到 $3.7\times10^{3}\Omega\cdot cm$;随后,进一步推出的以含覆银钛酸钾微纤的丙烯腈纤维为芯,所得导电纤维的体积比电阻达到 $1.5\Omega\cdot cm$。

(四)抗菌聚丙烯腈纤维

制备抗菌聚丙烯腈纤维适用的抗菌剂如表 5-21 所示。

表 5-21　抗菌聚丙烯腈纤维使用抗菌剂种类

种　类	典型代表
金属、金属盐及其氧化物	Ag、Cu、Zn、Hg、Sn 、Pb、Ti 等的金属无机盐(如 $AgNO_3$、$CuSO_4$、硅酸钛等)和有机化合物
芳香族卤素化合物	卤代二苯醚[如 5-氯基-2-(2,4-二氯苯氧基)苯酚]、卤代二苯脲(如 3,4,4-三氯对称二苯脲)、2-溴代月桂醛、2,4,5,6-四氯间苯二氰等卤代化合物
季铵盐类化合物	有机硅季铵盐[如 3-(甲氧基甲硅烷基)丙基二甲基十八烷基氯化铵]、苄基二甲基十八烷基氯化铵、烷基苄基氯化铵和[2-羟基-3-(异丁酰氧基)丙基]三甲氧基氯化铵等季铵盐化合物
有机氮化合物	吡啶[如四氯-4(甲磺酰)吡啶]、吡嗪(如双吩吡嗪)、咪唑[如 2-(4-噻唑)苯并咪唑]、嘧啶、氧化亚烃基三烷基铵盐和含胍基的化合物及盐等
非金属	碘
天然高分子抗菌剂	甲壳素、甲壳胺

其改性方法可通过共聚方式将某些可反应的抗菌基团引入大分子中,或将抗菌剂共混加入纺前原液中,也可在制成纤维或织物后进行抗菌处理。

例如,新型广谱抗菌消臭聚丙烯腈纤维是利用聚丙烯腈纤维上活泼的氰基和水合肼首先发生氨基腙化结构化,再进一步使其在碱性环境中水解,所制备的抗菌功能纤维含有氮、氧、杂环等多种功能团结构,这些多官能团可协同地提高抗菌材料对不同种类细菌的抗菌活性和选择性。也可共混具有抗菌功能结构的改性丙烯腈共聚物,制备抗菌聚丙烯腈纤维,例如通过水相沉淀聚合制备 3-烯丙基-5,5-二甲基己内酰脲—丙烯腈共聚物,以硫氰酸钠水溶液为纺丝原液溶剂,采用两步法制得聚丙烯腈共混纤维,当共聚物含量为 10%(质量分数)时,共混纤维经氯漂后,对大肠杆菌的杀灭率可达 97.5%。

Cu^{2+}、Ag^{+}、Zn^{2+}、卤素和卤化物、卤代烷烃可在一定条件下与 PAN 大分子链以化学键相连,形成 PAN—抗菌结构复合物。如纤维用水合肼处理,使其具有一定的关联度,然后用 NaOH 水溶液进行水解处理,在丙烯腈聚合物的大分子上带上一定量的—COOH 基团,再用 $AgNO_3$ 水溶液进行处理,将羧基转变成银盐,便可获得抗菌纤维。

另外,在聚丙烯腈的大分子链上引入磺酸或磺酸盐基团和羧酸基团或乙烯酰胺基团,也可实现其与金属离子的进一步反应,形成金属盐或金属离子的复合物;或在聚丙烯腈的分子链中引入含叔氮的单元,经卤代烷烃处理后,使纤维带有季铵盐基团,从而具有抗菌活性。同时,在聚丙烯腈中直接引入一定量的磺酸基团后,纺丝得到的纤维也具有抗菌性能。上述改性抗菌基团是以化学键牢固地结合在纤维表面上,因此该种改性纤维属非溶出型抗菌消臭功能纤维,故具有持久的抗菌消臭效果。

(五)吸附分离功能纤维

离子交换纤维具有丰富的离子交换基团,可与水溶液中的各种离子以及酸碱性气体反应。

由于纤维直径小，因此离子交换纤维的吸附和洗脱速度比树脂快好几倍；纤维本身有一定的弹性，应用形式灵活，可以制成线、非织造布等多种形式。因此，离子交换纤维在废水、污水及废气处理、空气净化、回收稀有金属等环境保护和资源回收领域具有良好的应用前景。离子交换纤维一般包括阴离子、阳离子和螯合型交换纤维。

1. 螯合型离子交换纤维

螯合型交换纤维是一类多配位型聚合物，能与阳离子形成螯合物，是近年来发展起来的一种新型离子交换纤维。聚丙烯腈纤维是制备螯合型交换纤维的一种重要基材。聚丙烯腈螯合纤维一般采用纤维化学反应处理的方法制备，所采用的螯合基团包括：氨基膦酸，酰胺脒、丙烯酰基氨基脲、氨基咪唑、羧基、丙烯酰肼、氨基硫脲、p-氨基苯基磺酰胺、咪唑啉等。

聚丙烯腈化合物是类羰基化合物，氰基可与各种含有自由电子的路易斯碱发生亲核加成反应。将其与羟胺试剂通过化学反应，氰基转变为偕胺肟基团，随后可将纤维改性成对金属离子具有螯合作用的螯合纤维。例如，通过聚丙烯腈与水合肼交联，再经胺化、磷酸化可制得含有P、O、N的多配位基螯合纤维，它可对多种离子进行吸附。

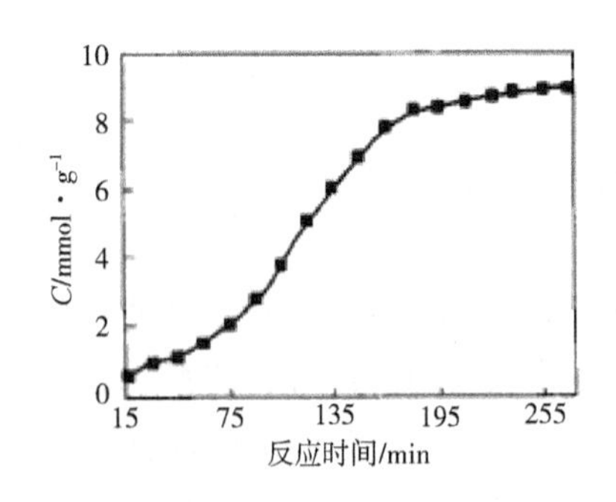

图5-9 纤维偕胺肟基含量与反应时间的关系

（纤维、盐酸羟胺和碳酸钠摩尔比为1∶1∶0.5，温度70 ℃，浴比1∶50）

偕胺肟化反应具有时间依赖性，类似于反S形曲线，如图5-9所示。这与体系中纤维的溶胀、羟胺分子与纤维中氰基的反应概率以及反应所生成的偕胺肟结构的空间位阻效应密切相关。

螯合纤维对Cu^{2+}吸附的最佳pH值为3.0，在酸性环境中胺易于与H^{+}结合，使其与Cu^{2+}结合的能力下降，而当pH>3.5时，纤维变性部分溶解或变为糊状，从而造成纤维损失和纤维与溶液分离不便。

聚丙烯腈纤维（PAN）经NH_4OH反应制成偕胺肟纤维后，再先后与Cu^{2+}、Fe^{3+}或Pb^{2+}、Fe^{3+}反应，可制得偕胺肟双金属配合物纤维AOCF—Cu（Ⅱ）Fe（Ⅲ）和AOCF—Pb（Ⅱ）Fe（Ⅲ），其力学性能如表5-22所示。

表5-22 偕胺肟单金属、双金属配合物纤维的力学性能

纤维		$CuCl_2$/mg·g^{-1}	$Pb(NO_3)_2$/mg·g^{-1}	$FeCl_3$/mg·g^{-1}	断裂强度/cN·dtex^{-1}	断裂伸长率/%	初始模量/cN·dtex^{-1}
PAN					2.33	17.37	0.17
AOCF					2.11	21.76	0.13
AOCF Cu（Ⅱ）	A_1	7.28			1.83	16.92	0.073
	A_2	14.54			1.87	17.19	0.075
	A_3	21.43			1.97	20.03	0.09
	A_4	31.42			2.18	21.83	0.16
	A_5	42.64			2.49	22.52	0.17

续表

纤维		$CuCl_2$/mg·g^{-1}	$Pb(NO_3)_2$/mg·g^{-1}	$FeCl_3$/mg·g^{-1}	断裂强度/cN·dtex^{-1}	断裂伸长率/%	初始模量/cN·dtex^{-1}
AOCF Pb(Ⅱ)	B_1		9.86		1.84	17.02	0.10
	B_2		18.9		1.91	17.46	0.11
	B_3		26.1		2.09	17.95	0.11
	B_4		29.7		2.23	22.12	0.13
	B_5		40.9		2.44	22.76	0.14
AOCF Cu(Ⅱ)Fe(Ⅲ)	C_1	2.92		58.2	2.09	19.56	0.12
	C_2	3.68		75.54	2.14	22.81	0.10
	C_3	5.92		90.77	2.24	23.59	0.095
	C_4	6.50		104.75	2.28	23.64	0.096
	C_5	9.43		106.01	2.34	24.41	0.11
AOCF Pb(Ⅱ)Fe(Ⅲ)	D_1		5.28	38.96	2.14	19.99	0.13
	D_2		9.63	56.61	2.20	21.63	0.17
	D_3		13.39	74.53	2.27	21.90	0.13
	D_4		16.89	89.68	2.36	21.97	0.11
	D_5		23.39	118.37	2.58	22.04	0.085

2. 弱碱性离子交换纤维

弱碱性离子交换纤维化学稳定性好、交换容量高、再生容易，聚丙烯腈是常用的原料之一。将聚丙烯腈纤维在 NaOH 中进行水解预处理后，采用二乙烯三胺和乙二醇进行胺化和咪化，制备一种含有氨基、咪唑基的弱碱性聚丙烯腈改性离子交换纤维，可吸附酸性杂质，用作空气中 HCl、HF、H_2S、CO_2 等酸性气体的吸附。其反应机理如下所示：

$$\cdots CH_2-\underset{\displaystyle CN}{\underset{|}{CH}}\cdots \xrightarrow{NaOH} \cdots CH_2-\underset{\displaystyle COOH}{\underset{|}{CH}}\cdots$$

$$-\underset{\displaystyle COOH}{\underset{|}{CH}}-CH_2- \; + H_2N\diagup\diagdown NH\diagup\diagdown NH_2 \xrightarrow{-H_2O}$$

$$-\underset{\displaystyle \underset{H_2N\diagup\diagdown NH\diagup\diagdown NH}{\underset{|}{C=O}}}{\underset{|}{CH}}-CH_2- \xrightarrow{-H_2O}$$

$$-\underset{\displaystyle \underset{N=C-N(CH_2CH_2)-CH_2CH_2NH_2}{\underset{|}{C}}}{\underset{|}{CH}}-CH_2-$$

也可采用交联的方式，使氰基得到部分消除。例如以聚丙烯腈纤维为原料，以水合肼适度交联后，乙二胺胺化，经稀盐酸、氨水浸泡处理后制得弱碱性，交换容量为 0.5~6.0mmol/g 的离子交换纤维。

用含有偕胺肟基的螯合纤维制备阴离子交换纤维时，交换纤维对阴离子的交换能力随处理液浓度的增加而提高，且存在一个极大值，随处理时间的提高离子交换纤维的交换能力提高并趋于平衡。

3. 弱酸性阳离子交换纤维

弱酸性阳离子纤维制备可通过腈基水解后生成羧基，并采用二乙烯三胺、硫酸肼为交联剂交联处理而获得。经红外光谱研究表明，交联反应发生在羧基上，形成双酰胺交联。采用硫酸肼为交联剂，以硫酸肼/氢氧化钠（1∶0.8）混合液，于95~105℃使聚丙烯腈纤维反应3~4.5 h，可得交换容量为5~8.4mmol/g的改性纤维。

以聚丙烯腈纤维为基体制备的弱酸阳离子交换纤维对于空气净化有明显的效果。例如，弱酸阳离子交换纤维（钠型）可净化气体中的HCl，取2g纤维（交换容量7.5mmol/g），2g树脂（交换容量8.4mmol/g），HCl完全穿透时纤维平均交换容量为9.11mmol/g，吸附率达121%，树脂平均交换容量为8.27mmol/g，吸附率98%。每克纤维吸附HCl 208mg，每克树脂只吸附HCl 189mg，数据表明在所实验的范围内，纤维的吸附性能优于树脂。

4. 弱酸弱碱两性纤维

采用二乙烯三胺为交联剂，以二乙烯三氨/氢氧化钠反应液处理聚丙烯腈纤维制取弱酸性阳离子交换纤维，在交联—水解同时反应的阶段，交联剂上除形成双酰氨基外，还带有氨基，是阴离子交换基团。因此通过调整二乙烯三胺/氢氧化钠比例，优化反应条件，可得阴、阳两性离子交换纤维。

(六)服用亲和性改善的聚丙烯腈纤维

将丙烯腈(AN)为主的聚合物与丝蛋白共混或接枝的改性是改善PAN纤维服用亲和性的有效途径之一。如日本东洋纺织公司的酪素蛋白改性聚丙烯腈纤维(Chinon纤维)、猪毛α-蛋白改性聚丙烯腈纤维、蚕丝蛋白改性聚丙烯腈纤维等。为了改善聚丙烯腈与皮肤的亲和性，也可以采用共混大豆蛋白的方式实现。

丝素(SF)纤维具有极好的光泽、柔滑的手感和优异的吸湿性，用其可改善PAN均聚物染色亲和力低、舒适性差、吸湿性差的不足。可用的合成方法主要可分为以下两种：将SF和AN聚合物共混，将AN接枝到SF上。这些聚合物的黏结性差，而且机械性能比PAN均聚物差。因此，通过控制AN与丝蛋白肽(SFP)的乙烯基共聚反应，合成制备一种新的含丝蛋白的丙烯腈聚合物是更为有效的改性途径。如将SFP和AN在60%(质量分数)$ZnCl_2$溶液中，以过硫酸铵为引发剂，Cu(Ⅱ)和Fe(Ⅱ)为链转移剂，进行乙烯基共聚反应，可制得丙烯腈—丝蛋白肽共聚物，共聚物中SFP的摩尔分数比共聚反应中SFP的投料分数要高，这主要是SFP部分产生的位阻所引起的。从吸湿性能与共聚反应中SFP单体原料比的关系可见，随SFP单体原料比的增加，共聚物的吸湿性能提高。值得注意的是，在SFP原料比相同的情况下，改性共聚物纤维的吸湿性能比共聚物粉末的吸湿性能好，这可以解释为纤维表面积很大，且SFP能覆盖在纤维表面，从而明显地改善其吸湿性能。

(七)亲水化改性

聚丙烯腈纤维亲水化改性主要体现在如下几个方面。

1. 大分子主链结构的亲水化

大分子结构亲水化方法即通过共聚的途径,在大分子的基本结构中引进大量亲水性基团。这种方法的立足点是同时提高纤维的吸湿性和吸水性。对于聚丙烯腈纤维,只要在共聚时引进丙烯酸、乙烯基吡啶和二羰基吡咯化合物等亲水性单体,就可以得到吸湿性较好的聚丙烯腈纤维;也可以采用增加丙烯腈共聚物中第二单体丙烯酸甲酯含量的办法,因为这种聚合物纤维经过碱处理,酯基极易被水解成酸,最终达到在聚丙烯腈大分子中引入羧基的目的。改变聚丙烯腈纤维大分子结构的另外一条途径是通过化学试剂处理的办法,使纤维中的一部分氰基转化为其他亲水性基团。

2. 与亲水性物质接枝共聚

利用纤维与亲水性物质进行接枝共聚的方法,同样可以达到增大纤维中亲水性基团的目的,其工艺可行性要比大分子结构亲水化的方法简单、容易。聚丙烯腈可以与甲基丙烯酸等亲水性单体、聚乙烯醇接枝共聚,通过在大分子中增大亲水性基团的比例,实现改善吸湿性的目的。丙烯腈与天然蛋白通过接枝共聚制得亲水改性聚丙烯腈纤维是又一成功的范例。除了丙烯腈与天然蛋白的接枝共聚之外,一般认为,与亲水性物质接枝共聚法和大分子结构亲水化的方法相类似,均不够理想。因为被接枝的亲水性物质接枝量较少,纤维吸湿性改善不明显。若接枝数量足以满足对吸湿性的要求,往往有使纤维丧失一些优良性质,如染色坚牢度下降,手感硬化等。亲水性物质接枝的数量需控制在一定范围内。

在接枝改性聚丙烯腈纤维以提高纤维亲水性的改性中,溶胀剂对改性纤维的吸湿率有较为明显的影响,如图 5-10 所示。

氯苯的溶解度参数与聚丙烯腈纤维相近,它可以提供必需的化学能,打破高分子间的结合力,并允许分子链移动。

引发剂的选择也十分重要。在一定范围内,吸湿率随着引发剂浓度的增加而提高,这是因为随引发剂产生初级自由基的数量增加,聚丙烯腈纤维大分子链上亚甲基被活化的概率增大,活化点增多,引入的亲水性基团羧基数目增多,因而吸湿性提高。不同引发剂用量在 2.0~3.5g/L 时吸湿率达到最大,但随着引发剂用量的进一步增加,吸湿率反而下降,如图 5-11 所示。

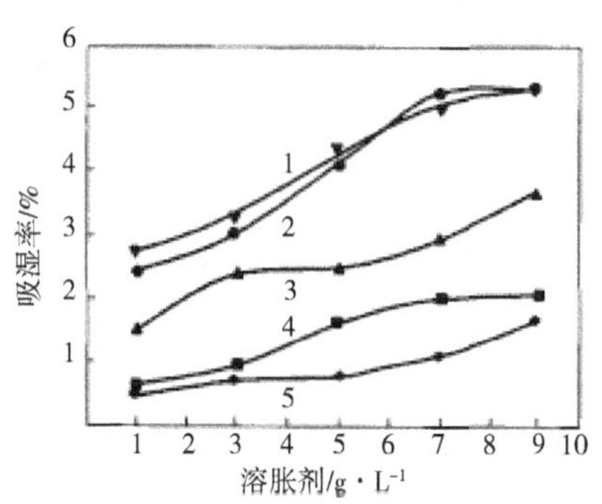

图 5-10 不同溶胀剂对吸湿率的影响

1—DMF 2—氯苯 3—DMSO

4—DMF 5—NaSCN

3. 纤维表面的亲水处理

合成纤维表面亲水处理,可以是对纤维进行表面处理,也可以是对合成纤维织物进行表面处理,其实质是在纤维表面覆上一层亲水性化合物(也称亲水整理剂,如聚乙烯醇),从而达到改变纤维表面亲水性的目的。这种方法的生产工艺比前两种方法更简单。目前,表面亲水整理向吸水耐久性好的多功能方向发展。纤维或织物亲水整理的工艺一般有浸渍法和浸轧法。

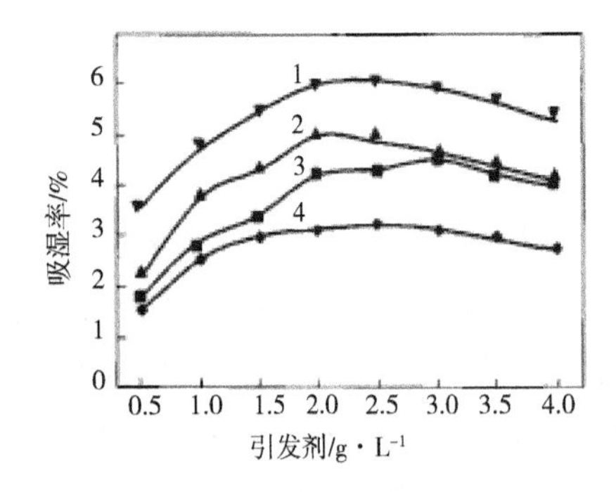

图 5-11 不同引发剂对吸湿率的影响
1—BPO 2—H_2O_2 3—过硫酸铵 4—AIBN

4. 物理改性方法

(1)与亲水性物质共混或复合。聚丙烯腈纤维中常用的亲水性改性添加剂主要是亲水性高聚物,也有一些是具有亲水性基团的低分子化合物。将聚丙烯酰胺和聚丙烯腈共混制得高吸湿性聚丙烯腈纤维。采用丙烯酸和丙烯腈的共聚物与聚丙烯腈共混纺丝的方法,纺制丙烯酸改性聚丙烯腈纤维时,随共混纺丝所采用丙烯酸共聚物中丙烯酸共聚比的增加,改性聚丙烯腈纤维断裂强度有所下降,吸湿性和保水性则不断提高;采用低温干燥致密化和较低的总拉伸倍数,有利于提高改性纤维的吸湿和保水性能;随着线密度的增大,改性聚丙烯腈纤维的回潮率和保水率逐渐减小。

复合纤维也属于共混纤维的范畴,可采用能用酸性染料染色的丙烯腈共聚体作皮层,用含羧基的丙烯腈共聚物作芯层,纺制中空复合纤维,该纤维的保水率可达30%;也可采用含有聚乙烯吡咯烷酮的丙烯腈类聚合物,芯层为丙烯腈聚合物,其中皮芯比例为(10~90):(90~10),皮层中聚乙烯吡咯烷酮的含量为2%~3%(相对于纤维而言),所得纤维的吸湿差 ΔMR 为 2%~5%(30℃,相对湿度 90%;20℃,相对湿度 65%)。

明胶也常用于改善聚丙烯腈的亲水性,利用明胶与聚丙烯腈的相分离,在改性聚丙烯腈纤维表面形成许多沟槽,由于这些沟槽和明胶的亲水性,可使改性聚丙烯腈纤维回潮率和保水率得到改善。

利用蛋白质的亲水性来改善聚丙烯腈纤维的吸湿和保水性能,是提高聚丙烯腈纤维服用舒适性的一种途径。采用黄豆蛋白含量为33%的改性黄豆蛋白溶液与常规聚丙烯腈原液共混纺丝,当黄豆蛋白含量为10%时,可以获得强度为2.75cN/dtex,伸长为25.4%,回潮率和保水率分别为1.7%和8.3%的黄豆蛋白改性聚丙烯腈纤维。

(2)微孔法。微孔法有三种:一是指将水溶性化合物浸渗到初生纤维的微孔洞中去,待纤维干燥之后再溶出水溶性化合物;二是在纤维干燥之前先用水蒸气处理,消除纤维内应力之后再将其干燥;三是采用低温干燥法。微孔化提高纤维的吸湿、保水性主要是利用毛细管吸附作用而实现。例如,改善聚丙烯腈纤维吸湿性常采用的碱减量法对聚丙烯腈纤维进行表面处理,会使纤维表面粗糙化,形成沟槽结构,以增强其吸水效果。同时纤维结构中的氰基与酯基在一定浓度的碱液作用下,水解生成对水分子有很强亲和力的—COOH、—COONa 等亲水基团,也对改善聚丙烯腈纤维的吸湿性能起重要作用。适当地控制水解温度、水解时间及碱浓度,可以防止纤维的强度和伸长被过度破坏。

(3)纤维表面异形化和粗糙化。在纤维物理改性方法中,截面的异形化及表面的粗糙化对于提高纤维亲水性是十分简单而行之有效的方法,纤维表面越粗糙,其亲水性就越好。表面粗糙化也是改善亲水性的一种方法。但是该种方法对采用湿法纺丝纤维则不太容易实现,需要在纤维成型中使用特殊的非溶剂/溶剂复合体系。

例如,纺丝溶剂(如二甲基甲酰胺)必须先用中等沉降能力的非溶剂混合。聚合物的 K 值应该在80左右,悬浮液的理想浓度应为28%~33%(质量分数)。具有适中沉淀能力的非溶剂,包括固体和液体两种,例如单取代和多取代烷基醚和烷基酯、多元醇(如丙三醇、二甘醇、三甘醇和四甘醇)。另外,还可使用高沸点的醇(如2-乙基环己醇)。非溶剂使用量一般为5%~50%(以溶剂和固含量计算)。使用的非溶剂比例越大,纤维的亲水性越好,保水值能达到100%~150%(用DIN53814测得)。

(八)腈氯纶

腈氯纶为一种改性聚丙烯腈纤维,其丙烯腈含量为40%~60%,相应氯乙烯或偏二氯乙烯含量则为60%~40%。这种含大量第二组分的丙烯腈共聚物,通常以丙酮或乙腈为溶剂配制成纺丝原液,经湿法或干法纺丝而制成纤维。

丙烯腈—氯乙烯的共聚是采用氧化还原系统作为引发剂(过硫酸钾/亚硫酸氢钠或亚硫酸钠/二氧化硫等),聚合温度为50℃,压力为500~800kPa,反应在不断搅拌下进行,经6~8h聚合而成共聚物。由于丙烯腈参与聚合反应的速度较氯乙烯快,因此,欲制得组成均匀恒定的共聚物,氯乙烯单体的用量必须较共聚物组成中应有的含量高。例如聚合刚开始时,丙烯腈、氯乙烯的配比控制为7∶93,聚合过程中不断加入丙烯腈使共聚期间单体的比例为18∶82,才能得到符合要求的共聚物组成。

丙烯腈与氯乙烯的共聚合反应可以按不同的方法进行,但是适合于制造纤维的共聚物,以使用乳液聚合法为宜。共聚过程宜采用具有阳离子活性的助剂作为乳化剂(如月桂醇、磺酸盐或十二烷基硫酸钠等),它对介质的分散度有一定的影响,同时可阻止聚合系统过早变稠。此外,具有表面活性的助剂能促进胶束的形成,从而有助于聚合物分子链的增长。因此在聚合物体系中,改变乳化剂的浓度,会影响胶乳粒子的大小和分布,从而影响共聚物的分子量和聚合率。一般乳化剂的浓度最好控制在8g/L左右。

腈氯纶的性能介于聚丙烯腈与聚氯乙烯之间,具有质轻、保暖、耐气候、耐化学药品性好的特点,并有一定防火阻燃性,其极限氧指数可以达到26%~34%。

腈氯纶水解后SEM照片如图5-12所示。其中微孔提供了吸附和交换的区域,因此,腈氯纶在离子吸附方面也具有应用价值。

在腈氯纶纺丝成纤过程中,可加入活性炭(质量分数为0~26.6%),可制得具有一定的吸附性能,同时纤维耐热性能提高的改性纤维。如采用水合肼控制预交联过程,通过碱性水解制得羧酸钠型离子交换吸附纤维,在染料亚甲基蓝和重金属Pb^{2+}混合共存的条件下,该纤维对亚甲基蓝和Pb^{2+}的吸附量可分别达到9.5mg/g和487.8mg/g;活性炭对亚甲基蓝的物理吸附与改性纤维对Pb^{2+}的离子交换过程同时发生,且离子交换的发生对物理吸附的影响较大;随着温度的升高,纤维的物理吸附能力增强,而对Pb^{2+}的离子交换性能的影响不大;pH值为中性条件时,纤维对Pb^{2+}和亚甲基蓝的吸附量均达到最大。

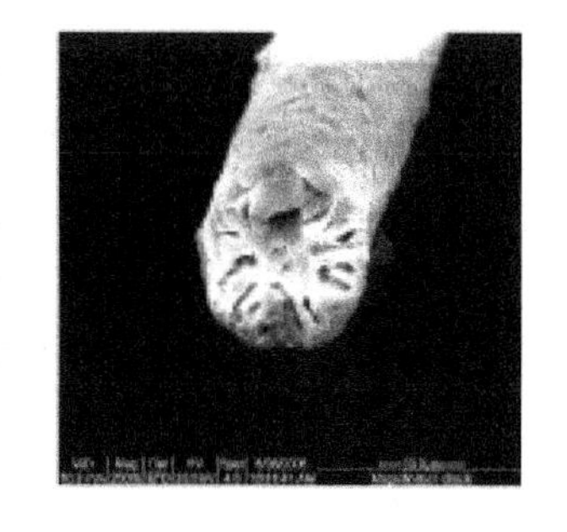

图5-12 腈氯纶水解后截面SEM照片

在腈氯纶的纺丝成型时,引入一定的紫外吸收剂,也可制备具有抗紫外、阻燃双功能的改性聚丙烯腈纤维产品。

腈氯纶适于制作人造毛皮和绒毛织物。例如，地毯、绒毯、床上用品、大衣衬里、领子、防寒衣、拖鞋等。由于腈氯纶具有阻燃性，可作为窗帘、椅子罩面、儿童睡衣等的阻隔用品。腈氯纶树脂还可用于制造电池隔板。

第五节　纤维素纤维的改性

一、纤维素纤维新品种

黏胶纤维是再生纤维素纤维的重要的代表。它是以天然纤维素纤维（如棉短绒或木浆等）为原料，经碱化、老成、黄化（与二硫化碳反应得到可溶性的纤维素黄酸酯）等工序，溶于稀碱制成黏胶溶液，再经过滤、脱泡，由喷丝孔进入酸性凝固浴中凝固，在此阶段纤维素黄酸酯在酸中水解还原成纤维素，同时经过牵伸、水洗、干燥得到黏胶纤维。但是在黏胶纤维的制备过程中，涉及溶剂 CS_2的使用，因此，其生产所带来的环境污染也不容忽视。

Lyocell 纤维（商品名为 Tencel）是溶剂法再生纤维素纤维中的一种，它以木浆粕为原料，采用无毒的 *N*-甲基吗啉-*N*-氧化物（NMMO）为溶剂，整个生产过程为封闭过程，而且溶剂可以得到 99.0%以上的回收，避免废液、废料的处理和环境污染问题，整个生产过程为绿色环保生产，且纺丝流程比粘胶纤维短。纤维具有棉的舒适性、涤纶的强度、粘胶的悬垂性和蚕丝般的手感，几乎相同的干、湿态强度，好的染色性，优异的可降解性。

CC 纤维（纤维素氨基甲酸酯纤维）是针对 Lyocell 制备所需的有机溶剂 *N*-甲基吗啉-*N*-氧化物（NMMO）价格昂贵，纤维原料的制备及纤维成形过程需要特定的设备，投资较大，为其推广应用造成一定的障碍而提出。它是另一种纤维素纤维的制备方法——碱溶剂法成型工艺，即在纤维的制备过程中采用尿素为溶剂，无毒无污染，完全避免了环境污染的问题，与传统黏胶纤维生产相似，仅需对常用生产设备只需稍作改动便可以实现。CC 纤维制备过程的化学反应如下：

$$NH_2-\overset{\overset{\displaystyle O}{\|}}{C}-NH_2 \longrightarrow HNCO+NH_3\uparrow$$

$$HNCO+Cell-OH \longrightarrow Cell-O-\overset{\overset{\displaystyle O}{\|}}{C}-NH_2$$

二、再生纤维素纤维的改性

通常，纤维素改性产品主要是指纤维素分子链中的羟基与化合物发生酯化或醚化反应后的生成物，包括纤维素醚类、纤维素酯类以及酯醚混合衍生类，纤维素醚是纤维素衍生物的最主要品种之一。

（一）改善染色性能

纤维素纤维在染浴中带负电荷，而大多数染棉的染料均呈阴离子性（酸性染料、活性染料、直接染料以及还原染料隐色体等)。由于静电斥力,染料上染受到抑制,染浴中往往需要加入大量的中性电解质来提高染料上染率。这些电解质随染色废液排出,给环境造成了极大的污染。对纤维素纤维进行化学改性,通过用含有不同活性基团(如环氧基、活性卤、乙氧基或氨基)的反应性阳离子改性剂预处理棉,减少或消除纤维上的负电荷效应,以提高纤维对染料的吸附能力;或是通过交联作用,增加纤维与染料的反应负着能力,以达到色泽增深和提高染色牢度的目的。

利用部分羟基的取代反应,实现胺或氨基化改性,可实现改进纤维素纤维在中性或酸性的条件下的染色性能,而所得染色纤维的色牢度也有所提升。常用的改性试剂包括:卤代烷基胺、胺的环氧化合物、季铵的环氧化合物、氮杂环基改性剂、羟甲基丙烯酰胺基化合物、含氮交联剂以及大分子的改性剂如壳聚糖和反应性聚酰胺环氧化合物等。

例如在卤代烷基胺与纤维素反应中常采用氯乙基二乙胺的盐酸盐与纤维素纤维反应,生成二乙胺基乙基纤维素[$Cell—O—CH_2CH_2N(C_2H_5)_2$]。这种改性纤维素纤维对活性染料的反应性很强,且它可以发生自身催化作用,加速固色反应。

用含有羟甲基丙烯酰胺基的化合物,如羟甲基丙烯酰胺(NMA)处理纤维素后,可制得活性纤维($cell\text{-}O\text{-}CH_2NHCOCH=CH_2$)。NMA 活性棉可与含烷氨基磺酸染料反应构成化学键结合,在实现良好可染性的同时,具有高的色牢度。

低分子量、含氮量适中的聚环氧氯丙烷胺化物也可用于纤维素纤维的改性,改性后的纤维素纤维可在中性无盐的条件下染色,其对直接、活性染料的上染量均有所提高。

(二)赋予抗菌性能

纤维素纤维的抗菌改性与其他合成纤维相似,主要集中在两个方面。一是在大分子主链中引入一定的抗菌基团;二是采用共混纺丝技术,采用物理的方法实现抗菌纤维的制备。

1. 利用化学改性赋予抗菌性能

可采用季铵盐型抗菌单体如甲基丙烯酰氧乙基苄基二甲基氯化铵,制备表面接触抗菌材料。也可采用丁二烯酸酰氨基钴酞菁(MPc)接枝改性纤维素纤维,MPc 接枝纤维素纤维的反应式如下:

$$K_2S_2O_8 \longrightarrow 2SO_4^- \cdot$$

$$H_2O+SO_4^- \cdot \longrightarrow HSO_4^- + HO \cdot$$

$$Cell—H+R \cdot \longrightarrow Cell \cdot$$

$$Cell \cdot +MPc \longrightarrow Cell—MPc$$

Cell 为纤维素纤维,R · 为 SO_4^- · 和 HO · 。在室温条件下,该功能纤维能有效去除甲硫醇和氨气, 2h 的去除率分别为 69.17%和 97.16%。

东洋纺采用抗菌乙烯单体或亲水性抗菌乙烯单体接枝制备纤维素纤维。例如,机织丝光棉织物采用含有 2%三丁基-4-乙烯基磷氯化物的水溶液在 60℃处理 120min、水洗,所得织物接枝重量增加 5.1%,用特殊的试验测定细菌成活值初始不低于 5. 8,水洗 50 次以后仍然不低于 5. 8。

2. 物理共混赋予纤维抗菌性

采用在纺丝原液中加入一定的抗菌成分实现抗菌纤维的制备是简单有效的改性方法。所添加的抗菌成分包括有机抗菌剂和无机抗菌剂。甲壳质及其衍生物,如*N*-甲酰甲壳质、羧甲基甲壳质、羟乙基甲壳质、*N*-烷基甲壳质等也是常用于制备抗菌纤维素纤维的主要功能性添加剂。也可制备纤维素纤维和甲壳素纤维的共混纤维。纤维素/甲壳质共混纤维力学性能如表5-23所示。

表 5-23 纤维素/甲壳质共混纤维力学性能

甲壳素含量/%	干强/cN·dtex^{-1}	干态断裂伸长/%	湿强/cN·dtex^{-1}	湿态断裂伸长/%
0	2.43	18.0	1.75	29.1
0.92	2.38	17.0	1.70	28.8
3.54	2.32	19.5	1.69	31.6
6.46	2.32	18.8	1.65	28.8
8.62	2.30	19.2	1.68	29.5

德国 Zimmer 公司的全资分公司 ALCER-Schwarza 公司开发的新型抗菌纤维素纤维——Seacell,采用共混纺丝的方式,在 Lyocell 纤维的纺丝原液中加入海藻。通过藻类对金属离子如银、锌、铜的吸收而实现抗菌的目的。在 Seacell 纤维活化过程中,整根纤维素纤维都能通过金属吸附作用吸收银、锌、铜和其他杀菌金属。纤维素的膨胀,可使金属离子紧紧地依附在纤维母体上,这也促使海藻在纤维截面的均匀分布。常规碱性气氛清洗方法不会影响 Seacell 纤维里的金属浓度。Seacell 活性纤维能够长期释放出足以抗菌的低浓度银离子。Seacell 活性纤维、Lyocell 纤维和 Seacell 纤维的性能如表 5-24 所示。

表 5-24 Seacell 活性纤维与 Lyocell 和 Seacell 纤维性能比较

性能		Lyocell	Seacell	Seacell 活性
纤维中元素含量/mg·kg 纤维$^{-1}$	银	—	—	6900
	钙	38	1800	1540
	镁	95	275	107
	钠	306	330	13
线密度/dtex		1.3	1.4	1.4
低温强度/cN·tex^{-1}		35.5	35.9	34.4
湿强/cN·tex^{-1}		31.4	31.1	32.8
低温延伸率/%		12.1	11.9	9.3
湿态延伸率/%		15.3	13.4	14.2

金属氧化物如 TiO_2、ZnO、$AgNO_3$等也用于抗菌纤维素纤维的制备。一般粉体的粒径需要控制在 5~400nm,其添加量以 0.5%~5.0%为宜。例如,在静电纺丝中,通过添加少量的硝酸银,再利用光还原作用,可在纤维中形成纳米级的银粒子,从而制备具有优异抗菌性能的含银抗菌纳

米纤维素纤维。

（三）表面化学接枝环糊精

环糊精具有疏水空腔结构，表面分布众多反应性羟基，它能与相匹配的底物（或称为客体）分子包结形成包合物，对底物有屏蔽、控制释放、活性保护等功能，被广泛应用于医药、食品、化妆品、卫生用品、新型材料等领域。纤维素短纤维也常被作为环糊精改性的载体。以环氧氯丙烷作为交联剂，在碱性介质中将β-环糊精（β-CD）接枝到纤维素纤维上，合成接枝β-CD 的功能性纤维素纤维，其反应机理如下：

纤维素纤维环氧化反应：

$$\text{Cell—OH} \xrightarrow{\text{NaOH(3\%)}} \text{Cell—Na} \xrightarrow[\text{OH}^-]{\overset{\text{O}}{\text{CH}_2\text{—CH}}\text{—CH}_2\text{Cl}} \text{Cell—O—CH}_2\text{—}\overset{\text{O}}{\text{CH—CH}_2}$$

纤维素纤维环氧基载体接枝β-CD 反应：

$$\text{Cell—O—CH}_2\text{—}\overset{\text{O}}{\text{CH—CH}_2} \xrightarrow[\text{NaOH}]{\beta\text{-CD}} \text{Cell—O—CH}_2\text{—}\underset{\text{OH}}{\text{CH}}\text{—CH}_2\text{—O—CD}$$

为了提高纤维素纤维上β-CD 的接枝率，必须得到高环氧基含量的环氧化纤维素纤维。当改变环氧氯丙烷用量时，纤维素纤维上的环氧基含量随着环氧氯丙烷用量的增加出现极大值；而随作用时间和 NaOH 用量的提高，环氧基含量增大并趋于恒定（图 5-13、图 5-14）。

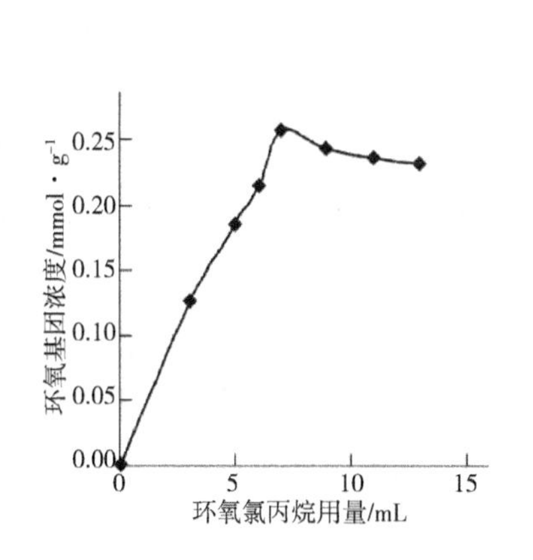

图 5-13　环氧氯丙烷对纤维素纤维上环氧基团含量的影响

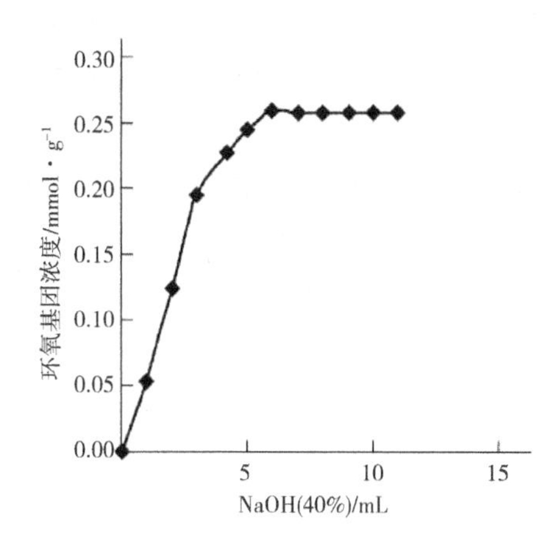

图 5-14　NaOH 对纤维素纤维上环氧基团含量的影响

接枝β-CD 纤维素纤维上β-CD 仍然保留了原有的空腔结构，该疏水性空腔可以包络尺寸大小适宜的有机物分子。通过对接枝β-CD 纤维素纤维包合间苯二酚药物的功能性纤维素纤维研究发现：这种功能纤维在温度低于 25℃ 时包合药物较稳定，在 35℃ 左右开始大量释放，

36.5℃左右释放度达到95%以上；在30℃、150min内包合间苯二酚的接枝β-CD纤维素纤维逐渐释放出间苯二酚，经过150min后基本达到平衡。由此可知，该纤维在人体温度36℃左右释放几乎达到最佳状态，适合用于开发医疗保健用服装。利用β-CD纤维素纤维对金属离子的富集研究发现：接枝β-环糊精的纤维素纤维对无机重金属离子（Cu^{2+}、Pb^{2+}、Cd^{2+}）富集效果良好，其富集容量可分别达到0.25mmol/g、0.30mmol/g、0.34mmol/g，Cu^{2+}、Pb^{2+}、Cd^{2+}与β-环糊精富集摩尔比分别为2.9：1、3.9：1、4.3：1。

（四）改善手感和皮肤亲和性

在黏胶纺丝时，共混2%～50%的牛奶或含牛奶的蛋白质，可制备具有优异手感的功能纤维；也可在制备纤维的同时混入一定的抗菌成分，制备同时具有抗菌和优异皮肤亲和性的多功能纤维。例如，将2000g含纤维素8.5%的黏胶溶液和1983g含蛋白质3.0%的牛奶共同纺入由110g/L H_2SO_4、15g/L $ZnSO_4$和350g/L Na_2SO_4组成的凝固浴中制备抗菌纤维素纤维，其中含蛋白质10%，干态拉伸强度为2.02cN/dtex，断裂伸长16.5%，湿态拉伸强度为1.21cN /dtex，断裂伸长为18.1%。细菌活力值（金黄色葡萄球菌：标准值≥2.2）初始值为2.6，10次洗涤后为2.3。

丝胶蛋白具有优异的皮肤亲和性、抗菌性以及生物相容性，因此利用丝胶蛋白进行纤维素纤维的改性成为制备功能化纤维素纤维的一个重要的方面。利用*N*,*N'*-二羟甲基-4,5-二羟基乙烯脲对纤维素纤维进行处理，再实施其与丝胶蛋白的接枝聚合，可使丝胶蛋白以化学键合固着在纤维素表面，从而获得永久的抗菌、生物相容性的改性目的。

（五）离子交换功能纤维素纤维

对于水中重金属离子的去除，纤维素离子交换树脂由于其高效，制备相对简单，便宜、可再生、可生物降解以及环境友好等优势，具有相对于其他合成离子交换纤维更广的应用前景。

纤维素纤维本身不具有明显的离子交换或离子吸附性能，因此需要对其进行化学改性，如共聚或者交联，从而赋予纤维素纤维新的亲水或疏水特性，也可提高改性纤维的弹性、吸水性、离子交换性能和好的耐热性能。例如，将纤维素纤维与丙烯腈在NaOH存在下进行接枝反应，可以在纤维素分子链中引入氰乙基基团。其中接枝率受到NaOH浓度、接枝时间、单体浓度、接枝温度等条件的影响，如图5-15所示。

由图可见，接枝率随NaOH浓度的提高而增大（7.5%～27.5%），且不受纤维素纤维取代度的影响；随接枝时间的提高，纤维素纤维的接枝率增大，取代度相对较低的纤维素纤维具有更大的接枝率；随接枝单体浓度的提高，纤维素的接枝率有所提高，而取向度相对较低的纤维素纤维具有更高的接枝率。

以硝酸铈铵为引发剂，可将噁唑烷酮单体（4-丙烯酰氧基甲基-4-乙基-1,3-噁唑烷-2-酮，AEO）接枝到纤维素纤维的表面。AEO单体浓度对接枝反应的影响很大。在相同的温度下，单体的浓度越大，接枝率越高；当浓度比较低时，接枝率很小，接枝反应很难发生；当单体的浓度比较高时，存在一个最佳的反应温度。引发剂浓度也对纤维素纤维接枝产生明显的影响，当引发剂浓度较小时，接枝率随引发剂浓度的增加而增大；当引发剂浓度达到某一临界值后，浓度的增大不再提高接枝率。

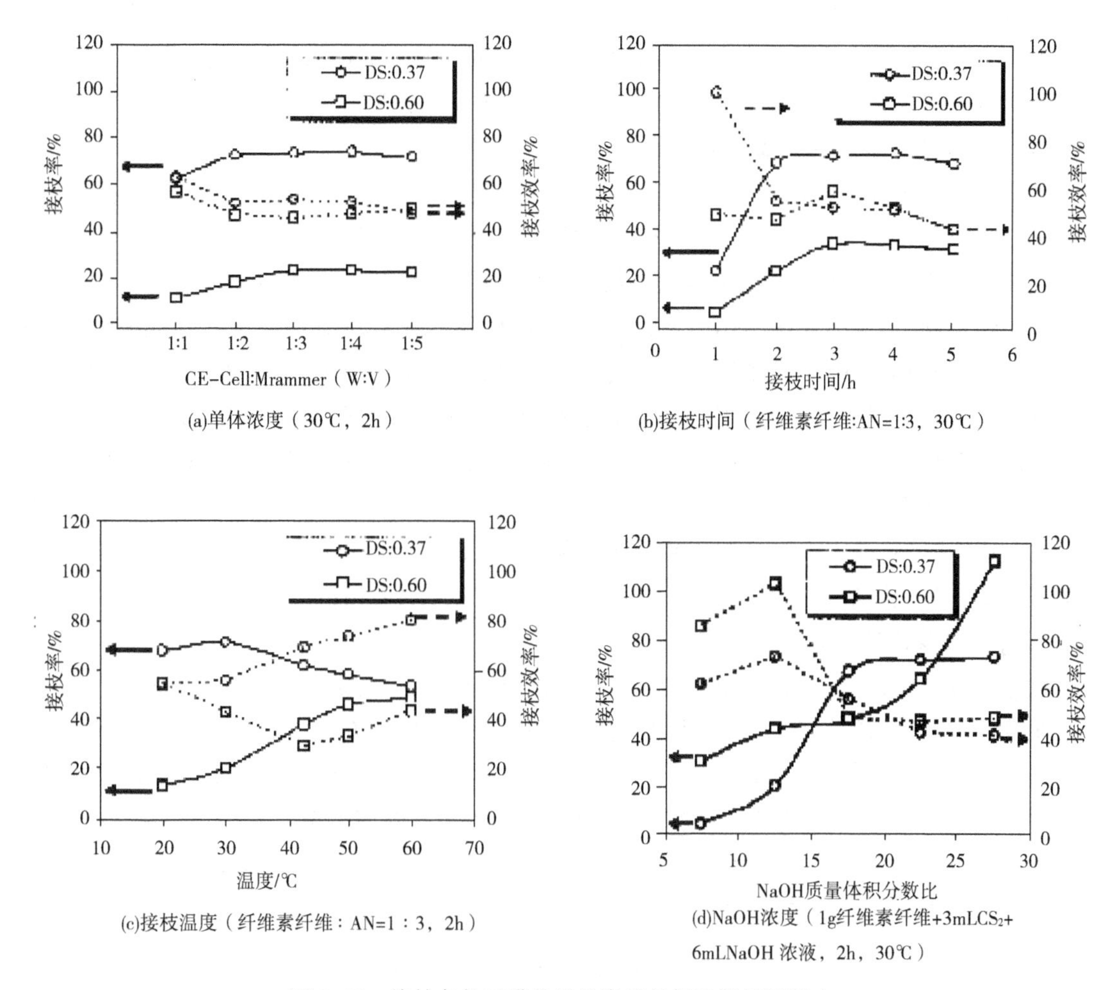

图 5-15　接枝条件对磺化纤维素接枝氰乙烯基的影响

三、微生物合成纤维素

纤维素是地球上最丰富的天然聚合体，它是 D-葡萄糖以 β-1，4-糖苷键连接而成的链状高分子，具有$(C_6H_{10}O_5)_n$的组成，是维管束植物、地衣植物以及一部分藻类细胞壁的主要成分。因此，它除广泛存在于树木、棉花等植物中，也有少量存在于若干细菌和个别低级动物中，因此可利用部分微生物合成纤维素。

（一）微生物合成纤维素菌种

与植物纤维素不同，微生物合成的纤维素一般以纯纤维素的形式存在。1989 年，S. Yamanaka 等发现醋酸菌类微生物具有合成纤维素的独特功能。从那时开始，努力寻求新的可微生物合成纤维素的菌种的目标一直激发人们在微生物材料研究领域探索。

目前，人们研究发现真正能大批量工业化生产醋酸菌纤维素的只有醋酸菌中的几个种，即木醋杆菌、醋化醋杆菌、产醋醋杆菌、巴氏醋杆菌，其中木醋杆菌是合成纤维素能力最强的细菌之一。

醋酸菌纤维素是I型结构,它具有在静态培养条件下高杨氏模量、高抗张强度和极佳的形状维持能力;高结晶度;超细(纳米级);高纯纤维素含量(99%~100%);较高的生物适应性和良好的生物可降解性;生物合成时的物理性能可调控性等多种特性。

(二)醋酸菌纤维素的生物合成途径

醋酸菌纤维素的生物合成可分为聚合、分泌、组装与结晶四个大过程。这四个过程是高度耦合的,并和细胞膜上的特定位点密切相关。四个过程大致为:在葡萄糖激酶的作用下将葡萄糖转化成6-磷酸葡萄糖;在异构酶作用下将6-磷酸葡萄糖转化成1-磷酸葡萄糖;在UDPG(尿苷二磷酸葡萄糖)焦磷酸化酶的作用下由1-磷酸葡萄糖生成UDPG;由纤维素合成酶将UDPG合成β-1,4-葡萄糖苷链,再装配形成纤维素。所以UDPG为生成细菌纤维素的直接前体。

研究发现培养基中含有的乳酸盐或甲硫氨酸,能加速细胞生长,提高纤维素产量;当氧分压为大气压的10%~15%时,纤维素的产量最高。提高溶氧会使气相的CO_2分压同时加大,并降低纤维素的生产速率;在发酵培养基中加入醋酸作为能源,能保持培养基中pH的稳定,有利于纤维素的生成;在培养基中添加少量纤维素酶可提高纤维素的产量。分别添加1.5%的乙醇,0.1%的醋酸,0.2%的柠檬酸,纤维素的产量可分别提高59.5%,44.4%和40.5%。

(三)微生物合成纤维素的溶解性

微生物合成纤维素纤维的碱液溶解性能与其聚合度有关。与通常木材纤维素纤维一样,如果微生物合成纤维素的聚合度不超过400,则它可以溶解在8.5%的NaOH水溶液中(-5℃),添加1%尿素可以提高微生物合成纤维素的溶解性能。从^{13}C-NMR分析可见,在纤维素溶解过程中,纤维素存在从“tg”向“gt”转变过程,同时伴随着分子间氢键的分离。因此,对于微生物合成纤维素也可以采用普通黏胶纤维一样的溶液纺丝成型制备纤维材料。木醋杆菌合成纤维素与云杉纤维素溶解性对比如表5-25所示。

表5-25 木醋杆菌合成纤维素与云杉纤维素溶解性对比

纤维素	聚合度			
	初始纤维素	不溶纤维素	溶解纤维素	可溶纤维素比例/%
细菌A	680	760	390	20.4
细菌B	679	734	388	17.8
细菌B①	679	859	561	48.6
云杉	634	682	307	19.9

①纤维素采用含有1.0%尿素的8.5%NaOH溶液处理。

同时,在对木醋杆菌的溶解性研究发现,微生物合成纤维素与木材纤维素一样存在碱性条件下的降解趋势。

第六节 缩醛化聚乙烯醇纤维的改性

聚乙烯醇最初由赫尔曼和海涅尔在1924年制得。他们用氢氧化钾使聚醋酸乙烯酯在醇溶液中醇解制成聚乙烯醇。不久,就由聚乙烯醇制成纤维。因为这种纤维可在热水中溶解,所以一直未能得到发展。直到樱田一郎和李升基教授合作,成功制备缩醛化聚乙烯醇纤维并掌握其热处理技术,提高纤维的耐热水性,这种纤维才进入发展时期,并命名为维尼纶。缩醛化聚乙烯醇(Polyvinyl acetal)是聚乙烯醇和醛类化合物经缩聚而成的聚合物的总称。在缩合过程中,醛类化合物的羰基与聚乙烯醇的两个羟基反应,生成带有六元环缩醛结构的树脂,并生成水,其反应式如下:

$$-\underset{\mathrm{OH}}{\underset{|}{\mathrm{CH}}}-\mathrm{CH_2}-\underset{\mathrm{OH}}{\underset{|}{\mathrm{CH}}}-\mathrm{CH_2}- + \mathrm{RCHO} \longrightarrow -\mathrm{HC}\overset{\diagup\mathrm{CH_2}\diagdown}{}\mathrm{CH}-\mathrm{CH_2}- + \mathrm{H_2O}\quad (\text{六元环: HC–O–}\underset{\mathrm{R}}{\mathrm{CH}}\text{–O–CH})$$

式中:R 为—H、$—C_2H_5$、$—C_3H_7$、$—C_6H_5$等。

聚乙烯醇缩醛的种类很多,但工业上通常使用的主要有四种:聚乙烯醇缩甲醛、缩乙醛、缩甲乙醛、缩丁醛。缩醛化聚乙烯醇改性纤维品种主要有以下几种。

一、乙烯醇离子交换纤维

以聚乙烯醇纤维为基体的离子交换纤维是最早发展的离子交换纤维之一,其制造技术也比较成熟。聚乙烯醇纤维上的功能基为羟基,将其赋予离子交换特性通常是通过表面改性或接枝共聚引入活性基团。同时为了使纤维不在水中溶解,还须使大分子间产生一定的交联,通常先用甲醛、苯甲醛等对其进行缩醛化处理,再制备离子交换纤维。

(一)直接功能化法

直接功能化法是利用聚乙烯醇纤维本身存在的易反应基团(—OH),或者先经过简单预处理后再与含离子交换功能团的小分子进行反应,从而得到离子交换纤维。

1.直接进行化学改性

纤维的结构单元中含有羟基,可直接经过酯化、醚化等制得系列离子交换纤维,如以短纤维为原料,经氯化氧磷法制备出含磷质量分数约 12.17%的磷酸酯型阳离子交换纤维。该纤维交换容量可达 3.7mmol/g,再生使用 20 次,交换容量保持 96%。其制备方法为:称取 2.5g 短纤维,放入装有温度计、回流冷凝管的 250mL 的干燥三颈瓶中,加入 120mL 氯仿和 20mL 氯化氧磷,在58℃左右反应 6~8h。反应过程中生成的氯化氢用导气管导入浓氢氧化钠溶液,使之被吸收。反应后用蒸馏水将纤维洗涤至无氯仿后,再用蒸馏水浸泡使之呈中性。在红外灯下干燥,并在真空干燥箱中干燥至恒重。

2.在缩醛交联后引入活性基团

PVA 纤维缩甲醛化后,直接进行磺化反应或聚乙烯醇纤维经苯甲醛缩醛化后,直接在苯环上进行磺化反应,即得到含有$—SO_3H$ 基的离子交换纤维。另外,PVA 纤维与苯甲醛磺酸直接进行缩醛化反应也可制得交换容量为 3.13mmol/g、机械性能保持良好的强酸型阳离子交换纤维。用 PVA 纤维进行氯代乙缩醛化反应,使缩醛度达 47%~46%,再用硫化钠水溶液使纤维大分子交联,进一步和亚硫酸钠水溶液反应则制得强酸型离子交换纤维。若使缩醛并交联后的纤维和三甲胺水溶液反应,则可制备强碱型阴离子交换纤维。

3.经脱水后再功能化

在纺丝原液中加入脱水触媒聚磷酸胺4%~10%(质量分数),在80~350℃加热。20~180min,使之脱水5%~40%,形成具有类似聚乙烯结构的PVA,可经干法纺丝得到PVA长丝。长丝在空气中加热至180~210℃,发生脱水反应(碳化),然后在98%的硫酸中处理,引入阳离子交换基团,最后在20%的硫酸中短时间处理,使副产物分解,洗净杂质便制成带磺酸基的强酸性阳离子交换纤维。这种离子交换纤维的通水性可以与中等粒径的离子交换树脂相匹敌。此外,可以将"碳化"处理的纤维与马来酸酐进行Diels-Alder反应,制成弱酸性阳离子交换纤维;可以将"碳化"处理的纤维中残存的羟基进行卤代缩醛化反应,然后再进行季铵化制得强碱性阴离子交换纤维;也可将三亚乙基四胺与"碳化"处理纤维反应,得到弱碱性阴离子交换纤维。

(二)接枝共聚功能化

此方法是以天然或合成有机纤维为基体(骨架),通过化学或物理方法引发大分子自由基与含有离子交换基团的烯类单体接枝共聚,或与含有反应性基团的烯类单体接枝共聚,然后进一步功能化。

1.化学引发

化学接枝法是常用的接枝方法。例如,在H_2O_2—Fe^{2+}体系中,采用两步法进行了苯乙烯和二乙烯基苯与PVA的接枝共聚反应,然后用氯磺酸的二氯乙烷溶液进行磺化反应,制得强酸性离子交换纤维。引发反应分两步进行,首先用硫酸亚铁铵的水溶液浸渍PVA非织造布,一定时间后取出滴干,随后在苯乙烯和二乙烯基苯的甲醛溶液中加入浸渍Fe^{2+}的纤维原料,加入H_2O_2或再加肼引发接枝共聚,反应一直在氮气保护下进行。

2.物理引发

物理引发一般采用高能射线(如^{60}Co-γ射线)或高能电子束等辐照引发,也可使用光或机械引发。电子束预辐照引发PVA接枝苯乙烯的方法是将PVA非织造布装于聚乙烯薄膜袋中,打开袋口,用电子静电加速器进行预辐照,剂量约为1.25×10^5~6.25×10^5,辐照后将聚乙烯样品袋密封,在干燥和冷冻条件下储存备用。接枝反应程序为:先加入单体和反应介质,通氮排空气并在正压下加入预辐照的非织造布,搅拌,恒温接枝。产物用甲醇洗涤、浸泡和水洗,然后用苯抽提去除均聚物,烘干。甲醇(约含7.1%水)是较好的接枝介质。接枝单体浓度增大,接枝量上升,但接枝效率下降。单体含量为30%时,接枝率约达80%。温度在55℃时,接枝量有最大值。

二、聚乙烯醇阻燃纤维

PVA具有丰富的羟基,可作为膨胀型阻燃体系中的炭化剂,与含磷化合物共用组成优良的膨胀型阻燃剂。但由于磷酸、磷酸盐与PVA共同使用时易发生凝结,使其水溶性遭到破坏,且易吸潮,表面出现盐碱现象。而磷酸酯不溶于水,不能与PVA共同使用,使该体系的应用受到局限,可采用接枝的方法,将磷酸酯与PVA结合为一体制,可得阻燃PVA,它可单独使用,也可作为膨胀型阻燃剂与其他聚合物共混使用。

例如,PVA 薄膜用阻燃剂含磷、硼的甲基丙烯酸酯,分子式中含$[B(OH)—O—P(O)(R)—O]_n$结构,其中 R 为$—CH_2CH(OH)—CH_2—O—C(O)—C(CH_3)=CH_2$,$n=4\sim8$。由它改性的 PVA 薄膜不仅难燃,而且拉伸强度可提高到2.02×10^4kPa($206kgf/cm^2$),水吸收率达 240%,伸长率达 12%。可乐丽提出一种含磷化合物试剂和不含卤素的聚多羟基醇耐防火聚乙烯醇纤维及其织物的专利技术,其中原液中含有具有一定皂化度的聚乙烯醇、聚亚磷酸胺和在 DMSO 中的季戊四醇,其混合比为 82∶16∶2,将此溶液放入凝固浴,在 MeOH 中拉伸,拉伸比为 3,干燥后在 230℃时拉伸 3.3 倍,使纤维强度达 6.1cN/dtex,聚乙烯醇的结晶度 68%,取向度 60%,280℃时水吸收量 88%,卤素含量 0%,极限氧指数 36%。

此外,在纺丝成型过程中,通过在凝固浴和拉伸浴中引入一定的阻燃物质,使纤维经过一含阻燃剂的处理液后烘干,再进行热牵伸,也是一种新的方法。例如采用 10%烷氧基化三溴酚(Pyrguard SR-314)处理后,阻燃纤维中 Pyrguard SR-314 含量 6.3%,极限氧指数 25%;与含有 10% Pyroguard SR-324 和 17% Proguard SR-414 水溶液相接触 80s。烘干,在 230℃下拉伸 4 倍,制成阻燃纤维,其抗张强度为 7.6cN/dtex,极限氧指数 29%,且不会出现阻燃剂的渗出现象。

三、聚乙烯醇抗菌改性

聚乙烯醇抗菌改性中,采用添加含银的抗菌剂是主要的改性方向,例如日本可乐丽制备的聚乙烯醇抗菌纤维,其抗菌水洗耐久性≥50%。制备时,将含银离子 0.01%~10%的溶液及含卤素离子的溶液添加到 PVA 溶液中,然后进行纺丝。使纤维中银离子的含量占 0.001%~5%。该纤维变色的等级≥3。

第七节 聚丙烯纤维的改性

聚丙烯纤维在我国称为丙纶,它是聚烯烃类纤维的一个品种。由于聚丙烯纤维具有质地轻、强力高、弹性好、耐磨损、耐腐蚀、不起球等优点,生产过程也较其他合成纤维简单,因此,在纺织和非织造布行业具有极大的市场优势。但是聚丙烯纤维也存在严重不足,如吸水性差、易产生静电、难以染色等,因此,它的改性也是合成纤维材料改性的一个重要的方面。

一、阻燃聚丙烯纤维

聚丙烯纤维是一种燃烧比较缓慢的材料,不能达到阻燃标准,其阻燃方法常用的有共聚、共混和表面处理三种。对于聚丙烯纤维的阻燃方法,目前国内外绝大多数采用共混法,即在 PP 粉料中加入阻燃剂,经共混造粒后进行纺丝,或制成高浓度阻燃母粒然后与 PP 切片共混纺丝。阻燃剂主要有如下几类:

(一)含磷型和膨胀型阻燃剂

含磷型阻燃剂包含无机和有机两种。无机类如磷化氢、氧化磷、磷鎓化合物、磷酸盐、红磷、亚磷酸盐和磷酸盐等。有机类为反应型可大致分为三种:简单反应型磷酸盐单体、线型聚膦嗪、芳香环膦嗪。

(二)含卤型阻燃剂

含卤型 PP 阻燃剂的阻燃效果依赖于卤素的缓慢释放。卤素原子依附的基团性质取决于C—X 键键能和燃烧过程卤素的释放率,脂肪族和脂环族卤素化合物因低的碳卤键能和相对慢的卤素释放率,阻燃效果比芳香族卤素化合物更有效。

(三)含硅型阻燃剂

含硅类阻燃剂是近年来国外少数几个国家开发的一类新型的无卤、低烟、低毒阻燃剂,其作用机理是硅氧烷在燃烧时可以生成硅—碳阻隔层,可起到阻燃效果。硅氧基聚合物燃烧时发热量低、烟雾少和毒性低,并具有很好的介电强度和热稳定性,是一种环境友好型阻燃剂。随着环保呼声的日益高涨,该类阻燃剂也将是今后阻燃剂研究与开发的主要趋势之一。

(四)金属氢氧化物及其氧化物

PP 金属氢氧化物阻燃剂的主要优点是低毒、低腐蚀和低排烟性。金属氢氧化物在燃烧过程中释放水,稀释燃烧区域的燃料,降低底物释放的热和温度,在高含量下可达到一定的阻燃效果。典型的金属氢氧化物阻燃剂是氢氧化铝和氢氧化镁。

(五)微胶囊化阻燃剂

如前聚酰胺阻燃中提及利用微胶囊化技术,不仅可以改善阻燃剂与聚合物的相容性,同时对阻燃剂可以很好地保护起来,从而改善其热稳定性能。微胶囊化的聚磷酸胺也可用于聚丙烯纤维的阻燃。

(六)阻燃剂配合使用

聚丙烯通过卤素阻燃剂和三氧化二锑等协效剂共同作用可获得协效阻燃效果。英国波尔顿材料研发中心指出,磷—溴协效阻燃体系用于聚丙烯纤维的阻燃具有良好的阻燃效果,环境污染小,而磷—氮协效阻燃体系用于聚丙烯纤维具有更好的阻燃效果,但是在聚丙烯纤维中的应用条件相对较高。纳米黏土在聚丙烯纤维阻燃中具有潜在的使用价值,相关研究也指出按稳定剂以质量分数为1%左右的添加量对聚丙烯纤维的阻燃也具有良好的阻燃效果。将五氧化二磷、季戊四醇和三聚氰胺配合使用制备膨胀型阻燃剂,用作聚丙烯的阻燃改性,结果证明,该阻燃聚丙烯为假塑性流体,具有良好的加工性,且燃烧时烟雾少,放出气体无害及生成的炭层能有效阻止聚合物的熔滴。

二、抗静电聚丙烯纤维

由于聚丙烯纤维吸湿性差,易于产生静电的积聚,纤维的体积电阻率高达 $6.5\times10^{13}\Omega\cdot cm$,影响纺丝加工性能及其使用。因此,国内外对抗静电 PP 的研究十分重视。近年来,采用共混方式制备聚丙烯抗静电纤维主要分为以下几个方法:

共混炭黑、石墨、碳纳米管及石墨烯,共混烷基碳酸盐及其共聚物,共混金属微纤,共混无机盐,添加聚乙二醇/醚及其衍生物。将不同的抗静电剂添加到 PP 中共混纺丝,可得到不同抗静电性能的丙纶。但一般存在抗静电性能受环境相对湿度影响大,耐水洗性能差或严重影响纤维其他性能等。

四川大学研制出 PET—PEG 聚醚酯嵌段共聚物和 PEG/CuI 二元共混体系作为 PP 纤维的两种复配型抗静电剂。复配型抗静电剂同 PP 共混纺丝所得纤维为基体—微纤型复合结构。以 PP 为连续相,复配型抗静电剂为分散相,PET—PEG 嵌段聚醚酯促进抗静电体系微纤型导电网络的形成。高湿度下,以吸湿导电机理为主;低湿度下,以电子导电机理为主。以两种复配型抗静电体系制得抗静电 PP 纤维表现出一定的协同抗静电效果。该抗静电体系抗静电效果受环境相对湿度或添加量的较大影响,添加总量为 6%时,可使抗静电纤维的体积电阻率比纯 PP 下降 4 个数量级,达到 $6.8\times10^{9}\Omega\cdot cm$。纤维的耐水洗性能好。

三、抗菌性聚丙烯纤维

聚丙烯类抗菌纤维的制备与聚酯、聚酰胺等具有相似性,也可以将抗菌粉体或抗菌母料与树脂混炼,在加工成型条件下制成各种制品。国外在抗菌纤维的开发应用方面比较活跃,美国、日本、英国等国已大量使用抗菌性 PP、PE 等生产医用卫生材料等。

美国 Filament Fibre Technoloy 公司将 Microban 抗菌剂混到聚丙烯熔体中,纺制的纤维除了具有聚烯烃纤维的优点外,还具有抗菌、耐氯、杀霉菌、抗酵母菌等卫生保健功能,用其生产的系列运动服已经被 Coville 公司投放市场。采用最新技术的纳米陶瓷粒子 NT 与 M^{+}复合无机系抗菌剂生产的永久性抗菌聚丙烯纤维,经洗涤后抗菌率能保持在 90%以上,具有对人体无害、耐高温、可纺性良好等优点,而且纤维特性与常规纤维相当。

含吡啶盐基团的改性 PP 非织造布的抗菌机理,主要是其表面的吡啶盐功能基团与大肠杆菌之间的静电相互作用的结果;活性检测结果显示,这种黏附作用是一种生态捕捉作用。

沉淀二氧化硅的载银量在 7%以上时,所制备的抗菌剂对绿脓杆菌、大肠杆菌和枯草杆菌的杀菌率达到 100%,具有优异的抗菌性能,可用于 PP、PE 抗菌纺织制品等领域。

四、氯化聚丙烯

氯化聚丙烯是由聚丙烯经氯化反应制得,生产方法主要有溶液氯化法(以四氯化碳为溶剂)、水相悬浮氯化法和固相氯化法。目前国外主要采用环保型水相悬浮法,国内大多采用传统的溶液法生产工艺。研究表明,氯化聚丙烯的性质主要由氯化度(聚丙烯中氢原子被氯取代后氯所占质量分数)、结晶度、分子量三方面决定。一般,随氯化度的增加(在 0~30%),CPP 的熔点急剧下降,在含氯量大约为 30%时,熔点最低;随后,随着氯化的进一步进行,CPP 的熔点又急剧升高。这与不同氯含量导致 CPP 结晶度的改变有关。

CPP 一般不溶于极性溶剂中,可溶于芳烃、氯代烃和脂肪烃等溶剂中,极性溶剂如酮、酯也能够作为溶解性好的溶剂的稀释剂使用。此外,氯化等规聚丙烯的溶解性与温度有关。在相近的条件下,非均相反应物的溶解需要较高的温度。如果氯化度低于 30%,氯化等规 CPP 在室温下可出现凝胶现象。

五、聚丙烯驻极体

驻极体是指具有长期储存电荷功能的电介质材料，它所储存的电荷可以是外界注入的单极性真实电荷（或称空间电荷），也可以是极性电介质中偶极子有序取向而形成的偶极电荷，或者两类电荷同时兼有。驻极体用作过滤材料，最初是 1976 年由 J. Van Tumhout 等制成切割成小条状的聚丙烯薄膜，随后该技术应用于非织造布作为过滤材料。特别是以聚丙烯为原料的熔喷非织造布，比表面积大、密度小、耐化学腐蚀性好，尤其适用于工业过滤材料，被电子、制药、食品、饮料、化学等行业广泛应用。驻极聚丙烯非织造布过滤性能测定结果表明，静电作用极大地提高了材料对气相中固体微粒的过滤效率，并且通过光栅衍射可以看出，驻极后样品中出现更稳定的 A 晶型。

驻极体过滤材料不仅过滤性能优良，而且对常见的细菌还有抑制和杀灭作用。最新研究结果表明：-500～-1500V 驻极体作用于金黄色葡萄球菌 24h 后，对该菌有 90%以上的杀灭率，灭菌效果随驻极体的表面电位升高而增加。驻极体空气过滤器对大肠杆菌、绿脓杆菌、金黄色葡萄球菌和芽孢等的滤除率达 95%。

目前，驻极体的获得主要包括电晕放电法、静电纺丝以及摩擦起电方式。其中电晕放电为常用方法。

此外，聚丙烯纤维还有其他一些功能化改性的方法，由于与前述聚酯、聚酰胺有类似改性方法，此处不再累述。

思考题

1.如何从分子结构设计出发，制备具有弹性的聚酯纤维？

2.如何制备抗静电聚酯纤维？

3.如何制备阻燃聚酰胺纤维？

4.芳纶 1414 和芳纶 1313 的区别及各自的结构、性能特点是什么？

5.试述芳砜纶的结构特点对其纤维成型的影响，其性能优势是什么？

6.聚丙烯腈智能水凝胶纤维为什么具有智能响应性？如何获得？

7.抗菌纤维的抗菌机理有哪些？如何制备抗菌聚酰胺纤维？

8.黏胶纤维是目前替代棉纤维用于日常服装的重要纤维原材料之一，其舒适性和安全性要求是一个重要方面，如何实现黏胶纤维的阻燃改性？

9.可用于水过滤目的的纤维材料有哪些？其各自的性能特点是什么？

10.如何实现聚丙烯的驻极处理？纤维表面电荷残留与哪些因素有关？

参考文献

[1]武荣瑞，张天骄. 成纤聚合物的合成与改性[M]. 北京：中国石化出版社，2003.

[2]董纪震，赵耀明，陈雪英，等. 合成纤维生产工艺学[M]. 2 版. 北京：中国纺织出版社，1994.

[3]钱以竑，王府梅，赵俐. PTT 纤维与产品开发[M]. 北京：中国纺织出版社，2006.

[4]沈新元. 先进高分子材料[M].北京：中国纺织出版社,2006.

[5]王曙中，王庆瑞，刘兆峰. 高技术纤维概论[M]. 北京：中国纺织出版社,1999.

[6]王琛,严玉蓉. 高分子材料改性技术[M]. 北京：中国纺织出版社,2007.

[7]陈衍夏，兰建武.纤维材料改性[M]. 北京：中国纺织出版社,2009.

第六章　塑料和橡胶的改性及应用

本章知识点

1. 了解橡胶和塑料的共混改性及应用；
2. 掌握橡胶共混的基本知识；
3. 掌握热塑性弹性体的原理及技术。

第一节　塑料的改性及应用

以塑料为主体的共混物又可进一步按塑料的档次分为通用塑料的共混改性和工程塑料的共混改性。在塑料的共混体系中，两种或两种以上不同塑料品种的共混改性占主要地位，特别是在塑料合金的制备中，更是如此。塑料合金通常是指具有较高性能的塑料共混体系。塑料合金可分为通用型工程塑料合金与高性能工程塑料合金等不同类型。其中，通用型工程塑料合金是以通用型工程塑料(如尼龙、聚酯、聚碳酸酯等)为主体，与其他通用型工程塑料或通用塑料的共混体系。必要时，体系中可以加入弹性体。高性能工程塑料合金则是指特种工程塑料与特种工程塑料，或特种工程塑料与通用工程塑料的共混体系。

在制备塑料合金时，为使不同塑料组分的性能达到较好的互补，塑料组分的结晶性能是需要考虑的重要因素。结晶性塑料与非结晶性塑料在性能上不同。结晶性塑料通常具有较高的刚性和硬度，较好的耐化学药品性和耐磨性，加工流动性也相对较好。结晶性塑料的缺点是较脆，且制品的成型收缩率高。非结晶性工程塑料则具有尺寸稳定性好而加工流动性较差的特点。

结晶性塑料的品种有 PO、PA、PET、PBT、POM、PPS、PEEK 等。非结晶性塑料的品种有 PVC、PS、ABS、PC、PSF、PAR 等。

在工程塑料与通用塑料的共混体系中，由于通用塑料与工程塑料相比，一般都具有较好的加工流动性，所以，不仅结晶性通用塑料可以用于改善非结晶性工程塑料的加工流动性(如 PC/PO 体系)、非结晶性通用塑料也可以起改善加工流动性的作用(如 PPO/PS、PC/ABS 体系)。此外，一些通用塑料可以对工程塑料起增韧作用，这一增韧作用属于非弹性体增韧，已在工程塑料共混体系中广泛应用。通用塑料加入工程塑料中，还可以降低成本。

在工程塑料与工程塑料的共混体系中，采用非结晶性品种与结晶性品种共混，制成的共混物可以兼有结晶性品种与非结晶性品种的优点，例如非结晶性品种的高耐热性，结晶性品种加工流动性较好等。由于这一类型的塑料合金所具有的优越特性,近年来已得到较多的开发,主要品种有 PC/PBT、PC/PET、PPO/PA、PAR/PET 等。

在对聚合物共混物进行分类时,通常还可采用以主体聚合物进行分类的方法,例如 PVC 共混物、尼龙共混物等。本书采用按主体聚合物分类的方法,介绍一些主要的聚合物共混改性体系。

一、通用塑料的共混改性

(一)聚氯乙烯(PVC)的共混改性

PVC 是一种用途广泛的通用塑料,其产量仅次于聚乙烯而居于第二位。PVC 在加工应用中,因添加增塑剂量的不同而分为硬制品与软制品。PVC 硬制品是不添加增塑剂或只添加很少量的增塑剂。硬质 PVC 若不经改性,其抗冲击强度甚低,无法作为结构材料使用。因而,作为结构材料使用的硬质 PVC 都要进行增韧改性。增韧改性以共混方式进行,所用增韧改性聚合物包括氯化聚乙烯(CPE)、MBS、ACR、EVA 等。

软质 PVC 是指加入适量增塑剂,使制品具有一定柔软性的 PVC 材料。与增塑剂混合塑化后的产物,也可视为 PVC 与增塑剂的共混物。PVC 的传统增塑剂为小分子液体增塑剂,如邻苯二甲酸二辛酯(DPO)。液体增塑剂具有良好的增塑性能,却易于挥发损失,使 PVC 软制品的耐久性降低。采用高分子弹性体取代部分或全部液体增塑剂,与 PVC 进行共混,可大大提高 PVC 软制品的耐久性。这些高分子弹性体实际上起到对 PVC 大分子增塑的作用。可用作 PVC 大分子增塑剂的聚合物有 CPE、NBR、EVA 等。

此外,为改善 PVC 的热稳定性,需在 PVC 配方中添加热稳定剂;为降低成本,需添加填充剂等。这些也可视为广义的共混。经共混改性的 PVC 硬制品可广泛应用于门窗异型材、管材、片材等。添加高分子弹性体的 PVC 软制品可适于户外用途及耐热、耐油等用途。

1.PVC/NBR 体系

丁腈橡胶(NBR)可用于软质 PVC 的共混改性,也可用于硬质 PVC 的共混改性。市场上的 NBR 产品有块状和粉末状的。其中,粉末 NBR 因易于与 PVC 混合,易于采用挤出、注射等成型方式,所以在 PVC/NBR 共混体系中获得广泛应用。NBR 用量对 PVC/NBR 体系的冲击强度有极大影响。用交联包覆法制备出粉末 NBR(PNBR),当 PNBR 用量小于 7.5 份(质量份)时,体系冲击强度随 PNBR 用量的增加缓慢上升;PNBR 用量在 7.5~10 份(质量份)之间时,体系冲击强度跃升,发生“脆—韧”转变;当 PNBR 在 10 份时达最大 $71kJ/m^2$;PNBR 用量大于 10 份时,体系的冲击强度又呈现缓慢下降的趋势。

为了改善 NBR 与 PVC 的相容性,往往加入 CPE(Cl 含量 85%)或乙烯-醋酸乙烯共聚物(EVA)作增容剂。NBR 中丙烯腈(AN)含量不同可导致 NBR 与 PVC 相容性发生变化,当 AN 含量在 8%以下时,NBR 在 PVC 中以孤立状态存在;15%~30%时以网状形式分散,40%时则呈完全相容状态。当 AN 含量在 10%~26%时,PVC/NBR 体系冲击强度最大。

由于 NBR 中的不饱和双键极易氧化或被紫外线分解,所以 PVC/NBR 共混材料只能大量应用于汽车内装材料、密封条及鞋底等。

2.PVC/ABS 体系

ABS 是丙烯腈-丁二烯-苯乙烯共聚物。其结构存在着刚性链段和柔性橡胶链段。ABS 与 PVC 溶解度参数相近,在化学热力学上是相容的。从分子结构上分析,ABS 分子链中含有大量的丙烯腈链段,与 PVC 分子间具有较强的作用力,二者能形成良好的相容性体系。PVC/ABS 体系中随着 PVC 含量的增大,PVC 分子向 ABS 分子的 SAN 链段逐渐渗透而形成连续相,丁二烯链段则分散成微观意义上的橡胶粒子,形成明显的海—岛两相结构。利用 SEM 分析观察发现,两相间界面模糊,存在着厚的界面层。这说明两相间有良好的相容性。因此,ABS 是很好的 PVC 改性剂。

ABS 中各组分含量对 PVC/ABS 体系力学性能有影响。在一定范围内,PVC/ABS 体系的冲击强度随 ABS 中丙烯腈含量及丁二烯含量的增加而提高,当丁二烯含量达 50%时,取得的增韧效果较优。苯乙烯含量的增加有利于体系热稳定性的提高。在 PVC/ABS 共混体系中加入第三组分(如 CPE、ACR、PMMA、CPVC、聚酯等),可相对减少 ABS 的用量,同时有效提高共混体系的冲击强度等性能。

3. PVC/ACR 体系

丙烯酸酯(ACR)类改性剂具有较高的冲击强度、拉伸强度、模量、热变形温度及耐候性。ACR 抗冲击改性剂是一类以低交联度的丙烯酸烷酯类橡胶为核、聚甲基丙烯酸烷酯为壳的双壳或多层“核-壳”结构聚合物。这是一类特殊的丙烯酸酯类弹性体。这类聚合物由两部分组合,构成通常所称的“核—壳”结构。利用 ACR 增韧 PVC 可获得具有良好冲击性能的共混体系。制备 ACR 弹性粒子是利用丙烯酸丁酯单体在引发剂及交联剂的作用下首先获得具有轻度交联的聚丙烯酸丁酯 PBA 胶核,然后再与甲基丙烯酸甲酯单体进行接枝聚合,在胶核表面得到一层 PMMA 接枝物,形成具有核壳结构的弹性粒子。

ACR 用量在 8~16 份之间时,冲击强度提高明显。通过 ACR 对 PVC 加工性能和力学性能影响的研究,结果如表 6-1 所示。可以发现 PVC/ACR 配比为 100/6~100/8 时,共混体系的冲击强度明显提高。

表 6-1 ACR 对 PVC/ACR 力学性能的影响

试样	PVC/ACR 配比	拉伸屈服强度/MPa	断裂伸长率/%	弯曲弹性模量/MPa
1#	100/5	40.9	141	2366.7
2#	100/6	42.8	143	2447.2
3#	100/10	39.8	75	2091.6

用 TEM、SEM 等方法研究了不同结构 ACR 对 PVC/ACR 共混体系结构形态的影响,结果表明:PVC 与 ACR 的壳层有较好的相容性,抗冲型 ACR 的增韧效果取决于其壳核结构。由于 ACR 中含有丙烯酸酯橡胶成分,而壳层为聚甲基丙烯酸烷酯类,所以与 PVC 有很好的相容性,不仅在室温和低温下使 PVC 具有较高的冲击性能,而且“核—壳”结构具有优良的光稳定性和耐热性、高的冲击强度、适宜的加工温度范围、低的热膨胀性、良好的耐候性等优点,并兼有加工

助剂的性能。因此,近年来,ACR 逐渐成为我国抗冲击改性剂的主导产品。

(二)聚丙烯(PP)的共混改性

PP 是一种通用热塑性塑料,与其他通用塑料相比,PP 具有较好的性能,比如,原料来源丰富、合成工艺简单、相对密度小、价格低、加工性能优良,其屈服强度、拉伸强度、表面强度及弹性模量均较优异,电绝缘性良好、耐应力龟裂及耐化学药品性较佳。其制品无毒无味、光泽性好,因此被广泛应用于汽车、电器、日用品及家具、包装等各个工业生产领域。但 PP 也存在低温脆性、机械强度和硬度较低以及成型收缩率大、易老化、耐热性差等缺点。这就大大限制了 PP 的进一步推广应用,尤其是作为结构材料和工程塑料的应用。

1.塑料共混改性(PP/PE 共混体系)

当 PP 与 PE 进行共混时,随着 PE 的插入,使 PP 球晶形态不完整,进一步增加 PE 时,PP 球晶被 PE 分割成晶片,而且随着 PE 用量的继续增加,这种分割越来越显著,最后达到了细化 PP 晶体、增韧改性、提高低温冲击性能的目的。

利用机械共混法以不同比例在嵌段共聚聚丙烯 J640C(一种低乙烯含量的嵌段共聚物)中加入聚乙烯 5000S 进行共混,发现聚乙烯添加量对材料冲击韧性的提高影响十分显著,其他工艺条件(如温度、转速等)影响较小。当聚乙烯含量为 8%~14%时,材料冲击性能达到最佳。从产品的偏光显微镜照片分析得出,随聚乙烯 5000S 浓度的增加,聚丙烯 J640C 球晶形态反映出的消光现象逐渐消失,晶相间缺缝逐渐减小,证明球晶确实被细化。

此外,交联也是改进 PP/PE 体系性能的方法。在 PP/PE 体系中添加三烯丙基异腈脲酸酯(TAIC),并进行辐射交联。在含有 TAIC 的 PP/PE 共混物中,TAIC 主要分布在 PP/PE 共混物的相界面。由辐射引发的 TAIC 参与的界面反应,增强了不相容共混物的相间粘接,改善了共混物的相容性,提高了共混物的力学性能。

2.弹性体共混改性

可用于增韧 PP 的热塑性弹性体有 EPDM、SBS(苯乙烯—丁二烯弹性体)、SBR、EPR(二元乙丙橡胶)、BR、IBR (聚异丁烯)、POE(聚烯烃热塑性弹性体)等。不同橡胶的增韧效果不同。而在这些体系中,EPDM、POE 的增韧效果最佳,也是近年来研究最多,报道最多,最具代表性的热塑性增韧体之一。

由于 PP 与 EPR 都含有丙基,根据相似相容性原理,它们之间应具有较好的相容性。又由于 EPR 属于橡胶类,具有高弹性和良好的低温性能(脆化温度可达-60℃以下),因此 EPR 是 PP 较好的增韧改性剂。当 EPR 含量为 20%时,PP/EPR 常温缺口冲击强度比纯 PP 高 10 倍左右,脆化温度比纯 PP 下降。但 PP/EPR 体系的拉伸强度、屈服伸长率、拉伸断裂强度、断裂伸长率等性能均有不同程度的下降。且此共混物的耐老化性能有所下降,因此常用 EPDM 代替 EPR 以改善其耐老化性能。

EPDM 与 PP 结构相似,溶解度参数接近,相容性较好。EPDM 对 PP 的增韧与 EPR 相似。当 EPDM 含量为 20%时,PP/EPDM 的缺口冲击强度比纯 PP 高 4 倍左右,耐低温性能也有所改善。但 EPDM 增加时,其强度、热变形温度又有所下降,且共混体系 PP/EPDM 由于掺入 EPDM,造成了共混物的刚度、强度和流动性等方面相当程度的损失,同时 EPDM 的加入也大大提高了成本,使之在实际应用中受到了限制。

为此,人们考虑加入第三组分以改善力学性能和降低成本。研究较多的体系为:三元共混体系 PP/PE/EPR 及 PP/EPDM/HDPE(高密度聚乙烯)等。PP/PE/EPR 体系具有较理想的综合性能,但由于 PP/PE/EPR 是由三种聚合物共混制得的,其性能变动范围更加宽广,影响因素也更加复杂。

(三)聚乙烯(PE)的共混改性

PE 塑料具有良好的物理和化学性能,而且价格低廉,目前正逐渐成为一个产品多样、生产量大、应用面宽的塑料品种。PE 有多种品种,包括高压聚乙烯,又称低密度聚乙烯(LDPE);低压聚乙烯,又称高密度聚乙烯(HDPE)。此外,还有线型低密度聚乙烯(LLDPE),是乙烯与 α-烯烃的共聚物。还有一类超高分子量聚乙烯(UHMWPE),分子量一般为 200 万~400 万,分子结构与 HDPE 相同。PE 具有闭孔结构、热导率低、吸湿和透湿性小的特点,可用于建筑物、冷藏车等保温隔热材料;具有质轻、浮力大、收缩率小、耐海水侵蚀的特点,可制成求生飘浮制品;具有良好的电绝缘性能,可作为电讯电缆的绝缘层等。但 PE 的高速加工性、耐应力龟裂性、抗冲击强度、耐热性、印刷性和黏结性质均不甚理想,常采用改性的方法来提高这些性能,使之获得更为广泛的应用。

1.PE/EVA 共混体系

由于 PE 分子结构的高结晶性,使得它与其他材料的浸润性较差,力学性能等也不是很好。为了满足人们日益增长的对材料各种性能的需要,用其他化学基团来改性 PE 是比较直接的方法。在塑料工业中,常用聚乙烯—乙酸乙烯酯(EVA)来提高 PE 塑料制品的性能,并开发生产高品质、新用途的 PE 塑料制品;用 EVA 弹性体作为改性剂,可以提高 PE 的屈挠性、耐环境应力开裂性。EVA 能改进 PE 的弹性,使其永久变形小,还能显著提高 PE 片材的撕裂强度,降低其对缺口的敏感性,为其后加工创造良好条件;同时 PE/EVA 的薄膜材料具有较好的焊接性和消毒性能,故常用于拉伸包装和医疗包装等制品中。

通过对 PE/EVA 共混改性材料性能的研究,从图 6-1 可以看出,EVA 含量为 10%时试样的拉伸强度和断裂伸长率都取得最大值,分别为 32.6MPa 和 725%。拉伸强度是随着 EVA 含量的增加而减少的,将两者相结合,可以很容易地得出,EVA 含量为 10%时的共混物其综合力学性能最好。由图 6-2 可知:无论是有缺口的冲击试样,还是无缺口的冲击试样,其抗冲击强度都是在 EVA 含量为 20%时最大,分别为 26.2kJ/cm² 和 23.3kJ/cm²。

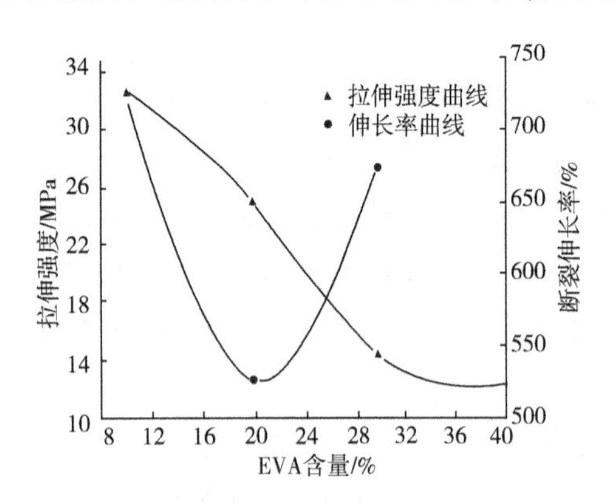

图 6-1 EVA 含量对试样拉伸强度、断裂伸长率的影响

2.PE/mPE 共混体系

茂金属聚乙烯(mPE)就是以金属茂(MAO)为催化剂用乙烯、丙烯或 1-丁烯单体进行的聚合反应生成物。mPE 同常规 PE 相比,有更好的韧性、透明度和清洁度;分子量分布相当窄,MWD 在

1.5~2;结构均匀,机械性能和电性能优异。同时由于mPE的分子量分布窄,又使得它的加工性能受到限制,且其价格昂贵。将两种或两种以上的聚合物共混改性成为开发新型高分子材料的一个重要途径。

将mPE同传统聚烯烃HDPE、LDPE进行共混研究。结果表明,mPE的加入提高了LDPE的拉伸性能,使HDPE的拉伸强度下降,但mPE含量在20%~25%时,拉伸强度和断裂伸长率下降很小。mPE对HDPE有较明显的增韧效果,mPE加入10%时,在-30℃和常温下分别可提高HDPE的冲击强度2.5倍和1.5倍,添加量至30%时,无论在-30℃和常温下都已不能冲断。可见mPE作为增韧材料将具有良好的应用前景。由于mPE具有优异的薄膜力学性能,mPE与LDPE共混吹膜,均不同程度地提高了LDPE薄膜的力学性能。共混物的拉伸强度随着mPE含量的增加,也有增加的趋势,在加入20%左右时可使LDPE的纵向拉伸强度提高近一倍,横向提高40%,具有较高的应用价值;mPE与LDPE共混吹膜的撕裂强度也均有所提高,但幅度不大。撕裂样条在完全伸直以后,经过了一个较大的伸长状态,才从中间直角处缓慢撕裂,表现出较好的耐撕裂能力。

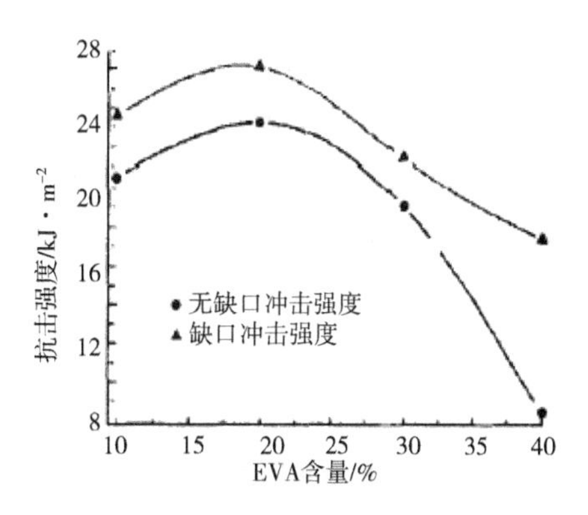

图6-2　EVA含量对有(无)缺口试样抗冲击强度的影响

(四)聚苯乙烯(PS)的共混改性

PS具有透明、成型性好、刚性好、电绝缘性能好、易染色、低吸湿性和价格低廉等优点,在包装、电子、建筑、汽车、家电、仪表、日用品和玩具等行业已得到广泛应用。但PS较脆,耐环境应力开裂及耐溶剂性能较差,热变形温度相对较低(70~98℃),冲击强度也不高。因而,在PS不显著损失模量的前提下增加其韧性,获得综合性能优良的PS合金材料就成为当前人们关注的一个重要课题。早在1948年DOW化学公司首次在市场上推出抗冲PS。于1952年,DOW公司又开发出成本低、性能好的高抗冲聚苯乙烯(HIPS)。随后,诸如ABS、AS等改性PS系列纷纷涌现。综观各种PS改性方法,用共混改性PS的方法投资小、见效快、生产周期短,因而成为改性聚苯乙烯的热点。

1. PS/PE共混体系

PE具有优良的柔性和抗冲击性能,因而,有利于提高PS的韧性。但是,PS和PE是两种不相容的高聚物,简单共混得不到理想合金,必须加入相容剂。

依靠外加相容剂或直接使PS和PE原位反应接枝/偶联来提高组分间的界面黏结力,可提高共混体系的综合性能。外加相容剂可以提高共混物的综合性能,但相容剂通常需要另外合成,直接原位反应偶联的方法更经济与实用。

外加相容剂主要有接枝和嵌段共聚物大分子相容剂。苯乙烯—乙烯—丁烯—苯乙烯嵌段共聚物大分子SEBS作为PS/HDPE共混物的相容剂,可有效降低分散相PS的相畴尺寸,使共混物的力学性能有所提高。SBS嵌段共聚物通常也用作PS/PE共混物的大分子相容剂。

原位反应增容可提高共混物的相容性和力学性能。在用双螺杆挤出机进行苯乙烯单体反应增容 PS/PE 共混物中,通过调节过氧化物和偶联助剂用量,可改善共混物的相容性,使共混物的冲击强度和拉伸性能达到最佳。在 PS/PE 共混物中,先将 PS 和 PE 官能团化,通过官能团反应形成接枝物,也可用于增容 PS/PE 共混物。在 PS/PE 共混物中也可通过 PS 的傅—克(Friedel-Grafts)苯环烷基化反应生成 PE 接枝 PS 共聚物(PE—g—PS)进行增容。增容 PS/PE 共混物的断裂伸长率有明显的提高。这种原位增容技术在高分子废料的再循环利用中将有着较好的应用前景。

2. PS/聚碳酸酯(PC)共混体系

PC、PS 均为透明塑料,PC 性能优异,抗蠕变性能好,使用温度为-110℃~140℃,可见光透过率达 90%以上,并且 PS、PC 折光率相近,两者共混,可取长补短,PS 的热稳定性、强度及韧性也可得到提高。

PC 和 PS 结构中都有含苯环,用 DSC 分析 PC/PS 共混物表明,PC 的玻璃化温度降低,而 PS 的玻璃化温度升高,即两组分的 T_g 互相靠拢,说明 PC 与 PS 可部分相容。部分相容的PC/PS 受到外力作用时,因其相界面应力分布均匀连续,故冲击和拉伸外力使共混物产生银纹和剪切带,从而使 PC/PS 共混物力学性能提高。

3. 弹性体改性方法

将 PS 与各种弹性体共混,可以制备高抗冲聚苯乙烯(HIPS)。国内外实现工业化生产的 HIPS 专用橡胶的组分大部分都是锂系低顺式聚丁二烯橡胶(LCBR)和钴系高顺式聚丁二烯橡胶(HCBR)。美国 HIPS 专用橡胶中 LCBR 的用量占 65%~75%,日本则在 70%以上。

(1)LCBR 改性。用 LCBR 增韧的 PS 具有较好的色泽和较高的挠屈性,低温下抗冲击性能尤为突出。

分别由 SBR 和 LCBR 制得的 HIPS 试样,20℃时的冲击强度基本相同,但低于 0 摄氏度时,SBR 增韧试样的冲击强度明显下降;而 LCBR 增韧的试样在-50℃时仍有较高的冲击强度。因此,20 世纪 60 年代后,LCBR 取代 SBR 成为应用最广、最有效的增韧剂之一。橡胶中乙烯基含量通常会影响改性效果。在相对分子质量相同的情况下,用低乙烯基含量的试样合成的 HIPS,其冲击强度高于中乙烯基含量的试样。而采用 Lewis 碱改性的锂系催化剂产物中乙烯基质量分数可达 20%~40%。不同相对分子质量分布的 LCBR 对 HIPS 冲击强度也有影响,HIPS 冲击强度正比于 LCBR 的相对分子质量。

(2)HCBR 改性。HCBR 作为 PS 增韧剂时,通用型 HCBR 不能作 PS 的有效增韧剂。用于生产 HIPS 的 HCBR 应具有色浅、稳定性好、适当低的 SV 值(5%苯乙烯溶液的黏度)及较低的凝胶含量等。

Bayer 公司和 Polysar 公司通过改进引发剂配方,生产出适于制备 HIPS 的镍系高分子量、低凝胶含量的高顺式 1,4-PBR(1,4-聚丁二烯)。中国石油北京燕山分公司研究院发现生产 BR-9000 中,通过增加镍催化剂用量,降低水用量,适当提高聚合温度可以生产出符合制备 HIPS 要求的 BR-9002,产品性能与日本 BR-1220Su 相当。

二、工程塑料的共混改性

工程塑料按档次分类,可分为通用型工程塑料和高性能工程塑料。通用型工程塑料的品种有 ABS、PA、POM、PPO、PC、PET、PBT 等。高性能工程塑料包括 PPS、PEK、PEEK、PES、PSF、PAR 等;以工程塑料为主体的共混物通常称为塑料合金,如 ABS 合金、聚酰胺合金、聚苯醚合金等。

(一)ABS 合金

ABS 树脂是目前产量最大、应用最广泛的聚合物共混物之一。ABS 虽然通常被认为是丙烯腈、丁二烯和苯乙烯的三元共聚物,并经常以下列结构式表示:

$$\left[OC-C_6H_4-COOCH_2-CH_2O\right]_m\left[OC-C_6H_4-COOCH_2-C_6H_4-CH_2\right]_n$$

但实际上它是一类复杂的聚合物共混体系,是由以聚丁二烯为主链接枝丙烯腈、苯乙烯的接枝共聚物和由苯乙烯与丙烯腈共聚而成的无规共聚物(AS 树脂)以及聚丁二烯均聚物组成的共混体系。由于三者之间互容性好,形成均匀的复相体系,使 ABS 树脂集 PAN、PBR 及 PS 的性能于一身,不仅具有韧、硬和刚相均衡的优良力学性能,还具有较好的耐化学腐蚀性、耐低温性、尺寸稳定性、表面光泽性、着色性和加工流动性。自问世以来,发展极其迅速,应用范围也逐渐扩大。

随着 ABS 树脂的应用范围不断扩大,对它的性能要求也越来越高。近年来,开拓了许多新型的 ABS 树脂,如 MBS、MABS、AAS、ACS、EPSAN 等,也可将 ABS 作进一步共混改性。

由于 ABS 树脂分子中含有苯基、氰基和碳碳不饱和双键,所以与许多聚合物具有较好的相容性,为共混改性创造了十分有利的条件。通过共混改性,可以进一步改善 ABS 的冲击强度、耐化学性、耐热性,提高其阻燃性和抗静电性,或降低成本。

1.ABS/PVC 合金

研究开发 ABS/PVC 共混合金的主要目的有两个,一是降低成本,二是实现 ABS 阻燃。ABS 的阻燃性比较差,家用电器又是 ABS 应用的一大领域,随着科学技术的发展和人们安全意识的不断提高,世界各国对家用电器材料的阻燃性要求越来越高,因此提高 ABS 的阻燃性具有重要的应用价值。实践证明:ABS/PVC 共混物不仅阻燃性好,而且冲击强度、拉伸强度、弯曲性能、铰接性能、抗撕裂性能和耐化学腐蚀性能等都比 ABS 好,其综合性能及性价比是其他树脂不可比拟的。

在共混体系中,PVC 与 ABS 中的塑料相(丙烯腈—苯乙烯)共聚物(SAN)的相容性较好,形成连续相。而与橡胶相(PB)相容性较差,因而 ABS 中的橡胶粒子构成分散相,所以 ABS/PVC 共混物属"半相容"体系。但与众不同的是,共混物相界面的表面张力低,存在较强的黏结力,仍然具有理想的工程相容性。一般认为,ABS/PVC 共混物具有单相连续的形态结构,最近又有研究者提出其具有部分 IPN 结构。正因如此,才赋予 ABS/PVC 共混物优异的综合性能。

ABS/PVC 共混物优良的阻燃性能是由 PVC 赋予的,但两组分之间并无协同作用。在共混过程中,为防止加入的大量 PVC 受热分解,常加入少量的阻燃剂三氧化二锑,这样可适当减少

PVC 的用量。

随 PVC 用量的增加,共混物的拉伸强度、伸长率和抗弯曲性能也逐步提高,基本符合线性加和关系。但在共混比为 50∶50 左右时,上述性能指标却高于线性加和值,从这一点来看,ABS/PVC 共混体系确有 IPN 的形态结构。

ABS/PVC 共混物一般都采用机械共混法生产,由于 PVC 的热稳定性差,在受热和剪切力作用下易发生降解和交联,应在共混体系中加入适量的热稳定剂、增塑剂、加工助剂和润滑剂等。由于 ABS 与各种助剂的相容性比 PVC 好,所以应先将 PVC 与各种助剂预混合后再加入 ABS,即共混工艺包括预混合和熔融共混两个阶段。

2.ABS/PC 合金

目前应用很广的 PC 是指主链上含有苯环和碳酸酯基团的芳香族聚合物,是一种具有较高的耐热性和冲击性能的非结晶性工程塑料。它以良好的尺寸稳定性和电绝缘性在电子、电器、汽车、医疗器械等领域得到了广泛的应用。将 ABS 与 PC 共混可以得到一种兼具两者的优点,又克服了各自缺陷的塑料合金,具有良好的机械性能、刚性和加工流动性、较高耐热性和尺寸稳定性,并且高低温冲击性能都非常优异的合金材料。

ABS/PC 共混物的热变形温度、杨氏模量、硬度、伸长率和拉伸强度等性能介于 PC 和 ABS 之间,基本符合线性加和规律。提高 ABS 分子量或丙烯腈含量。降低橡胶含量有助于改善共混物的耐热性;加入苯并噻唑等化合物,也可改善耐热性和热稳定性。使橡胶含量较低的 ABS 共混物的弯曲强度出现协同增强效应,硬度和拉伸性能也有所提高。另外,共混物的介电常数和介电耗散常数都比较低,在 50/50 的配比下出现极小值。

与 ABS 相比,ABS/PC 共混物的加工流动性下降,PC 含量越高,流动性越低。因此,在混炼或加工过程中常加入环氧乙烷/环氧丙烷嵌段共聚物、MMA—St 共聚物或烯烃—丙烯酸酯共聚物等加工改性剂。

ABS/PC 共混物的发展方向是,提高加工流动性,实现吹塑成型,改善制品刚性和开发低光泽品种等。

3.ABS/TPU 合金

TPU 即为热塑性聚氨酯,它是多嵌段共聚物,硬段由二异氰酸酯与扩链剂反应生成,它可提供有效的交联功能;软段由二异氰酸酯与聚乙二醇反应生成,它提供可拉伸性和低温柔韧性。因此,TPU 具有硫化橡胶的理想性质。ABS 与 TPU 的相容性非常好,其共混物具有双连续相。在(10~30)/50 的共混比范围内,TPU 的抗开裂性大大提高。对 ABS 来说,少量的 TPU 作为韧性组分,可提高 ABS 的耐磨耗性、抗冲性、加工成型性和低温柔韧性,TPU 对低聚合度、低抗冲性能 ABS 树脂的增韧效果尤其明显。

随 TPU 含量的增加,共混物熔体指数明显增大。控制适当的共混比,可制得流动性好的 ABS/TPU 共混物,并可用于制造形状复杂的薄壁大型制品及汽车部件、皮带轮、低载荷齿轮和垫圈等。

长时间处于 200℃以上的成型温度,TPU 容易分解;共混前需将原料的水分含量降至0.05%以下。

(二)聚酰胺合金

聚酰胺(PA)通常称为尼龙,主要品种有尼龙6、尼龙66、尼龙1010等,是应用最广泛的通用型工程塑料之一。PA为具有强极性的结晶性聚合物,它有较高的力学性能、耐磨性、耐腐蚀性,有自润滑性,加工流动性较好。但缺点是吸水率高、低温冲击性能较差,其耐热性也有待提高。为改善尼龙的吸湿性,提高其耐热性、低温冲击性和刚性,常对尼龙进行合金化处理,尼龙合金化即以尼龙为主体,掺混其他聚合物经共混而成的高分子多组分体系。

尼龙与很多聚合物的相容性差,不能组成性能优良的产品,由于反应性增容技术和相容剂的开发与应用,使得尼龙与其他聚合物的相容性问题得以解决,极大地促进了尼龙合金的发展。目前,在聚合物合金中,尼龙合金是主要的,也是十分重要的品种。

1. PA/通用塑料共混

聚酰胺与通用塑料的共混,主要是PA与聚烯烃弹性体的共混,其主要目的在于提高PA的冲击强度。

聚乙烯为非极性聚合物,它们与强极性的聚酰胺不具有热力学相容性,因而要对聚乙烯弹性体先进行改性或加入相容剂或通过机械共混的强烈剪切作用才能得到满意的共混效果。

采用二茂金属络合物催化剂制备新型官能团封端聚乙烯作为PA6/PE共混体系的相容剂,加入10%这种相容剂,共混物的强度和韧性均有较大程度的提高。

通过马来酸酐(MAH)接枝改性是目前常采用的方法。PE—g—MAH的浓度、黏度和官能度与聚合物的流变性、形态结构和力学性能有关,低黏度的PE—g—MAH增韧PA6效果不明显,而高黏度的PE—g—MAH即使只含有少量的酸酐官能团也有优良的增韧效果。

2.PA/工程塑料共混

PA/ABS合金的突出优点是热变形温度远高于PA,且有较高的维卡软化点,加之良好的加工流动性,使其为制造要求外观质量高的大型制品提供了保证,因此PA/ABS成为制造汽车车身壳板等汽车部件的理想材料。

PA和ABS是热力学不相容体系,简单的共混导致两相界面张力很大。从而造成力学性能变差。因此,要获得有实用价值的PA/ABS共混物,必须对PA/ABS共混物进行增容改性以得到更好的综合性能。反应性增容技术是改善高分子共混物的相容性、增加相界面结合力的有效途径。以马来酸酐型反应性增容剂为例,向PA/ABS共混物中加入少量的苯乙烯/马来酸酐共聚物(SMAH)后,可使共混物有较好的相容性,其力学性能尤其是冲击强度得到提高。如将含有2%SMAH(MAH含量25%)的ABS与PA6共混制备的共混物,其冲击强度比原共混物提高约37%。而用苯乙烯/丙烯腈/马来酸酐共聚物(SANMAH)增容的PA6/ABS共混物,由于SANMAH既能与ABS中的SAN相容,又能与PA的端氨基反应,因此可取得很好的共混效果,可得到缺口冲击强度为820J/m的超韧材料。

(三)聚碳酸酯合金

聚碳酸酯(PC)是指主链上含有碳酸酯基的一类高聚物。通常所说的聚碳酸酯是指芳香族聚碳酸酯,其中,双酚A型PC具有更为重要的工业价值。现有的商品PC大部分为双酚A型PC。

1.PC/ABS 合金

PC/ABS 合金是最早实现工业化的 PC 合金。这一共混体系可提高 PC 的冲击性能,改善其加工流动性及耐应力开裂性,是一种性能较为全面的共混材料。

PC/ABS 共混物缺口冲击强度与组成的关系如图 6-3 所示。可以看出,在配比为 PC/ABS=60/40 时,共混物冲击性能明显优于纯 PC。

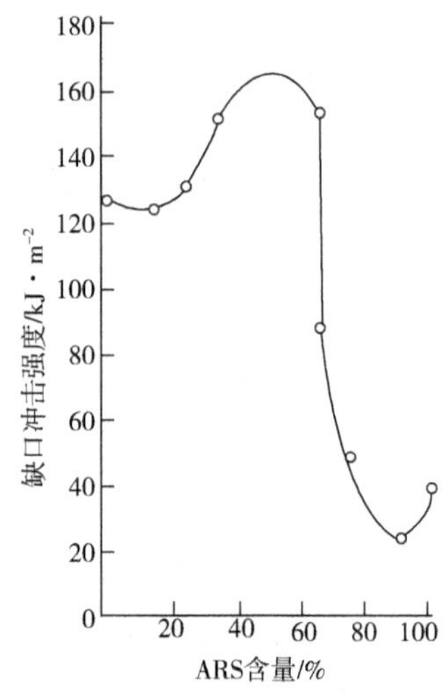

图 6-3　PC/ABS 共混物缺口冲击强度与组成的关系

PC/ABS 共混物的性能还与 ABS 的组成有关。PC 与 ABS 中的 SAN 部分相容性较好,而与 PB(聚丁二烯)部分相容性不好。因此,在 PC/ABS 共混体系中,不宜采用高丁二烯含量的 ABS。

ABS 本身具有良好的电镀性能,因而将 ABS 与 PC 共混,可赋予 PC 以良好的电镀性能。日本帝人公司开发出电镀级的 PC/ABS 合金,可采用 ABS 的电镀工艺进行电镀加工。ABS 具有良好的加工流动性,与 PC 共混,可改善 PC 的加工流动性。GE 公司已开发出高流动性的 PC/ABS 合金。PC 合金还有阻燃级产品,可用于汽车内装饰件、电子仪器的外壳等。

2.PC/PE 合金

在众多 PC 共混体系中,PC/PE 颇为引人注目。PE 可以改善 PC 的加工流动性,并使 PC 的韧性得到提高。此外,PC/PE 共混体系还可以改善 PC 的耐热老化性能和耐沸水性能。PE 是价格低廉的通用塑料,PC/PE 共混也可起降低成本的作用。因此,PC/PE 共混体系具有广阔的开发前景。

PC 与 PE 相容性较差,可加入 EPDM、EVA 等作为相容剂。在共混工艺上,可采用两步共混工艺:第一步制备 PE 含量较高的 PC/PE 共混物,第二步再将剩余 PC 加入,制成 PC/PE 共混材料。此外,PC、PE 品种及加工温度的选择,应使其熔融黏度较为接近。在 PC 中添加 5%的 PE,共混材料的热变形温度与 PC 基本相同,而冲击强度可显著提高。美国 GE 公司和日本帝人化成公司分别开发了 PC/PE 合金品种。PC/PE 可用于制作机械零件、电工零件以及容器等。

(四)PBT 合金

聚对苯二甲酸丁二醇酯(PBT)是美国首先在 20 世纪 70 年代进行工业化生产和开发的一类较新的工程塑料。近年来,它在电子电器及各工业领域中需求量越来越大,其性能特点有:结晶速度快,可高速成型;耐候性、电性能、阻燃性能、耐化学药品性、摩擦磨耗特性优异,吸水性低、热变形温度高;机械性能优良,机械强度高、耐疲劳性和尺寸稳定性好,蠕变也较小,这些性能在高温条件下也极少变化。由此可见,PBT 的综合性能卓越,但也存在以下不足之处有待改善,例如缺口冲击强度低,玻璃化温度低(≈45℃),高负荷下热变形温度低,高温下刚性差等,这些都使 PBT 在应用中受到限制。对 PBT 进行共混改性是弥补其性能上的不足、实现高性能化、拓宽应用领域的有效途径之一。此外,PBT 还适合于以纤维填充改性,大幅度提高其力学性能。

1. PBT/聚烯烃

PBT与聚烯烃共混时可以提高其冲击强度。使用合适的相容剂可以获得所需的相形态,并改善力学性能。其中采用比较多的是反应性增容。功能性单体,如甲基丙烯酸甲酯(MMA)、马来酸酐(MAH)、丙烯酸(AA)、丙烯酸丁酯(BA)等为此目的而被广泛应用于共混物的增容。近来,甲基丙烯酸缩水甘油酯(GMA)和聚烯烃的嵌段或接枝共聚物的应用较多,其环氧基与聚酯的端羧基和端羟基存在潜在反应性。

在PBT和PE共混加工过程中加入部分羟基化的EVA,EVA的相容作用使PBT在PE基体中分散良好,界面黏结性提高,共混物具有优异的隔甲苯性能。利用LLDPE—g—AA对PBT/LLDPE共混物的增容作用,可以显著提高体系的冲击强度和断裂伸长率,而弯曲强度和拉伸强度基本保持不变。

对于PBT和PP,由于两者的溶解度参数($\sigma_{PBT}=10.7$,$\sigma_{PP}=8.03$)和黏度相差较大,它们的共混物是典型的不互溶体系,两者共混时,通常容易出现相分离现象。用反应性挤出,加入GMA原位增容剂,可实现PP和PBT共混物的增容。

2.PET/PBT合金

PBT和聚对苯二甲酸乙二醇酯(PET)化学结构相似,两者相容性很好,其共混物的玻璃化转变温度T_g只有一个。此共混物在某些共混比例下可分别得到对应于两相的两个熔点,因而也有观点认为这是一种特殊形态的共混物,其晶相是不相容的,而非晶相是相容的。然而PET、PBT两者共混时极易发生酯交换反应,初期生成嵌段共聚物,后期可生成无规共聚物,这样两种聚合物的特长在共混物中消失,聚合物的力学性能劣化、分子量降低。所以防止酯交换反应是PBT与PET共混的一个关键。通常采取的措施包括预先消除聚合物中残留催化剂(可促进酯交换反应),控制共混时间(避免时间过长),外加防止酯交换的助剂等。

PBT的一般力学性能均优于PET,并具有良好的韧性,结晶速度快,可模塑成型,但其流动性、耐热性均不如PET,且价格较高。由于它们的相容性很好,两者共混后可取长补短,因此所得产品的冲击强度高且成本较低。PET/PBT共混物还具有优良的化学稳定性、热稳定性、强度、刚性和耐磨耗性,其制品有良好的光泽。

据帝人公司报道,将PET与PBT共混,加入质量分数为0.5 %的滑石粉做成核剂,获得成型收缩率低、抗冲击性能好的共混物。北京化工研究院高分子应用所开发成功PET/ PBT工程塑料合金系列,有增强、阻燃、填充等类型,性能优良。美国GE等公司有PET/PBT共混物商品树脂。PET/PBT共混物价格较PBT低表面光泽好,适于制造家电把手、车灯罩等。

3.PBT与其他聚合物的共混体系

PET/PS属于不相容体系,必须加入相容剂才能达到共混相容的目的。最近发展了一种苯乙烯和马来酸酐共聚物及多异氰酸亚甲基亚苯甲酯(PMPI)的双相容剂,加入PET/PS(75/25)的共混体系中,达到了很好的相容效果。当PMPI的质量分数为0.1%~0.5%时,其拉伸强度、拉伸伸长率、非缺口冲击强度都随PMPI含量的增加而增加。

PBT/ABS合金是典型的不相容体系,共混过程中需加相容剂。将ABS与PBT共混,充分利用了 PBT 的结晶性和 ABS 的非结晶性特征,能大幅度提高 PBT 室温冲击强度,降低其脆韧转变温度,同时可以使共混物保持良好的拉伸性能和热性能,使材料具有优良的成型性、尺寸稳定性和耐药品性。

(五)聚苯醚合金

聚苯醚(PPO)是美国通用电器公司(GE)于 20 世纪 60 年代中期开发的热塑性树脂,属五大通用工程塑料之一。PPO 具有优良的物理性能、力学性能、耐热性和电气绝缘性。它的吸湿性低,强度高,尺寸稳定性好,高温下的耐蠕变性是所有热塑性工程塑料中最优的。但是纯 PPO 树脂的玻璃化转变温度(T_g)高,熔体流动性差,需要在 300℃下高温加工,限制了它的应用。为此,人们采用了多种方法对 PPO 进行改性。目前,共混改性是 PPO 最重要的改性措施之一。共混改性 PPO 具有优异的综合性能,被广泛用于汽车工业、电子电气、办公设备、精密器械、纺织器材等多个领域。

1.PPO/PS 合金

PPO 与 PS 相容性良好,可以以任意比例与 PS 共混。PPO/PS 共混体系是最主要的改性 PPO 体系之一。早在 20 世纪 60 年代,美国 GE 公司就推出了 PPO 与 PS 的共混合金 Noryl,该合金具有优良的力学性能、耐热性、阻燃性及尺寸稳定性,同时具有优异的成型加工性,但是 PPO/PS 共混体系存在热变形温度低、耐油性和耐溶剂性差的缺点。

PS 改性 PPO 主要用于制造电气、电子行业中的高压插头、插座、电器壳体等。

2.PPO/PA 合金

GE 公司于 20 世纪 80 年代中期开发成功 PPO/PA 合金,它与后来开发的 PPO/PBT、PPO/PPS、PPO/PTFE 等合金,并称为第二代 PPO 系列合金。PPO/PA 共混体系的热变形温度、耐油性和耐溶剂性均优于 PPO/PS 共混体系。但 PA 与 PPO 的相容性较差,所以必须使用增容剂来提高共混体系的性能。在实际应用中大多采用的是反应性增容剂,如 MAH—g—PS。通过与共混组分的官能团的相互反应,生成嵌段或接枝共聚物,从而实现增容作用。如果加入的增容剂本身又是一种弹性体,则可以进一步提高 PPO/PA 共混物的冲击强度。这样的弹性体增容剂有 SEBS—g—MAH、SBS—g—MAH 等。

国外一些公司已商品化的 PPO/PA 合金具有优异的力学性能、耐热性、尺寸稳定性。热变形温度可达 190℃,冲击强度达到 20kJ/m^{2}以上,适合制造汽车外装材料。

3.PPO/聚酯共混体系

PPO 与聚对苯二甲酸丁二酯(PBT)的性能具有一定的互补,两者共混体系的物理、力学性能不因吸水而变化,同时又具有 PPO/PA 共混体系的耐热性和抗冲击性,更适合制造电气零部件。

PPO/PBT、PPO/PET 合金是为了解决 PPO/PA 合金吸水率大,不能注塑大型精密制件而开发的第二代 PPO 合金新品种。PPO 是非结晶性树脂,与结晶性 PBT 和 PET 的相容性差,因此,共混时应添加增容剂。PPO/PBT、PPO/PET 合金主要采用反应增容。一种方法是添加反应型相容剂、环氧偶联剂、含环氧基或酸酐基团的苯乙烯系聚合物如 SMAH、苯乙烯—甲基丙烯酸缩水甘油酯。另一种方法是先将 PPO 进行化学改性,使其带上可与 PBT 或 PET 反应的基团,再与PBT或PET共混。能与PBT或PET端基反应的基团有羧基、氨基、羟基、酯基等。

(六)液晶聚合物(LCP)共混体系

液晶是一种介于晶态和液态之间的有序态,它既有晶态的各向异性,又有液态的流动性,故称为液晶态。处于液晶态的物质称为液晶。液晶态高聚物按形成条件的不同可分为热致型和溶致型两类。LCP是一类耐高温,具有高强度和高模量的高性能工程塑料。LCP与其他聚合物共混,可起到显著的增强作用。LCP与基体混合熔融时会在基体内部形成纤维,因此增强纤维可以在复合材料制备过程中形成,而且可以在基体内很好的分散,起到自增强作用,这种材料也叫原位复合材料。液晶聚合物有以下三个显著特点:

(1)形成的微纤化表面和长径比比普通增强纤维的高;

(2)可以降低共混物熔体的黏度,改进热塑性塑料的流动性和成型加工性;

(3)节约成型加工能耗,降低成本。

目前,广泛应用于原位复合材料的热致型液晶聚合物(TLCP)大多是全芳香均聚聚酯和共聚聚酯。TLCP与各种通用型树脂复合,扩大通用树脂进入高层次工程材料领域;TLCP与特种工程塑料复合,得到的高性能特种工程塑料合金,可满足航空航天、军事、电子电气、汽车、建筑、船舶等特殊的应用和要求。在航空航天领域,由于液晶聚合物分子复合材料没有纤维/基体界面,又有刚性聚合物独有的特点,可以用在声振动稳定结构及近地轨道航天器上,还可以用作航天器结构材料。

第二节　橡胶的改性及应用

橡胶可以分为通用橡胶和特种橡胶。通用橡胶包括天然橡胶(NR)、顺丁橡胶(BR)、丁苯橡胶(SBR)、乙丙橡胶(EPR)、丁腈橡胶(NBR)、氯丁橡胶(CR)、丁基橡胶(IIR)等。特种橡胶包括氟橡胶、硅橡胶、丙烯酸酯橡胶等。

以橡胶为主体的共混体系包括橡胶与橡胶的共混(称为橡胶并用),橡胶与塑料的共混(称为橡塑并用)。橡胶的共混可以实现橡胶的改性,也可以降低产品成本。因此,橡胶的共混已成为橡胶制品生产的重要途径。本节主要介绍以橡胶为主体的共混体系。

一、橡胶共混的基本知识

(一)助剂在橡胶共混物中的分布

在橡胶共混中,需添加许多助剂,如硫化剂、硫化促进剂、补强剂、防老剂等。这些助剂在两相间如何分配,对橡胶共混物的性能影响很大。

1.硫化助剂在橡胶共混物中的分布

橡胶共混改性的一个重要问题是橡胶的交联(硫化)问题。对于两种橡胶共混形成的两相体系,两相都要达到一定的交联程度,这就是两相的同步交联或称为同步硫化。为实现同步硫化,就要求硫化助剂在两相间分配较为均匀。否则,就会造成一相过度交联,一相交联不足,严更影响共混物的性能。这就提出了硫化助剂在各相中的分布问题,显然,硫化助剂在各相中的分布对该相聚合物的硫化速率和最终的硫化程度有着重要影响。

硫化助剂在两相间的分配,主要影响因素是硫化助剂在橡胶中的溶解度。硫化助剂在各种橡胶中的溶解度通常遵循相似相容原理,即硫化助剂与橡胶的极性相近则溶解,溶解度也大。具体分析时,可通过硫化助剂与橡胶的溶解度参数的比较,来定性地判断硫化助剂在橡胶中的溶解度。若硫化助剂与橡胶的溶解度参数相近,则硫化助剂在其中的溶解度也大。例如,硫黄的溶解度参数较高,在高溶解度参数的橡胶(如 BR)中的溶解度就较高,而在低溶解度参数的橡胶(如 EPDM)中的溶解度就较低。常用硫化助剂的溶解度参数如表 6-2 所示。根据共混橡胶的品种,适当选用硫化助剂,以调节硫化助剂在两相橡胶中的溶解度,可以控制硫化助剂在两相间的分布。

表 6-2 硫化助剂的溶解度参数

硫化助剂	$\delta/J^{1/2}\cdot cm^{-3/2}$	硫化助剂	$\delta/J^{1/2}\cdot cm^{-3/2}$
硫黄	29.94	二丁基二硫代氨基甲酸锌(BZ)	22.94
二硫化二吗啡啉(DTDM)	21.55	硫醇基苯并噻唑(M)	26.82
过氧化二异丙苯(DCP)	19.38	二硫化二苯并噻唑(DM)	28.66
过氧化二苯甲酰(BPO)	23.91	二硫化四甲基秋兰姆(TMTD)	26.32
对醌二肟	28.55	环己基苯并噻唑基次磺酰胺(CZ)	24.47
对苯二甲酰苯醌二肟	25.12	氧联二亚己基苯并噻唑基次磺酰胺(NOBS)	25.15
酚醛树脂(2123)	33.48	六亚甲基四胺(H)	21.36
叔丁基苯酚甲醛树脂(2402)	25.99	二苯胍(D)	23.94
二甲基二硫代氨基甲酸锌(PZ)	28.27	亚乙基硫脲(NA-22)	29.33
二乙基二硫代氨基甲酸锌	25.59	硬脂酸	18.67
乙基苯基二硫代氨基甲酸锌(PX)	26.75	硬脂酸铅	18.85

温度对硫化助剂在橡胶中的溶解度也有影响。温度越高,其在橡胶中的溶解度越大。因此,硫化助剂在橡胶中的溶解度,如果在室温下是饱和或近于饱和的,在硫化温度下就不是饱和的了。此外,温度影响硫化助剂从一相中向另一相的迁移,进而也会影响其在两相间的分配。

2.补强剂在两相间的分配

炭黑等细粒子补强剂是橡胶的重要配合剂之一。补强剂在共混物中的补强效果,在某些情况下是组分橡胶补强效果的加和。但在另一些情况下,补强剂对共混物的补强效果比加和效果低。这种情况的原因之一是补强剂在共混物中的分布不合理。研究表明,补强填充剂在共混物中难于均等分布在两相中,这种不均匀分布直接影响橡胶及其制品的性能。填充剂在共混物中各相的分布,常因橡胶种类、填充剂种类不同而异。在同种共混体系中,也常因混炼方法等不同而使填充剂在各相中的分布有很大变化。但如能掌握这些规律,通过种种手段,调整补强填充剂在共混物中的分布,也可以获得性能优异的共混物材料。

影响炭黑等补强剂在两相间分配的因素，首先是炭黑与橡胶的亲和性。炭黑与橡胶的亲和性与橡胶的不饱和度有关。由于炭黑与橡胶分子链中的双键有很强的结合力，所以不饱和度大的橡胶与炭黑的亲和力大。另外，炭黑与橡胶的亲和性还与橡胶的极性有关。根据这一规律和实验结果，在橡胶共混物中，炭黑与丁基橡胶亲和力最小，其次是EPDM，亲和力较大的则是天然胶和丁苯胶。因此，如果一种对炭黑亲和力很强的橡胶与一种对炭黑亲和力很弱的橡胶共混时，炭黑将大部分存留于前者中。补强剂在两相间分布不匀，显然会损害橡胶共混物的性能。

橡胶共混物两相的熔融黏度对补强剂的分配也有影响。这一影响可对应于“软包硬”的规律，即补强剂倾向于进入黏度低的一相。

为了调整补强剂在两相间的分配，可以采用如下方法：其一，适当选择补强剂品种，或对补强剂进行表面处理，以调节补强剂对橡胶的亲和性；其二，通过改变混炼温度等方式，调节两相的黏度；其三，改变加料顺序，先将补强剂与亲和性较弱的橡胶共混，再与另一种橡胶共混。这样，补强剂在第二步共混中会自动向亲和力较强的橡胶中迁移，以达到最终较为均匀的分布。

其他助剂在两相间的分配也会影响共混物的性能，可以参照以上方法进行调节。

（二）橡胶共混物两相的共交联（共硫化）

对单一橡胶硫化的研究，往往致力于阐明硫化的化学历程和动力学。而对于共混体系，由于多数属于热力学不相容的微观多相体系。因此对共混物硫化的研究，既要考虑微观多相性，又要考虑可能有多种交联点的存在，使共混物的交联结构复杂化。

1.橡胶共混物的交联结构

共混物的交联结构包括聚合物相内和聚合物界面层相间的交联。为提高橡胶共混物两相间的界面结合力，最有效的方法是在两相间实现交联，这就是共交联。界面交联实际上是不同聚合物之间的交联反应。界面交联（共交联）可使共混物形成统一的交联网络结构，可获得更好的改性效果。

2.橡胶共混物的同步硫化与共硫化

（1）同步硫化。橡胶共混体系的多相性，产生了硫化助剂在共混物各相中分布不均的现象。由于两相中硫化剂浓度相差悬殊，经硫化后两聚合物相的交联程度不一，造成一相过硫，而另一相欠硫，必然使得共混物性能低劣。为了防止这一现象的产生，必须使交联剂在共混物中分布均匀。这种通过调整和控制交联剂均匀分布，使共混胶两相获得相同或相近硫化速度与程度的方法叫同步硫化。

（2）共硫化。橡胶共混体系的多相性，造成了各种交联特性的不同。在硫化过程中，各相独自交联，自成体系，两相间缺少联系。使共混物整体性能下降。为了获得具有实用价值的共混胶，必须使两相互相产生交联，提高体系的稳定性，这种使两聚合物相间产生交联的方法即为共硫化。

共混物的共硫化，本质上是异种聚合物之间产生交联。两相共混物能否实现共交联，主要取决于交联活性点的特征。如果参与共混的聚合物具有相同性质的交联活性点，可选用共同的交联助剂；如果共混组分的交联活性点的性质不同，应采用多官能团交联剂，也可以对聚合物进行化学改性，使其具有新的活性点。

在 NR、BR、SBR、NBR 等通用橡胶的共混中,由于这些橡胶具有相同性质的交联活性点,可采用相同的硫化体系。但是,由于硫化助剂在不同橡胶中溶解度不同,所以在实际应用中还需精心设计配方,才能达到较好的共硫化。

其他橡胶共混体系,可选用适宜的硫化体系。如 EPDM /IIR 只可采用硫黄促进剂体系,氟橡胶、丙烯酸酯橡胶共混体系可选用胺类交联剂,乙丙橡胶与硅橡胶共混可选用过氧化物交联剂等。

二、通用橡胶的共混

近年来,随着对橡胶材料性能的要求越来越复杂,单用一种橡胶很难满足要求,在大多数情况下,都是通过橡胶与橡胶共混或橡胶与塑料共混,以取长补短,提高性能,降低成本。因此在橡胶工业中,使用共混物制造橡胶制品已十分普遍。

(一)橡胶并用共混体系

1.天然橡胶共混物

天然橡胶 NR 具有良好的综合性能及良好的耐气透性和电绝缘性,广泛应用于制造各类轮胎、胶管、胶鞋、雨衣、工业制品及医疗卫生制品等方面。然而,NR 是非极性橡胶,虽然在极性溶剂中反应不大,但易与烃类油及溶剂作用,故其耐油、耐有机溶剂性差。另外,NR 分子中含有不饱和双键,故其耐热氧老化、耐臭氧性和抗紫外线性都较差。以上这些都限制了它在一些特殊场合的应用,为了克服 NR 的缺点,扩大其应用范围,就有必要对 NR 进行改性。常采用共混方法将 NR 和其他具有弹性、纤维性或塑性的聚合物共混,产生具有某些特殊性能的新材料。

(1)NR/BR。BR 具有高弹性、低生热、耐寒性、耐挠屈和耐磨耗性能优良的特点。BR 与 NR 相容性较好,因而适用于对 NR 进行改性。NR/BR 共混物主要应用于轮胎领域,如载重车胎胎面胶和胎侧胶,也可作橡胶筛板。采用 NR/BR 并用体系可显著改善轮胎的耐磨耗性能和耐低温性能,同时还可提高胶料的弹性,使得轮胎在动负荷下具有较低的行驶温度,从而提高轮胎的使用寿命。

(2)NR/SBR。SBR 加工性能、力学性能接近于 NR,耐磨性、耐热老化性能还优于 NR。SBR 主要应用于轮胎及难燃钢缆运输带。在绿色轮胎的研究开发工作中,非常重要的方面就是成功地应用离子聚合方法开发出的溶聚丁苯橡胶(SSBR)。SSBR 与天然橡胶有良好的混容性,当 SSBR/NR 为 80/20(质量比)时,硫化橡胶具有最优的力学性能。将 SSBR 用于胎面 NR 复合体系后,在实现改善耐磨性和抗湿滑性的同时,可以显著地降低轮胎在运行中的生热,降低轮胎滚动阻力。

(3)NR/BR/SBR。随着我国汽车工业的发展,对轮胎产品的质量和制造工艺有了更高的要求,因此在胎面胶配方中的生胶体系多采用 NR 与 BR 及 SBR 并用的方式。由于三者在分子链结构和活动能力上存在差异,并用时混合效果差,加工性能不好。陈传志等研究了纳米氧化锌对 NR/SBR/BR 并用胶性能的影响,结果表明,纳米氧化锌用量增大,NR/SBR/BR 并用胶的正硫化时间缩短,耐磨性和耐热氧老化性提高,但拉伸强度和拉断伸长率下降明显;1 份纳米氧化锌替代 5 份普通氧化锌,NR/SBR/BR 并用胶的拉伸强度、拉断伸长率、耐磨性能和耐热氧老化性能提高。NR/BR/SBR 共混胶料还广泛用于非轮胎制品。如作为布面胶鞋大底胶；以 NR、BR、SBR 共混物为基料，制造普通三角带、夹布胶管、织物芯输送带以及聚酯三角带，结果表明，上述各制品胶料与 NR/BR 共混胶制品胶料相比，前者在焦烧性能、工艺性能及化学纤维黏附强度方面均优于后者。

2.顺丁橡胶共混物

1,2-聚丁二烯橡胶(1,2-PB)具有优良的抗滑、低生热、耐老化等性能，但耐低温性、弹性、耐磨耗和压出工艺性能较差。BR 的耐老化、耐湿滑性能较差。将两者共混，可以互相取长补短。

1,2-PB 的脆性温度为-38℃，而1,2-PB/BR 配比为 80 ∶ 20(质量比)时，脆性温度可降至-70℃。BR/1,2-PB 共混还可明显改善 BR 的耐湿滑性和耐热老化性，并可使其生热降低。对1,2-PB 而言，则可提高其弹性和耐磨性。

3.乙丙橡胶共混物

IIR 具有优异的气密性、耐热老化和耐气候老化性能，适用于制造内胎。但在使用中会出现变软、黏外胎及尺寸变大等问题。这些缺点可通过与 EPDM 共混来解决。EPDM 有完全饱和的主链，耐臭氧和耐氧化性能优良。EPDM 老化后会产生交联而变硬。所以 EPDM 与 IIR 共混不仅具有极好的耐老化性能，而且能互相弥补缺陷。

在 EPDM/IIR 共混体系中，EPDM 品种的选择很重要。宜选用 ENB 型(第三单体为亚乙基降冰片烯)EPDM，且乙烯含量在 45%~55%(质量分数)为宜，EPDM 相对分子质量分布宽一些的，较为容易混炼。

(二)橡塑并用共混体系

橡胶与塑料共混的目的是改善新产品的力学性能，加工工艺性能和技术经济性能。如何有效地利用现有大品种橡胶、塑料，通过共混改性拓宽应用领域已经引起广泛重视。

1.橡胶/PVC

聚氯乙烯(PVC)具有价格低、阻燃、耐溶剂、耐臭氧老化、化学稳定性好等优良性能，其产量在树脂中仅次于聚乙烯位居第二，但由于其硬制品抗冲击性较差，软制品的回弹性、耐低温性差等缺点限制了它的应用范围。PVC 与某些弹性体(NBR、NR)并用时，能大大改善胶料的性能。

(1)NBR/PVC 共混物。橡胶与 PVC 的共混目前仍以 NBR 与 PVC 共混为主。NBR 与 PVC 的相容性较好，其共混体系应用颇为广泛。在以 NBR 为主体的 NBR/PVC 共混体系中，PVC 可对 NBR 产生多方面的改性作用，可提高 NBR 的耐气候老化，抗臭氧性能，提高耐油性，使共混物具有一定的自熄阻燃性和良好的耐热性，还可提高 NBR 的拉伸强度、定伸应力。此外，NBR/PVC 还可以改善 NBR 的加工性能及海绵的发泡性能。

NBR 中的丙烯腈含量对 NBR/PVC 共混物的相容性影响较大。一般来说，中等丙烯腈含量(30%~36%)的 NBR，与 PVC 共混有较好的综合性能。NBR/PVC 多采用硫黄硫化体系，只对 NBR 产生硫化作用，促进剂多用促进剂 M。NBR/PVC 共混物并用比对共混物硫化后的力学性能的影响如图 6-4 所示。

从图 6-4 中可以看出，在 NBR/PVC 共混物中，随 PVC 用量增大，拉伸强度、定伸应力、撕裂强度、硬度都呈上升之势；断裂伸长率在 PVC 用量少于 35%时为增长；永久变形有所减少；磨

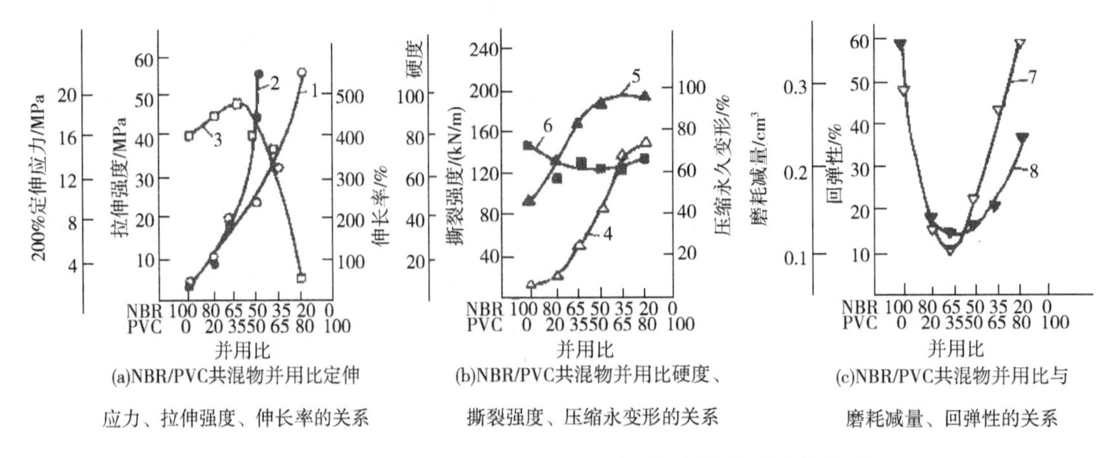

(a)NBR/PVC共混物并用比定伸应力、拉伸强度、伸长率的关系　(b)NBR/PVC共混物并用比硬度、撕裂强度、压缩永变形的关系　(c)NBR/PVC共混物并用比与磨耗减量、回弹性的关系

图 6-4　NBR/PVC 共混胶硫化后的力学性能与并用比的关系

1—拉伸强度　2—定伸应力　3—伸长率　4—撕裂强度　5—硬度　6—压缩永久受形　7—回弹性　8—磨耗减量

耗也有所下降(在 PVC 用量少于 35%时)。

此外,PVC 可明显提高 NBR 的耐油性。因此,NBR/PVC 共混物可广泛应用于制造耐油的橡胶制品,如油压制动胶管、输油胶管、耐油胶管、耐油胶辊、油槽密封、飞机油箱、耐油性劳保胶鞋等。

(2)其他橡胶/PVC 共混物。CR 与 PVC 共混,可提高 CR 的耐油性,并改善 CR 的加工性能。并用比为 50/50 的 CR/PVC 并用胶,其压出收缩率仅为 CR 的 30%。CR/PVC 的定伸应力和硬度也比 CR 有较大提高。CR/PVC 共混物可用于制造各种耐油橡胶制品。

聚氨酯(PU)橡胶与 PVC 共混,两者有一定的相容性。PVC 可提高 PU 橡胶的弹性模量。氯磺化聚乙烯弹性体也可以与 PVC 共混。PVC 可以明著改善氯磺化聚乙烯的加工性能。随着 PVC 含量增大,并用胶料的压出收缩率明显下降。

2.橡胶/PE

聚乙烯(PE)具有很高的化学稳定性及力学强度,还具有耐油、耐寒和耐射线辐射的性能,具有加工容易,无色泽污染,价格便宜等优点,PE 能与 NR、BR、SBR 和 IIR 等多种橡胶很好地混合,并具有良好的效果。

(1)PE/NR。HDPE 与天然胶共混,可显著提高其冲击性能。张广成等的研究结果表明:HDPE/NR 型共混材料的形变回复率随 NR 用量增加而提高;拉伸形变回复率高于压缩形变回复率;屈服强度随 NR 用量增加而下降,拉断伸长率随 NR 用量增加而上升;冷拉伸—热回复的回复速率最快,回复率最高,形状记忆特性最好。

(2)SBR/PE 共混物。SBR 与 PE 的并用,应用颇为广泛。PE 对 SBR 有优良的补强作用。在 SBR 中并用 15 份(质量份)的 HDPE,可显著提高 SBR 的抗多次弯曲疲劳性能。PE 还可显著提高 SBR 的耐臭氧性能以及耐油性。

3. 橡胶/PP 共混物

各种橡胶与聚丙烯(PP)塑料共混,也可制出多种共混胶,特别是利用非极性高饱和度的橡胶(如 EPDM)与聚丙烯共混,制得的共混胶具有较好的相容效果和良好的力学性能。极性橡胶(如 NBR)也可与聚丙烯共混,在有第三组分增容剂的作用下,也可制得相容性良好,力学性能良好的共混胶。

(1)NBR/PP 共混物。NBR 以其优越的耐油性而广泛用于密封制品中,但其耐寒性、耐臭氧性和耐热性较差,使其应用领域受到了限制。而 PP 具有优越的耐热性、耐腐蚀性、电绝缘性和力学性能,还有很突出的刚性和耐折叠性。若将这二者进行共混制备热塑性硫化胶(TPV),将会获得既具有 PP 优良的加工性能和机械性能,又具有 NBR 的耐油性和柔韧性的材料。但是 NBR 是典型的极性橡胶,而 PP 是典型的非极性结晶性塑料,它们的相容性很差,直接共混所得的 TPV 无实用价值,因此,必须对 NBR/ PP 共混体系进行增容改性,才能制得有实际用途的产品。目前使用的增容剂主要有:苯酚改性 PP(Ph—PP)、马来酸酐改性 PP(MP)、三亚乙烯四胺和马来酸酐改性 PP、氯化聚丙烯(CPP) 以及贾如坚果壳液汁(CNSL)接枝 PP。国内对 NBR/PP 共混体系的研究较少,主要侧重在增容剂的选择上。制备 NBR/PP TPV 首先是增容剂的选择,其次是动态硫化技术及性能。

(2)EPDM/PP 共混物。EPDM/PP 共混体系是相容性良好的并用体系。PP 对 EPDM 有良好的补强作用,在 PP/EPDM 中加入 3~5 份(质量份)的丙烯酰胺,可有更显著的补强作用,并降低了永久变形。EPDM/PP 并用体系可采用硫黄硫化体系,或者马来酰亚胺化合物。EPDM/PP共混物还可制成热塑性弹性体。

三、特种橡胶的共混

特种合成橡胶是在某一或某几方面具有特别优异性能的合成橡胶,一般包括氟橡胶、硅橡胶、聚丙烯酸酯橡胶、聚氨酯橡胶、氯醚橡胶、氯化聚乙烯橡胶、氯磺化聚乙烯橡胶和聚硫橡胶等。一般生产能力及产量都没有通用橡胶大,但因各自的独特性能,在国防、国民经济以及人们日常生活的某些领域起着不可替代的作用。自 20 世纪 80 年代开始,世界合成橡胶的发展已由数量的增加转向注重质量的提高,而特种合成橡胶则向高功能化发展。90 年代以来,随着汽车、建筑及其他工业行业向着高性能、高技术方向的跃进,更促进了特种橡胶的应用和发展。

(一)氟橡胶共混物

氟橡胶是指主链或侧链的碳原子上连接有氟原子的耐热高分子弹性体,具有耐高温、耐介质、耐候性、耐臭氧性、耐油性、耐化学药品性、耐老化等优异的综合性能,气体透过性低,且属自熄型橡胶。氟橡胶的缺点是耐寒性差,而且价格颇为昂贵。将氟橡胶与一些通用橡胶共混,目的在于获得性能优异而成本较低的共混物。

1.氟橡胶/NBR 并用胶

氟橡胶与 NBR 共混,宜选用与氟橡胶相容性较好的高丙烯腈含量的 NBR,氟橡胶可选用偏氟乙烯—三氟乙烯—四氟乙烯三元共聚物(如 Viton B-50 或 Viton GH)。对 NBR 而言,氟橡胶可明显提高其耐热性、耐油性。

2.氟橡胶与聚丙烯酸酯橡胶(ACM)并用胶

氟橡胶价格昂贵,与 ACM 并用,在保持相当的耐高温和耐油性情况下,可大幅度降低成本,如氟橡胶/ACM 并用比为 70/30，则综合成本下降了约 5.4%。该胶可替代全氟橡胶，在 180~200℃热油中使用。

(二)硅橡胶共混物

硅橡胶由于其分子主链的 Si—O 键键能(443.5kJ/mol)比一般橡胶分子主链的 C—C 键键能(335 kJ/mol)高得多，因此与一般橡胶相比，硅橡胶具有优异的耐热性、耐寒性(其耐高低温性一般在-60~250℃)，优良的脱模性、电气性、透气性、导热性、防水性及良好的温度稳定性。

将硅橡胶与氟橡胶共混，可以改善氟橡胶的耐寒性，且成本降低；当硅橡胶与氟橡胶的适当品种共混时，硅橡胶用量为 20%，脆性温度可降低 10℃。李青山等研究了硅橡胶氟橡胶共混物的阻燃热稳定性和耐热油性。研究结果表明：氟橡胶的阻燃性高于硅橡胶，而共混物的阻燃性接近于共混物中作为连续相的硅橡胶；共混物的降解温度高于单一橡胶，共混物的热行为取决于氟橡胶相，并且共混物表现出的热稳定性与氟橡胶相似；共混物的拉伸强度和拉断伸长率都接近于氟橡胶，共混物的质量和硬度变化介于各单一橡胶之间；共混物在耐油性方面要强于硅橡胶，而接近于氟橡胶。

硅橡胶的力学性能较低，耐油性差。将硅橡胶与 EPDM 共混，共混物兼具硅橡胶的耐热性和 EPDM 的力学性能。共混中添加硅烷偶联剂，以白炭黑补强，可得到耐热性优于 EPDM，而力学性能优于硅橡胶的共混物。

(三)丙烯酸酯橡胶共混物

丙烯酸酯橡胶是以丙烯酸酯(如丙烯酸乙酯、丙烯酸丁酯)为主要成分，与少量带有活性基团的单体共聚而成的功能性高分子材料，其主链为饱和结构，同时侧链上带有多个极性酯基，所以它具有优异的耐高温、耐油、耐候性，十分适用于制作高温条件下使用的耐油橡胶制品，现已成为“价格/性能”最适宜的高温耐油特种橡胶。

丙烯酸酯橡胶根据其主要单体的不同可分为丙烯酸酯系(ACM)和乙烯—丙烯酸酯系(AEM)两大类。

1. ACM 与 NBR 的共混

中石油兰化公司合成橡胶厂对 ACM 与 NBR 进行了并用研究。结果表明，当 ACM 与 NBR 的质量比大于 70/30 时，并用胶与 ACM 相比，扯断强度提高，永久变形性降低，耐寒性改善，成本降低，而耐油性与 ACM 相当。并用后，改善了 NBR 耐热和耐油性能。

2.丙烯酸酯橡胶与氟橡胶的共混

众所周知，NBR、丙烯酸酯橡胶 ACM 和 AEM 等，其使用的上限温度分别为 110℃、150℃和 160℃。而能达到 200℃以上温度的材料只有氟橡胶，尤其是适合制造耐高温油封，如长期在 250℃高温下使用的特种油封。采用 10~20 份 ACM 与氟橡胶并用，可制造低成本、适用于高温下使用的耐油、耐高温制品。动态粘弹谱仪和扫描电子显微镜结果显示，氟橡胶/ACM 共混物具有较好的相容性，在氟橡胶/ACM 共混物的 $\tan\delta—T$ 谱图上只呈现一个玻璃化转变温度(9.9℃)。

3. 丙烯酸酯橡胶与硅橡胶的共混

丙烯酸酯橡胶(ACM)具有良好的耐热性和耐油性能，但耐寒性较差。改善其耐寒性虽然可以通过调节分子结构中二单体比例,添加增塑剂等方法得到某种程度的解决,然而其耐热性、耐油性同时又会受到很大程度损失。想达到耐热性、耐寒性和耐油性之间的平衡十分困难。新近研究表明,如果将耐寒性及耐热性极其优良的硅橡胶(Q)与ACM共混,便可得到既具ACM的耐热性,又能显示Q的耐寒性的ACM。但由于丙烯酸酯橡胶是强极性橡胶,而硅橡胶是非极性橡胶,两者相容性差;且硅橡胶采用过氧化物硫化体系,而丙烯酸酯橡胶一般采用非过氧化物硫化体系。所以,两者共混比较困难。过氧化物硫化体系丙烯酸酯橡胶的开发成功,使硅橡胶与丙烯酸酯橡胶并用成为可能。通过加入增容剂,可解决硅橡胶、丙烯酸酯橡胶不易共混的难题。

四、动态全硫化共混型热塑性弹性体

热塑性弹性体(TPE)是20世纪50年代发展起来的一种新型高分子材料,又被称作第三代橡胶,这种材料兼具高温下热塑性塑料的可熔融加工性和常温下硫化橡胶的弹性。根据制备方法不同,热塑性弹性体可分为共聚型和共混型两大类。

共聚型TPE是采用嵌段共聚的方式将柔性链(软段)同刚性链(硬段)交替连接成大分子,在常温下软段呈橡胶态,硬段呈玻璃态或结晶态聚集在一起,形成物理交联点,材料整体具有橡胶的许多特性;在熔融状态,刚性链呈黏流态,物理交联点被解开,大分子间能相对滑移,因而材料可用热塑性塑料的方式加工成型。如热塑性聚氨酯类(TPU)、聚苯乙烯类(SBS、SEBS、SIS)、聚烯烃类(PEO)等。

共混型TPE是采用机械共混方式使橡胶与树脂在熔融共混时形成两相结构,如NR/PP、NBR/PP、NBR/PVC、EPDM/PP、NBR/PA、ACM/PP等聚合物共混物。它经历了从简单的机械共混到部分动态硫化共混,再到完全动态硫化共混的三个发展阶段;采用简单共混和部分动态硫化方法制备的共混型TPE在耐热、耐溶剂、耐压缩永久变形等性能方面存在局限,难以制得高性能的TPE。而采用动态全硫化技术制备TPE,又称作热塑性硫化胶(TPV),是非常重要和特殊的一大类TPE。它与共聚型TPE相比,具有品种牌号多、性能范围广、耐热温度高、耐老化性能优异、高温压缩永久变形小、尺寸稳定性更为优异、性能更接近传统硫化橡胶的特点。在这里重点介绍动态全硫化共混型热塑性弹性体(TPV)的相关知识。

(一)共混型热塑性弹性体的制备原理

热塑性弹性体的基本特性表现是在成型加工温度下有良好的热塑性和流动性,便于成型加工。在常温或使用温度下,成型的制品又表现出优异的物理力学性能及橡胶的高弹性质。形成热塑性弹性体的这种特有性质取决于共混型热塑性弹性体的交联程度以及力学性质。

1.共混型热塑性弹性体的硫化作用

共混型热塑性弹性体可分为硫化型与非硫化型。硫化型是指橡胶与塑料共混物中的橡胶组分经过不同方法的硫化作用,使橡胶产生一定程度的交联结构。非硫化型是指橡塑共混后,橡胶未经硫化作用而形成热塑性弹性体。这两种热塑性弹性体的物性差别很大,前者橡胶组分经过硫化的交联反应,具有良好的物理力学性能。

共混型热塑性弹性体的硫化一般有两种方法:一种方法是静态硫化法,另一种是动态硫化法。前者采用传统的硫化方法,橡胶组分先行硫化。硫化剂的用量是传统硫化剂用量的 2/3 或 1/2 以至于更少些,使橡胶组分产生部分的交联结构,交联凝胶含量为 40%~50%。经过部分交联的橡胶与定量的塑料进行熔融共混混合均匀,即可制得静态硫化型的共混型热塑性弹性体。

动态硫化型的共混热塑性弹性体的制备是橡胶与塑料两组分在机械共混的同时就使橡胶与交联剂"就地"产生化学交联完成硫化作用,并细微地分散于树脂中形成稳定的分散体系,因此也称这种硫化作用为"现场硫化"作用。动态硫化可使橡胶组分形成部分交联或完全交联的结构。根据橡胶组分的交联程度,动态硫化法又有部分动态硫化和动态全硫化之分。实现这种动态硫化反应的共混过程也称为反应性共混过程。

动态硫化所用的硫化剂也是一般常用的硫化体系,如硫黄体系、有机过氧化物及酚醛树脂等硫化剂,它们都有良好的硫化效果。动态硫化所用硫化剂量都低于传统硫化的用量,但动态硫化的反应速度远远快于传统的硫化作用。

2.动态全硫化共混型热塑性弹性体(TPV)的微观形态结构及其形成机理

动态全硫化制得的 TPV 则具有独特的相形态,它使共混体系中的橡胶组分完全硫化成橡胶颗粒,并且均匀分散在树脂基体中。TPV 中由于橡胶相已充分交联,一方面橡胶粒子在加工温度下仍能保持足够的强度和稳定的形态,这对加工极为有利;另一方面,橡胶粒子的充分交联有利于提高 TPV 的强度、弹性、耐热、耐油以及改善压缩永久变形等性能。

TPV 材料在微观上呈现以塑料为连续相、以交联的橡胶粒子为分散相的独特的海—岛相态结构,即使橡胶含量较多,但充分交联了的橡胶仍会以颗粒状分散于树脂基体中,呈分散相。TPV 的海—岛相态结构形成机理可概括如下:TPV 在制备过程中,共混体系中的橡胶在交联剂的作用下发生硫化反应,由于硫化是在共混过程中进行的,发生硫化的橡胶不能像静态硫化那样形成整体的橡胶型网络结构,而会因机械剪切力的作用使硫化形成的体型网络遭到破坏,使交联程度很深的橡胶被打碎成非常小的粒子。但这些小粒子内部仍是交联网络结构,橡胶分子链间因化学键的生成而大大加强了作用力,相对滑移受到限制,橡胶组分的流动性大大下降。同时橡胶粒子中交联的弹性网络因剪切应力的作用而被迫呈伸直状态。而没有发生硫化的塑相分子却有自由运动的独立性,分子间能发生相对滑移,有很好的流动性。当温度降低,剪切力消失时,交联分子进行弹性恢复,使橡胶粒子发生收缩、凝聚,从而使本就因交联而导致其流动性大大降低的橡胶以颗粒的形式冻结在树脂基体中,呈分散相。这样就形成了以树脂为海相,以全硫化橡胶粒子为岛相的海—岛结构。例如,在对动态硫化 NBR/PVC 的研究,提出了 TPV 的结构模型:TPV 的结构呈现庞大的"协同网络"形式,在该"协同网络"内,各种强弱不同的交联网络同时存在,各网络之间有良好的协同作用,从而赋予 TPV 优异的性能。该模型的提出,对发展 TPV 具有重要的意义。

(二)制备方法与技术

在 TPV 的制备中,分散相粒子半径(R),即硫化橡胶颗粒的大小是影响材料加工和力学性能的重要因素。因此,制备此类材料的技术关键是形态结构的控制方法、条件和手段。通过分析研究 EPDM/PP TPV 的分散相粒径变化的规律,结果表明:分散相粒子半径(R)同剪切速率(S)、体系表观黏度(V)及分散相体积分数(F)组成的综合因子 SV/F 有如下关系:

$$R^{-1} = A \cdot SV/F + B \tag{6-1}$$

式中:A,B 为可求的实验常数;S、V、F 又与制备 TPV 中使用的混炼设备、橡塑组分的选择与匹配以及共混工艺等因素有关,此外硫化体系的选择和增容技术也是制备高性能 TPV 的关键。

1.混炼设备

动态硫化过程与加工设备关系密切,动态硫化法制备热塑性弹性体的设备有开炼机、密炼机、单螺杆挤出机、双螺杆挤出机、电磁动态反应挤出机等。前两种是分次混合、间歇式生产,生产能力较低;后三种是连续混合、连续生产,生产能力较高。

采用开炼机或密炼机制备动态硫化热塑性弹性体的具体步骤:先将橡胶和热塑性塑料熔融共混,当达到"充分"混合后,加入硫化剂,此时边混合、边硫化,硫化完成后造粒、冷却;该法进行动态硫化时,硫化时间易于控制,可使橡胶组分充分硫化。

采用单螺杆挤出机或双螺杆挤出机制备动态硫化热塑性弹性体时,橡胶和热塑性塑料在挤出机前段进行熔融并充分混合后,硫化剂通过投料口加入,在螺杆的剪切作用下,硫化剂与橡胶组分混合并使之硫化;由式(6-1)也可看出,剪切速率(S)提高,分散相粒径可以大大减小。此方法的剪切效果明显,但硫化时间较短且不易调节,必须选择合适的配方和工艺才能使橡胶相达到充分硫化。

高分子材料加工设备的不断进步,推动了动态硫化技术的发展,特别是电磁动态反应挤出机的发明,为动态硫化技术的发展提供了有力的工艺支撑;新的聚合方法和动态硫化技术的结合,也将为动态硫化体系开拓更多的发展空间。

2.橡塑组分的选择与匹配

根据式(6-1),体系表观黏度是影响分散相粒子半径的重要因素。因此制备 TPV 时应选用较高黏度的树脂。对 9 种树脂(如 PC、PBT、PMMA、ABS 等)及 11 种橡胶(如 BR、IIR、NR、CPE 等)进行制备 TPV 的试验。试验表明,当橡胶与树脂的表面能相当,橡胶的缠结密度高,树脂为结晶态时,均可制得性能较好的 TPV。另外,还通过对 EPDM、EVA、NBR 三种橡胶与 PP、PS、SAN 及 PA 四种树脂进行组合制备 TPV。结果表明,力学性能与弹性恢复随橡胶与树脂的临界表面能的相似性增大而增大,也随树脂的结晶度增大而增大。由此看来,要制得性能优良的 TPV 材料,应选用具有较高结晶度的树脂(如 PP、PE 等),并尽量减小橡胶与树脂的临界湿润表面张力之差,以增大两者之间临界表面张力的相似性。

动态硫化热塑性弹性体的性能因配方而异。一般而言,橡塑比越低,共混物的耐溶剂性和加工流动性越好,力学强度越高,但永久变形增大,弹性变差;填充油可改善共混物的弹性、耐低温性及加工流动性;增强剂有助于橡胶相的分散,适量的增强剂和填充油并用,可以改善共混物的抗疲劳性和压缩永久变形性。

3.共混工艺

制备工艺对性能的影响是通过影响其微观相态结构实现的。一般而言,共混物中橡胶粒子粒径越小,粒子交联度越高,其力学性能、加工流动性和形态稳定性越好。采用带有激振器的电磁动态反应挤出机制备 EPDM/PP 动态硫化热塑性弹性体,经 TEM 研究表明,EPDM 分散得更细、更加均匀,这是振动力场和剪切力相互作用使分散相充分分散的结果。总体来说,橡胶组分的分散状态对动态硫化产物性能影响最大,应根据产品应用场合设计其性能指标,筛选橡胶组分和硫化体系,选择合适的加工工艺,以制备性能优异的动态硫化共混物。

制备 TPV 时,一般都采用母料法共混工艺,即先将少量树脂与全部橡胶进行动态硫化制成母料,然后再将母料与其余树脂共混。较一步法相比,一方面,母料法能有效地部分抑制动态硫化中树脂的降解;另一方面,母料法能提高橡胶的交联程度,减少交联橡胶颗粒粒径,提高其粒度均匀性和在树脂中的分布均匀性,使 TPV 的综合性能提高。

在制造较软品级的 TPV 时,由于要求其中橡胶组分含量(F)较高,由式(6-1)可知,F 的提高势必加大分散相粒径 R,影响材料的性能。为此,可采用二次共混法,即首先在橡塑比较小的情况下进行动态硫化,然后再补加一定量橡胶进行第二次动态硫化,以较少每次共混时的分散相体积分数(F),促进橡胶相的分散。

4.增容技术

对于表面能差别较大的橡胶与热塑性塑料共混体系,由于组分之间的相容性较差,直接进行动态硫化难以得到可应用的产物。通过加入增容剂提高共混组分之间的相容性,才能制得性能优异的动态硫化共混物。例如,在制备 NBR/PP 时分别用 CPE、高氯化 CPE、MP(马来酸酐接枝 PP)、CPP(氯化聚丙烯)作为相容剂,发现 CPP 为相容剂的共混体系经过动态全硫化后具有优良的耐热、耐油及其他综合性能。因此,增容技术的引入大大拓展了动态硫化技术的研究和应用范围。

(三)主要的 TPV 品种及其加工、应用

目前,实现产业化应用的共混型热塑性弹性体品种主要有 EPDM/PP、IR/PP、NBR/PP、ACM/PP 等,这些产品的性能与共混组分中橡胶的性能密切相关,在很多场合可代替传统的热固性橡胶。

1.热塑性乙丙橡胶

热塑性乙丙橡胶中研究最多,也是开发最成功的是 EPDM/PP TPV。这是因为 EPDM 和 PP 的分子结构、极性、溶解度参数相近,两者相容性较好,不需进行增容处理就能很好地共混。工业化的 EPDM/PP TPV 由美国的 Monsanto 公司于 1981 年首先生产出来,其商品名为 Santoprene。

EPDM/PP TPV 具有高强度、耐老化、耐油等特点,除此之外,它还具有良好的加工流动性,因此可采用注塑、挤出、吹塑及模压等方法加工成型。EPDM/PP TPV 的应用领域极为广泛。它可用于汽车中的净化空气通风管、车顶盖等部件,建筑工业中的玻璃窗密封条、膨胀接头等,电子电气工业中的矿山电缆、电动机轴、电池壳、变压器外壳、终端接头等。此外它还可应用于医疗及机械领域。

2.热塑性丁腈橡胶

热塑性丁腈橡胶中最常见的是 NBR/PVC TPV 和 NBR/PP TPV。NBR 与 PVC 的溶解度参数相近,根据热力学相容原理,NBR/PVC 体系能自动相容。1985 年,日本的 Zeon 公司首先实现 NBR/PVC TPV 的工业化生产,其商品名为 Elastar。Elastar 的所有产品均可采用挤出、注塑、吹塑等加工方法成型,具有弹性高、永久变性小、高温下耐油、耐老化、耐臭氧、耐化学药品等优点。Elastar 产品可广泛应用作汽车雨刮器、波纹管、胶管、电线电缆、护套、弹性膜、垫件、缓冲件、密封件等,特别适用对耐热和耐油性能要求苛刻的环境。

与 NBR/PVC 体系相比,NBR 与 PP 的相容性则很差,直接共混所得材料无实用价值。1983 年,美国的 Coran 等用相容剂法制成具有工艺相容性和优异耐热油性能的 NBR/PP TPV,这种商品名为 Geolast 的材料中采用马来酸酐接枝聚丙烯(MPP)为相容剂,并同时加入了胺类和液体的端羧基 NBR。此产品已在某些耐热油制品中应用,并有取代传统 NBR 硫化胶的趋势。

除上述几种 TPV 外,国内外处于研究开发中的 TPV 还有热塑性顺丁橡胶如 BR/PP、BR/HDPE,热塑性天然橡胶如 NR/PP,热塑性丁苯橡胶如 SBR/PVC、SBR/PP,热塑性氯丁橡胶如 CR/PVC 以及特种共混型 TPV 如 CPE/PA、CSM(氯磺化聚乙烯)/PA 等。

根据动态硫化共混物的特点将其应用领域见表 6-3。随着高分子材料加工设备的不断进步和增容、固相聚合新技术的引入,越来越多的共混体系可采用动态硫化技术进行加工,将会出现一系列性能优异、成型加工方便、设计灵活的热塑性弹性体材料;传统的热固性橡胶应用领域将越来越多地被动态硫化热塑性弹性体取代,这对于提高生产效率、降低生产成本、节约能源和保护环境等具有重要意义,动态硫化技术具有良好的发展前景。

表 6-3 动态硫化共混物的性能特点将其应用领域

应用领域	典型产品	性能
汽车零件	护套 密封材料 缓冲器部件	耐油性 耐候性 耐挠性
建筑密封型材	玻璃幕墙、大门和天窗用密封件及密封条 建筑物、道路、桥梁用伸缩缝 住宅门窗用耐候密封条 替代 PVC 材料	耐候性 弹性好 可着色性 粘接性能
工业制品、工具、日用品	密封、垫圈及软管 手柄及把手 键盘及按键	耐油性 防滑性 触感柔软
电线、电缆	电线及电缆绝缘和护套 电线及电缆连接器	电性能优异 耐油和耐温性
体育用品	握把 防护器具 潜水器材	触感柔软 耐候性 色彩美观

第三节　聚合物共混新技术

一、纳米技术

(一)纳米复合材料

纳米技术涉及的研究领域十分广泛,它主要研究结构尺寸在1~100nm的材料的性质和应用,而并非专指某项技术。尽管研究纳米尺度的技术可用于开发材料(包括聚合物)的独特性能,但纳米技术并没有那么神奇。当接近纳米级尺寸时,高级别的具体理论(如连续介质力学)将不再适用。自然界的生物系统是一个能较好展示这些性能的应用领域,采用纳米特征不难解释一些具体的现象,如荷叶的超疏水性和壁虎脚独特的黏附性能等。在微电子学中,不断发展的技术为摩尔定律的外推提供了推动力,并使电脑芯片尺寸由微米级发展到纳米级(因此微电子学现在可称为纳米电子学)。复合材料中,当填充物的尺寸接近纳米级时,连续介质力学将不再适用。当大量聚合物链与填充表面相距在2~3nm(20~30Å)时,常可观察到协同模数和强度的实验结果。这是因为在聚合物链的刚性段附近,聚合物的玻璃化温度可变化为一个很高的值,尤其在出现特殊相互作用时,聚合物链将被约束到填充物表面。玻璃化温度升高及产生性能协同的现象称为"纳米现象"。虽然在纳米复合材料出现前,早已有将纳米级填充物,如炭黑、硅(硅石粉)甚至滑石粉(基于纤维尺寸)应用于聚合物复合材料的技术,但纳米复合材料技术的真正诞生(再生)归因于通过剥离黏土(用原位聚合获得)观察聚酰胺(如PA6)的增强作用。当加入质量分数为5.3%的改性黏土时,与未填充对照组相比,原位聚合体的强度和模量分别增大42%和84%,这比未改性黏微粒得到的性能高很多。

聚合物混合物由失稳降解或增容产生大量的纳米尺寸级相形态,减小了粒径尺寸,改善了核壳粒子的形态,使混合聚合物发生细乳液共聚,产生互穿网状结构,混合物内出现嵌段聚合物,出现原位聚合和自然产生的精细分散混合等,有关这些形态的纳米材料也越来越多地被提到。

(二)聚合物/纳米复合材料

基于纳米复合材料的聚合物基体是目前研究的一大重要领域。在特定情况下,复合材料的基体是由聚合物混合物组成的。对增强纳米颗粒聚合物的研究主要集中在蒙脱石黏土复合材料上。蒙脱石黏土是一种层状硅酸盐,可嵌入有机化合物(含聚合物)中。当与有机插层完全分离时,该层被视为脱落。图6-5给出了聚合物复合材料中夹层结构不同形态黏土的广义结构。黏土经常通过交换钠基蒙脱土和阳离子来实现改性。蒙脱石黏土是典型的粒子结构,它由许多小粒子组成,因此具有较小的长径比,从而增强作用也比较有限。粒子的分离和黏土插层增大了有效长径比。

当完全剥离时,各层分离,可以获得很高的长径比(>100)和很好的增强性能。正如连续介质力学所预测的一样,随着长径比的增加,原始粒子结构中层结构的增强作用大大增加。极性聚合物在剪切场中可以剥离黏土。

含有机黏土(基于用二甲基氯化铵离子取代蒙脱土的钠离子)的 PVF_2/PMMA 混合物其剥离程度随 PMMA 含量的增加而增大。加入有机黏土后,在玻璃态可观察到弹性模量有缓慢增长,而在橡胶态时有显著增加。通过熔融混合制备聚碳酸酯/ABS 蒙脱石有机黏土复合材料,其中 ABS 相中的黏土初次分离,且在相交界区具有很高的密度。通过溶液共混得到蒙脱石有机黏土增强 PMMA/PEO 复合材料,该复合材料的两种聚合物在共混基体的黏土层中分散都很均匀。无论通过实验观察还是预测结果都显示,PMMA 的插层比 PEO 更好。据后来的一个研究结果显示,插层比剥离现象更显著。将 PBT/EVA—g—MA 混合物中的各种成分进行混合,以研究蒙脱石有机黏土复合材料的混合方法,首先分别混合 EVA—g—MA/黏土,PBT/黏土,然后预混合 PBT/EVA—g—MA,接着混合黏土。混合结果会影响分散和力学性能,在混合 PBT 前先预混合 EVA—g—MA 和黏土可以获得最佳拉伸强度和冲击强度。在有机蒙脱石黏土中加入氯磺化聚丙烯可以提高 PP/黏土复合材料的插层和剥离效果。加入功能化聚丙烯后,在透射电镜和 X 射线衍射观察中发现平均间距增加,且出现部分脱落。实现层状黏土剥离的另一优点是增加材料的阻隔性能。剥离后,所获得的复合材料将会变成透明状,因而可获得透明的阻隔性复合材料。

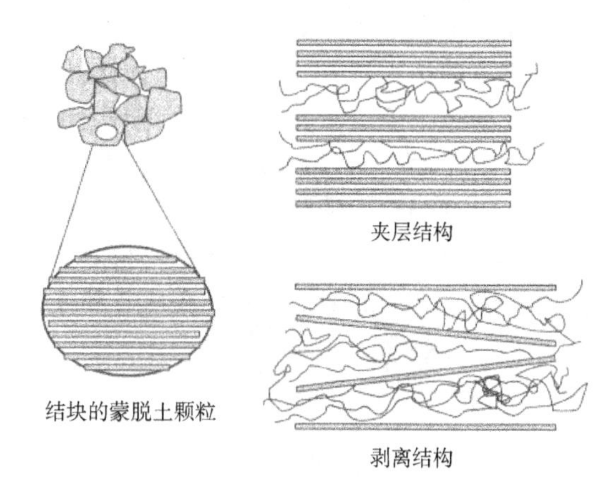

图 6-5 聚合物复合材料中蒙脱石黏土的广义结构

通过纳米级粒子 5102 实现 PP/PS 混合物的增容,从而使 PS 相的尺寸大幅度减小,且微粒尺寸分布更均匀。增容是由于 PS 粒子的黏度缓凝聚合增加而引起的。碳纳米管增强聚合物是一个重要的研究领域,主要研究强度和刚性增强以及在导电方面的潜力。研究 HDPE/PC 以获得导电性的低渗透浓度值。在 HDPE 中加入质量分数为 30%的 PC,其中 PC 含质量分数为 2%的多壁碳纳米管,结果发现电阻率急剧下降,且在对应点处观察到双连续相形态结构。在碳纳米管填充 PET/PVF_2的混合物中,PET 相中有纳米管的成分。与碳纳米管填充的 PET 相比,碳纳米管填充的 PET/PVF_2复合材料具有更好的导电性、强度和伸长率。用二硫化钨纳米管填充 PS/PMMA 形成的共混物其相区域尺寸和表面粗糙度都有所降低,其中二硫化钨采用十八烷基磷酸进行功能化处理。纳米管在两相中均有分布,它通过将大量的聚合物固定在表面附近而抑制大相的形成。目前有大量关于在不相容混合物中加入纳米颗粒以稳定剪切接触产生的小颗粒尺寸的研究。

二、电子/光电子

新兴光电子领域涉及发光二极管(LED)、光电压(PV) 和光致变色(EC) 等装置。这些装置所选择的材料和设计方法相似,而操作方法有所不同。发光二极管是一种得到电压时可发光的装置(同时有电流通过该装置)。光电压装置是当活性表面吸收光时会有电流产生的一种装置。图 6-6 是 LED 装置和 PV 装置的广义结构示意图。

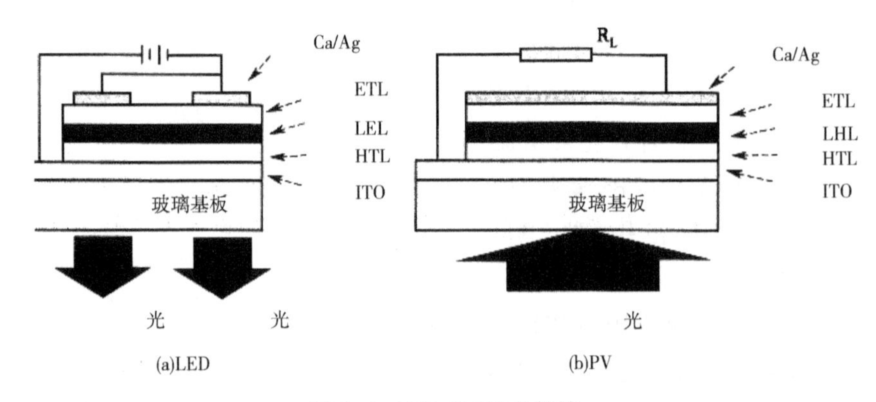

图 6-6　LED 和 PV 的结构

这些装置的阳极、阴极、空穴传输层(HTL)和电子传输层(ETL)都相同,区别在于发光层(LEL)和光采集(吸收)层(LHL)。例如,一种高聚物混合物(PEDOT:PSS),其空穴注射层一般置于阳极层,也可采用高导电性的 PEDOT:PSS 膜作为透明阳极。此外,必须有一个电极是透明的,且阳极通常形成薄铟锡氧化层(ITO)。空穴传递材料有芳叔胺、聚乙烯咔唑和低聚取代聚噻吩。电子传递材料有噁二唑(oxadiazoles)、三唑(triazoles)和喹喔(quinoxalines)。发光材料有芳香取代萘蒽和共轭聚合物,如不同取代基的聚芴、聚噻吩、聚乙烯基和聚亚苯基。有机金属化合物也常用于 LED 装置中,如喹啉铝(Alq3)。光采集材料也包括共轭聚合物,混合和移植的富勒烯,取代二萘嵌苯,给体—受体有机物/聚合物的混合物。聚合物混合中最重要的是混合相分离聚合物,它是由空穴传递单元与电子传递单元组成的共混聚合物。

(一)光电压的应用

光电压装置会发生将所吸附的光转换成电流的物理过程,它先吸收光产生激子,然后衰变成空穴和电子。若该现象发生在界面或界面附近,这些地方的空穴和电子可以在发生重组前向各自的电极传输电子,从而产生电流。不同的电离能和电子亲和能(如给体—受体组合)可使空穴和电子分离,并在界面处发生转移。Yu 和 Heeger 最早发现相分离聚合物混合物产生异质结,使激子衰减和分离,并传递空穴和电子的能力,他们在研究中发现,MEH-PPV[聚-2-甲氧基-S-(2′-乙基-己氧基)-1,4-苯乙炔](给体)和氰基取代 MEH—PPV(CN—PPV)(受体)的性能优于 PV 装置中任何一种聚合物的性能。通过光电压装置对含空穴传递基团(芳香叔胺)和电子传递基团(噻二唑)的聚芴混合物的相分离进行了研究。当长度尺度由微米级减小到数万个纳米级时,发现光伏性能提升了一个数量级。亚稳态分离是一个能使 PV 装置产生所需的高比表面积双连续结构的相分离过程。分层光伏设备的阳极取代聚噻吩涂层,此外,还对阴极附近的 CN—PPV 进行了评估。当两层均含质量分数 5%的其他聚合物时,性能将会提高。采用空穴传递聚合物混合物(MEH—PPV 和聚噻吩)(P3HT)和电子传递聚合物(含喹啉或噁二唑基团)混合物,并通过光伏设备对异质结的聚合物混合形态进行研究。用光伏设备观察发现,一些混合物在纳米级尺寸范围内发生了相分离。退火处理的电子基改性 PPV 和电子受体改性 PPV 共混物使光导电性能提升了两个数量级。这是由相分离所引起的,它使电子接受丰富的相并促进界面处电子的转移。

提高光伏装置效率的另一措施是通过表面旋涂膜来对相分离聚合物进行垂直分层。该过程通过自组装单分子膜的沉淀来促进聚合物混合物的空穴—受体从基体表面分层。其中,混合物是由空穴—受体聚芴和电子受体聚芴组成的,通过涂覆基体改性的微观接触烷基三氯硅烷自组装单分子膜来进行沉淀。通过一定的控制,使该过程在表面未改性处理的情况下,外部量子效率提高了一个数量级。旋转过程中,空气和基体界面处富集了较低表面能的成分,给体—受体聚芴混合物出现纳米级的垂直相分离。在某些情况下,双层复合膜装置比双层聚合物混合器更好,这是因为混合器的电荷收集效率不高。有些情况下,因为相同的原因,在一些微米级的分离相中也能产生与纳米级尺寸类似的改善结果。双电极采用电荷注入屏障时可使纳米级相分离系统的性能(尤其是空载电压)有所提高。

用 Gratzel 型光伏设备对多层聚电解质膜进行了测试。Gratzel 单元采用一个 n 型半导体(例如,带钌—聚合物的 TiO_2) 和一种位于透明阳极和金属阴极之间的含 I_3^-—I^- 氧化还原对的电解质溶液。

采用 PEI 和 PAA 多层交替结构取代电解质溶液以作为聚电解质复合物。可通过仿制 TiO_2 电极来进一步增强光伏性能。尽管通过光伏设备未证实任何一种高玻璃化转变温度的聚合物/聚合物混合物可以螯合低分子电活性化合物。但是,采用玻璃化转变温度高的基体有以下优点:抑制电活性体的结晶,增大 T_g,限制移动和提高机械性能增加可用性。此外,还可选用低制造成本的方法(旋涂,喷墨印花和滚动加工)。

(二)发光二极管应用

采用 LED 装置对共轭聚合物进行了各种测试,如颜色变换(从蓝、绿、红发射器发出的白光)和性能提高。当工作电压变化时,LED 装置中取代聚噻吩混合物(每个有不同的电致发光谱)发射的颜色也将发生变化。观察发现交错三苯胺和 MEH—PPV 单元与聚(乙烯基咔唑)(PVK)共混物的电致发光谱强度与单体聚合物有关。当 PVK 中共聚物质量分数为 2%时,与未混合 PVK 相比混合效率达到最大。在 MEH—PPV 中另加入 PPV 聚合物[聚-1,3-二氧丙烷-1,4-亚苯基-1,2-乙烯-2,5-双(三甲基硅基)-1,4-亚苯基-1,2-乙烯-1,4-亚苯基](DSiPV)后发现发光度有很大的提高。含 MEH—PPV/DSiPV(比例为 1/15)的混合物其最大量子效率比未混合 MEH—PPV 的物料大 500 多倍。Jenekhe 等注意到混合物可通过分子间的相互作用产生新的性能,在未混合聚合物中没有激子制约作用和自排列性能。将共轭聚喹啉二元混合物与电压可调、成分可调的多色电的电致发光效率的增强进行了报道。用 LED 仪器测试得到反应结构不同的 PPVs 共混效率比单体 PPVs 更高。效率的提高是因为带激子的聚合物从一个向另一个转移,此外,发射具有稀释作用减少了激子的淬火。在 MEH—PPV 含量较低时,发现 MEH—PPV/PMMA 混合物通过相分离产生 300~900nm 直径的相域,当放入 LED 仪器后,产生了孤立光区。当 MEH—PPV 的质量分数为 50%时,出现了相转换和两相连续结构。该概念的进一步延伸包含了 PMMA 基体中的共轭混合物[MEH—PPV 和聚-9,9-二辛基芴(PFO)]。在相分离阶段,当 PFO 的浓度相对于 MEH—PPV 较高时,引进了一种带电压控制颜色转换性能的 PLED 仪器。

通过改变垂直分离变量和选择不同溶剂发现，共轭混合物的垂直分离结构比水平分离的 LED 结构在分离效率上有了提高。减小漏电电流可以提高分离效率。喷墨打印的聚芴共混物其性能优于通过 LED 装置旋涂的共混物。这是因为喷墨打印细化了相分离。聚芴共混物的 LEDs 比未混合聚合物具有更高的效率。这是由有效能量的转移和空间激子约束所引起的。通过 LED 装置比较交联和未交联的聚-9,9-正二己基芴与聚-4-正己基三苯胺共混物进行了比较。交联作用产生的相分离细化使交联混合物的性能有了一个数量级的提高。尽管交联混合物相比未交联混合物（单层）有很大的改善，但与双层结构相比，它们的性能并无任何提高。有关通过混合空穴传递和电子转移聚合物来提高 LED 性能的更多研究证实，高温绝缘聚合物是螯合低分子量和低聚电活性化合物形成 LED 结构的有效基体。高温聚合物的存在阻碍了结晶，提高了玻璃化转变温度，并使薄膜具有完整的灵活显示效用，同时保持了可发光特性。

（三）电致变色的应用

电致变色装置在电场中传播或者反射光时会发生可逆变化。电致变色装置通常由带有电致变色材料层镀 ITO（氧化铟锡）膜玻璃，一个电解质层和一个相反电极（一般为镀 ITO 玻璃）组成。图 6-7 为电致变色装置的结构图，可选层为电致变色金属氧化物或与另一电致变色聚合物带相反着色/脱色特性的电致变色聚合物。电致变色材料常为无机材料，也可为共轭聚合物，该共轭聚合物由其氧化还原反应决定它处于绝缘态还是导电态。在电场的作用下，该反应的发生是由离子进出共轭聚合物层引起的。当从中性减少状态向掺杂氧化态转变时，聚-3,4-亚乙基二氧噻吩（PEDOT）会由不透明的蓝黑色变化为透明的淡蓝色。MEH—PPV，一种典型的发光聚合物，可通过具有可见和逆向电压的电致变色装置对其进行测试。研究发现，颜色的变化是由层厚、阴离子类型和盐浓度所引起的。聚-*N*-乙烯咔唑/改性聚吡咯混合物表现出电致变色行为，产生绿色、黄褐色和棕黄色等颜色变化。Hammond 发现可用于电致变色的多层超薄聚电解质膜聚乙烯亚胺/PEDOT 的应用潜力：PSS（阴极着色）和聚苯胺/聚-2-丙烯酰胺基甲烷二丙烷硫酸（阳极着色）可在 2s 内完成着色和脱色两状态之间的转换。应用仪器观察 PEDOT 和聚烷基紫精的层叠电致变色膜。

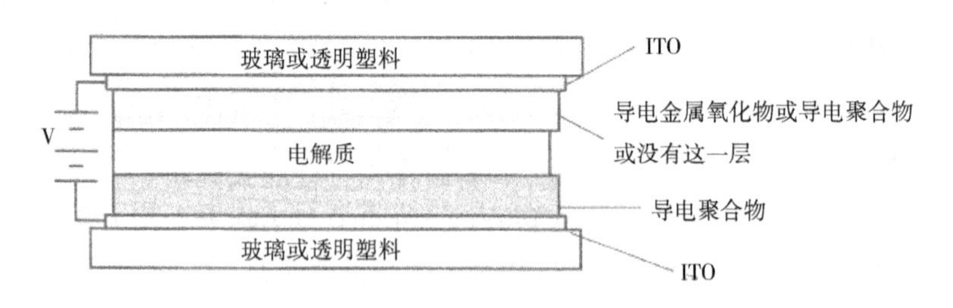

图 6-7　电致变色装置的一般结构

（四）其他电子应用

嵌段共聚物能按不同有序结构自排列成具有明确界限的区域，这些排列方式包括：球心排列、立方柱面排列和交替片排列。排列的尺寸可在 5～100nm 变化。在这些排列中加入均聚物可以改变尺寸,以调整到所需尺寸值。Harrison 等总结了新兴电子领域中光电技术的应用,其中包括信息储存。带偶氮苯挂件组的聚乙烯基醚与聚碳酸酯混合后具有光学机械的转换性能,可用于纳米与微型传感器和执行器。由于偶氮苯基团的异构化,引起了模量的变化,进而使紫外线照射(开启和关闭转换)发生快速和可逆的变形。有研究基于半互穿网络的聚碳酸酯与偶氮苯改性聚乙烯基醚的交联。将主干中含偶氮苯单元的液态结晶聚醚与 PMMA 和聚乙烯基醚混合,并测试其光致变色性能。

三、导电聚合物和共混物

共轭聚合物(还包括含这些聚合物的共混物)具有独特的导电性能。众所周知,酸性聚合物可作为共轭聚合物的掺杂剂,如最主要的例子 PEDOT:PS;采用掺杂聚苯乙烯磺酸(PSS) 来生产稳定的聚-3,4-乙烯二氧噻吩(PEDOT 薄膜)。

这里将介绍在混合过程中应用共轭聚合物的一些潜在新兴领域。共轭聚合物可保护金属表面不受腐蚀。McAndrew 总结并公开了共轭聚合物的所有可能特性。一些研究中提出未经掺杂处理的共轭聚合物具有更好的防腐蚀性能,而另一些研究则认为掺杂处理的共轭聚合物具有更好的防腐性能。这可能是因为在腐蚀评估时采用了特定的腐蚀测试规则。在一些混合物(涂料/油漆配方)中采用了共轭聚合物,并取得了有限的商业成就。一个应用聚合混合物的早期研究表明,未经掺杂处理的聚苯胺比经掺杂处理的聚苯胺具有更好的防腐蚀性能,而采用环氧树脂(双酚 A 的二缩水甘油醚)作为聚苯胺的反应改性剂具有更好的防腐蚀性能。聚苯胺/聚酰亚胺混合物可产生均匀膜,并可为碳钢提供很好的防腐蚀作用。最近的一个研究表明,在 3.5%的 NaCl 水溶液中,只有当聚苯胺(掺杂基体)低至 1%时才具有防腐蚀保护性能,这些聚苯胺含交联环氧网状结构。

观察发现,一些掺杂共轭聚合物的水分散体具有协同导电性能(图 6-8)。导电混合聚合物的浇铸和干燥水分散体表现出较强的导电协同效应。其他水分散体(用有机酸掺杂的 PEDOT:PSS/聚吡咯和用有机酸掺杂的 SPANI/聚吡咯)与未混合的对照组相比,也表现出导电协同性能。由丁腈橡胶、EPDM 橡胶和掺杂十二烷基苯磺酸的聚苯胺构成的三元共混物作为微波吸收涂层(作为隐形防御系统用于雷达吸收系统)进行测试。结果发现,在 11~12GHz 范围内具有较好的吸收能力,随着厚度的增加,低频吸收能力有所改善。在混合准备过程中,可观察到交联反应,这是因为掺杂剂和氰基体之间发生了反应。

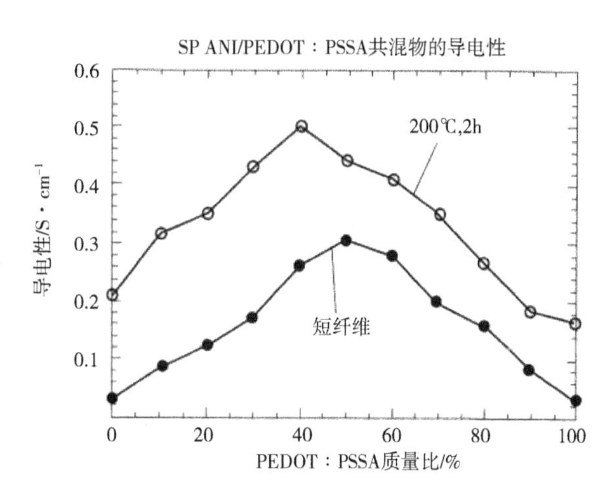

图 6-8 PEDOT:PSSA 和磺化聚苯胺铸造水状乳液混合物的协同导电性

文中还简单涉及共轭混合聚合物的一些其他新应用技术。电流变液体中包含一些小颗粒，这些小颗粒在电场中可通过排列而大大改变液体的黏度，使之在液体和类固体之间转变。研究发现，悬浮在硅油中的聚苯胺涂覆 PMMA 颗粒具有电流变性能。在中等挤压变形下，聚吡咯/硅橡胶混合物的导电性在渗流阈值（聚吡咯质量分数为 4%）范围内降低了（5 个数量级），因而它可用作微电子压力传感器。

导电聚合物表面图案化的概念涉及将光酸发电机（PAGs）纳入未掺杂的共轭聚合物中。暴露于紫外线或电子束辐射中，暴露区域的导电性开始下降，PAG 开始降解，从而产生可掺杂于共轭聚合物中的酸性基体。由于掺杂处理的共轭聚合物的导电性比未掺杂处理的聚合物高几个数量级，因此可产生导电图案。

该概念被应用到含 PAGs 的聚苯胺中，并对研究暴露与未暴露表面的导电性进行对比研究。该过程的另一变异体是在聚-3-辛基噻吩中掺入紫外线激活交联剂。使未暴露区域的溶剂挥发后，在交联聚-3-辛基噻吩中掺入 $FeCl_3$溶液，表面将会产生导电。这些例子不包含混合聚合物，有专利提到将 PE-DOT:PSS 作为涂覆导电系统的应用。

研究包含导电炭黑的不可混溶 HIPS/EVA 聚合物在液体中作为传感器的应用。在这些混合物中，炭黑处于 EVA 相的中心位置，这些炭黑填充的混合物比未填充混合炭黑的聚合物具有更好的导电性。伴随着溶剂吸附后，观察到电阻率明显增大。在溶剂暴露的情况下，PP/PAG/炭黑复合物的电阻率同样也发生了很大的变化，并具有可逆性。在这两种情况下，当成分接近双渗流结构时最适合用作传感器材料。

四、聚合物共混物中超临界流体的应用

在过去的几十年中，广泛研究了超临界流体[主要是超临界二氧化碳（$SCCO_2$）]在聚合物合成/加工中的应用。人们希望找到可应用于化工/聚合物加工行业中更加环保型的溶剂（对于 $SCCO_2$）。此外，对影响 $SCCO_2$加工性能因素的研究也是热点之一。高阻燃性、高扩散性、低黏度、低表面张力和通过改变无毒介质中的压力来转变熔融性能等都是最感兴趣的研究内容。对涉及液体或超临界 CO_2、含氟均匀聚合溶液、干清洗液和不同萃取工艺（如茶/咖啡中一些成分的萃取）的过程已经商业化。对不同混合物中的 $SCCO_2$进行了研究，以改善其相行为，提高分散性，通过原位聚合反应制备新的混合物，通过快速扩散的超临界溶液产生独特的形态和新的发泡混合系统（RESS）。下面将对相关的理论案例作简要介绍。

早期对 $SCCO_2$在制备原位聚合共混物中，包含了 CO_2溶胀聚合物中聚苯乙烯聚合物的一项应用研究，包括聚三氟氯乙烯、聚-4-甲基-1-戊烯、HDPE、PA66、聚（甲醛）和双苯酚聚碳酸酯，根据 CO_2降压而形成双密度和发泡结构。苯乙烯在含质量分数 50%的聚苯乙烯的 $SCCO_2$溶胀聚四氟乙烯—一氧化碳—六氟丙烯（FEP）中发生原位聚合。溶胀 FEP 相中聚苯乙烯聚合的分子质量比 $SCCO_2$相中高很多。通过 PS 在 $SCCO_2$溶胀 HDPE 中的聚合反应产生的聚苯乙烯/HDPE 混合物与通过熔体组分混合形成的混合物在形态上有很大的差异。与此相似的一个有关 LLDPE/PS 混合物和 PS 在 $SCCO_2$溶胀 LLDPE 薄膜中的聚合反应中，产生了纳米级 PS 相域，而在同样周边压力（不含 CO_2）下形成的混合物产生的是微米级的 PS 相域。PS 在 $SCCO_2$ 溶胀

PP 中聚合反应产生的 PP,其模量、强度和断裂伸长率都有很大的提高。PS 相域的尺寸处于纳米级范围内。

有一些采用 $SCCO_2$或其他超临界流体协助混合聚合物熔体混合的研究,发现熔体黏度显著下降,并且尺寸也明显减小。在熔体混合过程中,对 PS/PMMA 混合物采用 $SCCO_2$,并与参照混合物组(不含 CO_2)相比较。CO_2的加入使得熔体黏度大大降低,还使分散相的尺度也明显减小。

最近有一项关于 PS/PMMA 混合物的研究,采用双螺杆挤出机,除了使用 CO_2排气法观察到分层,产生与对照组相似的区域尺寸外,其他结果也极其相似。在 CO_2释放过程中加入填充物(如 $CaCO_3$,纳米—黏土)可抑制分层现象。采用 CO_2协助 PS/PMMA 与丙烯酸酯橡胶的混合,发现与参照组相比,混合物的冲击强度有了一定的提高。溶于超临界丙烷中的 PP/聚乙烯与丁烯共聚物通过超临界溶液(RESS)的快速扩散和等压结晶(ICSS) 而产生沉淀。RESS 过程产生了微米级纤维,而 ICSS 过程产生了带微孔的发泡颗粒。聚己内酯在 $SCCO_2$溶胀 UHMWPE 中聚合,产生尺寸为 15~20nm 的 PCL 结晶体,PCL 颗粒的最大尺寸为 20nm。通过这种方式产生的 PCL 颗粒尺寸比一般熔体过程产生的颗粒尺寸小很多。

五、锂电池应用

锂电池在阳极和阴极之间有一层电解质,包含在有机电解质溶剂中溶解的锂盐。使用的锂盐有 $LiPF_6$、$LiBF_4$、$LiClO_4$和 $LiCF_3SO_3$。有机电解溶剂包括碳酸乙烯酯、碳酸丙烯酯、碳酸二甲酯、碳酸二乙酯、1,2-二甲氧基乙烷和 1,2-二乙氧基乙烷。电解质溶液在多孔隔板中饱和,防止阳极和阴极直接接触。典型的多孔隔板是聚丙烯微孔板(Celgard),在锂电池中聚合物用来作为电解质层,包括有机电解质和锂盐。图 6-9 为电池的结构图。

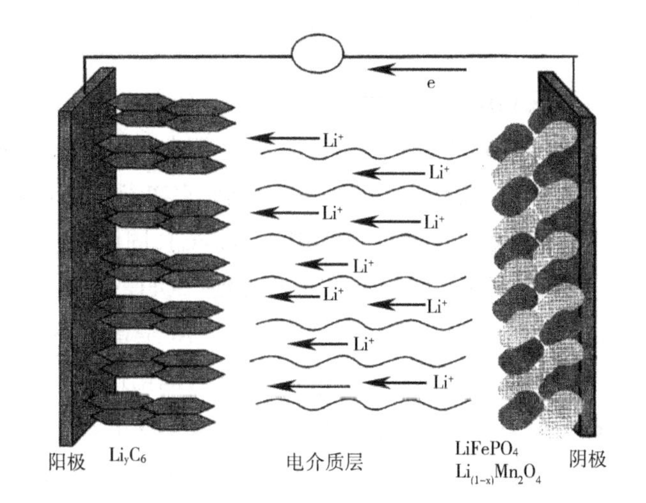

图 6-9 使用聚合物电解质层的电池结构图

电解质层商业应用通常是电解质溶剂及带多孔板的锂盐层,出于安全因素考虑,越来越普遍地出现向电解质层中添加聚合物添加剂。使用聚合物添加剂,最常用的两种体系是固体聚合电解质和胶体聚合电解质。聚乙烯(环氧乙烷)是固体聚合电解质首选的材料,固体聚合电解质由聚合物和不含有机电解质溶剂的锂盐组成,胶体聚合电解质由聚合物、锂盐和大量有机电解质溶剂组成。聚乙烯偏二氟乙烯共聚物 PMMA 和 PAN 通常被提及作为胶体聚合电解质层的材料。毫无疑问,共混聚合物可用作固体和胶体聚合电解质层材料。

苯氧基(PHE)和含有 $LiClO_4$盐的 PEO 混合物是一种固体聚合电解质,可以消除或减少 PEO 的结晶度,限制室温下的离子电导率。聚乙烯(己内酯)加入 PEO/$LiClO_4$也是一种固体聚合电解质,添加少量的 PLC 会抑制 PEO 的结晶,相分离程度很大。

当 PEO/PCL 的比例为 1/4 时,其室温下的离子电导率最大。一种由偏二氟乙烯和六氟丙烯共聚物和交联聚乙烯(乙二醇)(半 IPN)的网状混合物组成的胶体聚合电解质被认为具有良好的力学性能,在与有机电解质和锂盐结合时具有良好的离子电导率。甲基丙烯酸甲酯和甲基丙烯酸的共聚物与 PEO 具有良好的可混合性,使室温下的离子电导率为 8.3×10^{-5}S/cm(含 $LiClO_4$和低分子 PEO)。另一种由 PVF_2/PMMA 和 $LiClO_4$的混合物与邻苯二甲酸二甲酯混合的最大离子电导率在 30℃时可达 4.2×10^{-3}S/cm。偏二氟乙烯六氟丙烯/PMMA 与 $LiCF_3SO_3$的混合物与由碳酸二乙酯和碳酸丙烯混合的电解质溶剂在最佳的浓度和室温下,其离子电导率约为 1×10^{-3}S/cm。许多研究都提到上述易混合体系,相离混合物也被认为最有希望作为锂电池电解质层。腈基丁二烯橡胶和聚乙烯(表氯醇——氧化碳—环氧乙烷)(ECO)和 $LiClO_4$的混合物在添加碳酸丙烯酯后,在 25℃时离子电导率大于 10^{-3}S/cm。这种混合物是经过相离,ECO 作为离子态的电导相,NBR 作为加强基体。PS/PEO 不溶混合物及 $LiClO_4$和碳酸丙烯酯/碳酸乙烯电解质溶剂的混合物被应用在胶体的聚合电解质中,产生了连续相形态,并且在大于 50%的电解质溶剂中的离子电导率大于 10^{-3}S/cm。采用 LiTFSI 盐制备聚合胶体电解质 PVF_2—HFP 表膜和聚乙烯(乙二醇)甲基丙烯酸甲酯加上二甲基丙烯酸甲酯的微米级单体。用紫外线交联的丙烯酸酯产生相分离膜,它用γ-丁内酯来溶胀。在室温下,产生的薄膜其离子电导率为10^{-3}S/cm。在硝酸银层中评估的用于锂电池的其他聚合混合物有 PEO/聚(环氧丙烷)、PEO/PAN、PEO/聚磷基和 PMMA/SAN。

六、燃料电池的应用前景

先进材料,如燃料电池材料等,是正在兴起的一个重要领域。燃料电池最初直接采用甲醇燃料电池提供便携式能源和平稳电能,它在未来的运输市场具有很大的应用潜力。最主要的燃料电池类型是直接甲醇燃料电池(DMFC),固体高分子型燃料电池(氢基)(PEMFC)、磷酸基燃料电池(PAFC)、固体氧化物燃料电池(SOFC)和熔融碳酸盐和碱性燃料电池。聚合物主要应用在 DMFC、PEMFC 和 PAFC 中,图 6-10 是普通燃料电池膜电极装置的示意图。在这些体系中,聚合物主要用于质子交换膜层,作为催化剂和导电炭黑的黏合剂,用于阴阳极,同时也是导电微粒/纤维的黏合剂,组成双极板以支撑膜电极配件安装到燃料电池堆中,PAFC 系统在160~200℃下操作时,其主要聚合物是聚苯并咪唑(与磷酸混合)。聚合物的研究工作主要与质子交换膜相关。“先进膜”是由四氟乙烯和 Nafcon® 单体合成的聚合物构成的(Nafcon® -杜邦)。在温度较高的氢燃料电池和高渗透率(称为甲醇交叉)的直接甲醇燃料电池中 Nafcon® 有它的应用局限。3M、苏威和旭硝子公司已有这类聚合物变异体的相关报道,它们都可以提供较高的温度效用。进一步研究含磺酸基的芳烃工程聚合物[聚砜、聚醚砜、Radel R®、聚亚酰胺和聚(芳酮)]后发现,当质子导电率接近 Nafcon® 时,可获得较低的渗透率和改善的温度性能。用磺化后的芳烃聚合物或用含磺酸基团的单体共聚来合成 PEM。在试验操作温度下,所期望获

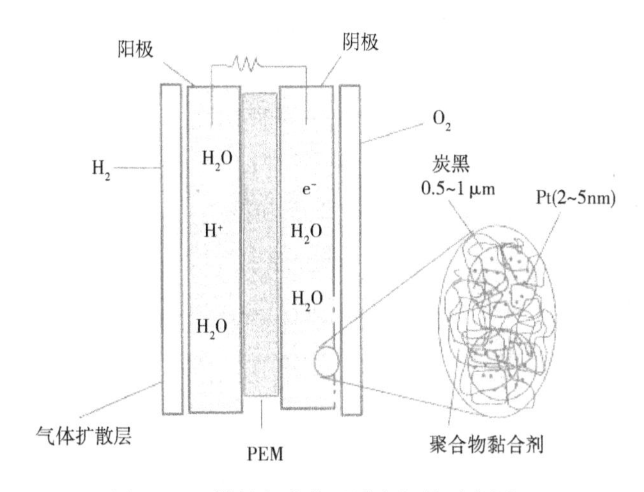

图 6-10　燃料电池装置膜电极的示意图

得的 PEM 离子导电率为 0.1S/cm。

在一些文献中提到，磺化 PS 和磺化 PPO 的共混物具有高质子电导率和低甲醇穿透率。当混合比例为 50/50 时，其离子交换能力相同，从而可得到最佳导电率。PS/PPO 的混溶性是由磺化混合聚合物来维持的。聚苯并咪唑(PBI)和聚砜(PSF)不可混合，然而，磺化 PSF 与 PBI 可相混，并且可用于温度高达 200℃ 的磷酸燃料电池。对用于直接甲醇燃料电池的 PEMs 进行评估，它由 Nafion ® 和偏氟乙烯/六氟丙烯共混物组成，发现该聚合物的甲醇穿透率有所降低；而其质子电导率也较低。在聚偏二氟乙烯基体中加入苯乙烯磺酸甲基丙烯酸甲酯共聚物，得到的离散域约为 100nm，且其质子导电率为 10^{-3}S/cm。对作为直接甲醇燃料电池质子交换膜的含硅交联 PVOH/PAA 膜性能进行评估。

燃料电池组件的另一重要组成部分是双极板，它在电池中起电导通作用，且在特定情况下可以作为排热通道或者气体扩散通道。

迄今为止，已有各种材料被选作双极板材料进行测试，包括涂层金属、不锈钢和聚合物/碳(炭黑/碳纤维/石墨)复合材料。根据不同需求，各体系都有各自的优缺点。聚合物复合材料具有重量轻、成本低和耐腐蚀的优点；然而，要达到高电导率(无论对于平行还是垂直板面)是一个主要问题。聚合物复合材料成本低是由于作为热塑性材料被成型为所需形状，而石墨需要经过机械加工。大多数聚合物复合材料双极板是由单基体聚合物构成的。这里有许多评估聚合物的实验，包括一系列不混溶的导电炭黑和碳纤维。在高浓度单相情况下含碳填料的双连续相结构能够增强导电性。

七、生物材料/生物技术

生物材料领域并不是新兴领域，而生物材料研究的重点是一种新兴技术，在材料科学和生物科学中不断有新概念提出。组织工程是一个热门研究领域，其中，多孔支架可提供细胞依附和生长的基体。较早的合成材料如普通的织布纤维，它们存在尺寸不合适和生物相容性差等不可避免的缺点。早期的支架材料包含聚丙烯微纤维毡，它是从一种不混溶的取向聚合共混物中提取的。纤维毡和聚对二甲苯黏附在热塑性聚氨酯人造心脏的表面。内壁细胞在支架的纤维毡内生长为可提供血液相容的表面。尽管一些动物实验已经获得成功，但这种方法没有经过人工测评，因而移植成为首选方案。最近，一些组织工程，如支架在伤口/烧伤敷料、骨修复、神经修复/生长、再生肝脏及其他一些应用得到了评估。在这些情况下，生物降解性(更具体地说是生物吸收性)是所期望具备的性能。多孔支架的聚合物系统由纤维毡、微孔发泡材料，通过盐混合、提取得到的微孔结构和三维印刷工艺等组成。聚合物冷冻干燥是制备多孔支架的一种典型方法。另一生产纤维毡的方法涉及静电过程。这种方法是由充电聚合物(或低黏度熔体)通过小孔和定向接地收集表面(如金属网或板)放电来实现的。网和放电孔的距离在5~50cm的范围内,收集表面通过移动或旋转使薄层沉积形成微米到纳米尺寸的纤维(尺寸为10nm~10 μm)。图6-11描述了支架研究中常用的天然材料:胶原蛋白、壳聚糖、聚糖和糖蛋白。图6-12介绍了一个由纤维尺寸PLCL(聚-L-乳酸钴-共ε-己内酯)聚合物构成的静电纤维支架的细胞生长情况。许多电纺纤维网络采用了由可生物降解成分构成的高分子混合物,尽管这些并不是一般所指的高分子混合物。图6-12所示,细胞的生长和扩张取决于纤维尺寸。

支架中所用的材料有天然聚合物以及合成的可降解聚合物,如聚-ε-己内酯、聚乳酸、聚羟基乙酸等。用于再生神经的胶原蛋白/壳聚糖多孔材料,用于骨修复的胶原蛋白/透明质酸聚醛,用于细胞外基质成分的胶原蛋白/透明质酸是通过层层组合的方式获得的,作为多孔支架的胶原蛋白/糖胺聚糖,用于骨组织工程的壳聚糖/混杂的海藻酸钠,冷冻干燥处理的壳聚糖/胶原蛋白混合物与戊二醛交联,可用于皮肤组织工程,通过冷冻干燥技术得到壳聚糖/聚-ε-己内酯支架。制备壳聚糖/(环氧乙烷)静电纤维混合物

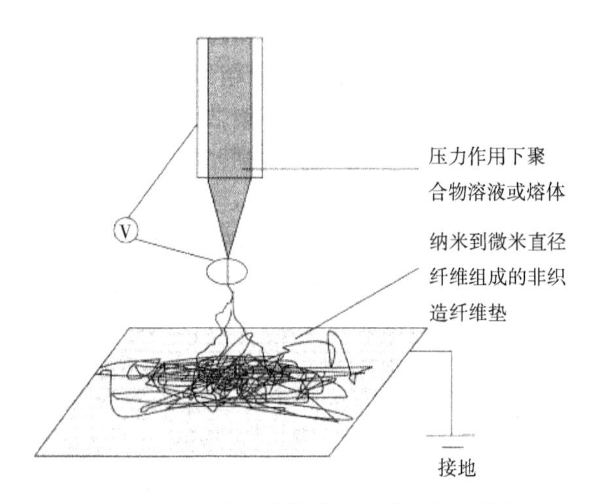

图6-11 生产无纺垫纳米纤维的静电纺丝

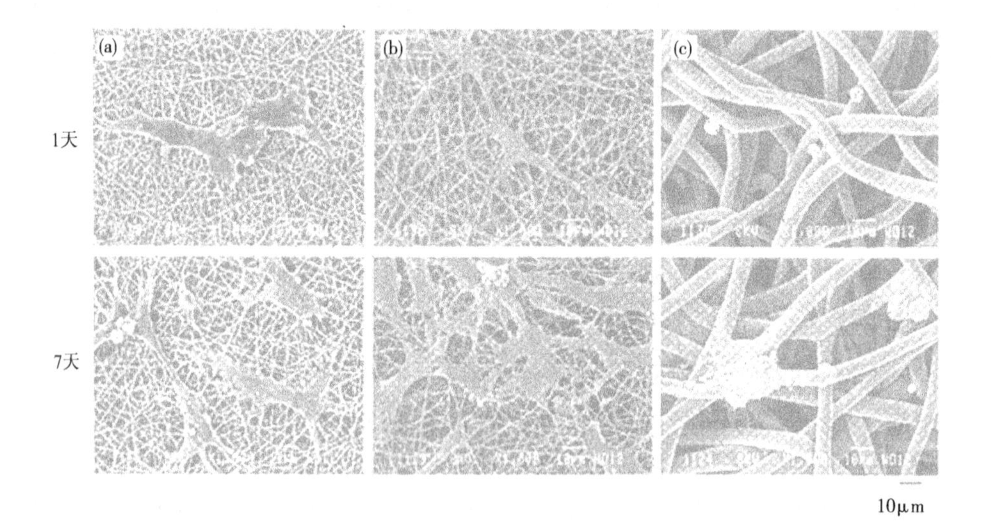

图6-12 经1~7天细胞培养后具有不同直径的静电PLCL50/50织物的半影像图

并对其相容性进行检测。比例为90/10的壳聚糖/PEO混合物具有纳米纤维结构,使人类骨细

胞和软骨细胞具有较好的黏附性和扩张性。在聚(乳酸乙醇酸)支架细胞中加入聚乙烯醇使混合物的润湿性有所改善,从而使骨组织更好地生长,并且具有更高的细胞相容性。由胶原蛋白/壳聚糖混合物与碳二亚胺交联组成的支架具有良好的血液和细胞相容性,因而具有可植入人造生物肝脏的潜力。采用含 PCL、纤维蛋白和海藻酸钠的多组分支架来优化力学性能,促进细胞生长和增殖。PCL 保证了机械结构,纤维蛋白保证了细胞附着性,海藻酸钠提供了营养途径。本例是关于采用所设计的聚合物共混物支架进行体外培养来产生功能性组织或诱导体内组织的再生。采用由控制的聚合物共混物组成的支架,对从酪氨酸衍生聚碳酸的相分离混合物发生的"体外"细胞反应进行研究。这种组合的方法介绍了细胞和生物材料之间的相互关系,并且对二维组分变化形式的结构/性能关系进行了评估。总结了生物材料在组织工程中的各种应用,如心血管补丁、肠胃补丁、神经导管和骨修复和其他各种支架用途。共轭高分子也被应用于聚合物共混物和生物医学研究领域。将聚(乙烯醇)-肝素凝胶涂到聚吡咯上发现加载电流后肝素释放增加,这表明控制体释放的可能性。水凝胶支架中聚吡咯的电化学聚合被应用于神经修复和评价。聚吡咯垂直聚合通过水凝胶支架,使电阻抗减小了几个数量级。

八、新兴高分子混合物科技在各领域中的应用

最近,实现聚合物的独特性能成为仿生与纳米结合技术的重要应用领域。自然界可通过进化的试错方法来完成化学/形态的几何,以发展结构性能的独特结合方式,实现需要的性能。聚电解质基聚合物共混物是其中一种结合例子。相分离高分子混合物产生的表面性能也被确认为与某些天然材料(如荷叶)提供的疏水性能相似。高分子混合物相分离产生的表面粗糙度引入纳米结构特征,仿造天然表面的形态并产生了超疏水性能。

☞思考题

1. 如何划分通用塑料和工程塑料?
2. PVC 的弹性体增韧剂有哪些种类?各有什么特点?
3. 简述 ABS 的结构特点?
4. 对橡胶共混及橡塑并用,硫化助剂、填充剂对共混胶结构与性能是如何影响的?
5. 简述影响橡胶硫化助剂在橡胶两相间分配的因素。
6. 简述橡胶共混物的同步硫化与共硫化及其区别。
7. 简述热塑性弹性体的性能特点及其分类。
8. 聚合物/纳米复合材料有哪些特性?
9. 简述光致变色和电致变色的原理及主要用途。
10. 什么是导电聚合物?通过哪些方法可以提高导电性能?
11. 什么是燃料电池?简述其工作原理。
12. 查阅文献阐述新兴高分子混合物技术在某一领域的应用。

参考文献

[1]王琛,严玉蓉. 高分子材料改性技术[M]. 北京: 中国纺织出版社,2007.

[2]王国全,王秀芬.聚合物改性 [M].3 版.北京:中国轻工业出版社,2016.

[3]赵 敏,高俊刚,邓奎林,等.改性聚丙烯新材料[M].北京:化学工业出版社,2002.

[4]高俊刚,杨丽庭,李燕芳.改性聚氯乙烯新材料[M].北京:化学工业出版社,2002.

[5]王经武. 高分子材料改性[M].北京:化学工业出版社,2004.

[6]王煦漫,王琛,张彩宁. 高分子纳米复合材料[M].西安:西北工业大学出版社,2017.

[7]劳埃德,罗伯逊. 聚合物共混物[M].杨卫民, 丁玉梅, 刘泽,等,译. 北京: 化学工业出版社,2012.

[8]戚亚光,薛叙明. 高分子材料改性[M].北京:化学工业出版社,2005.

[9]沈新元. 先进高分子材料[M].北京: 中国纺织出版社, 2006.

[10]郭静, 徐德增, 陈延明.高分子材料改性[M]. 北京:中国纺织出版社,2009.